计算机常用工具软件

（第4版）

丁爱萍　编　著

電子工業出版社

Publishing House of Electronics Industry

北京 • BEIJING

内容简介

本书从介绍计算机常用工具软件的基础知识（概念、分类、获取方式、安装方法）入手，选取介绍了目前最流行、最常用的各类工具软件，包括计算机安全防护工具、系统管理工具、即时通信工具、网络数据传输工具、云办公、图形图像工具、音频视频处理工具、文件管理工具、网上购物等。本书每章中既有计算机常用工具软件的基础知识，又有代表性软件的具体使用方法和技巧。

本书适合作为中等职业学校相关专业教材，也可作为计算机初学者、各类办公人员及计算机爱好者学习的参考用书。

图书在版编目（CIP）数据

计算机常用工具软件 / 丁爱萍编著. —4 版. —北京：电子工业出版社，2016.7

ISBN 978-7-121-24832-0

Ⅰ. ①计… Ⅱ. ①丁… Ⅲ. ①软件工具－中等专业学校－教材 Ⅳ. ①TP311.56

中国版本图书馆 CIP 数据核字（2014）第 274894 号

策划编辑：杨 波
责任编辑：郝黎明
印 刷：三河市华成印务有限公司
装 订：三河市华成印务有限公司
出版发行：电子工业出版社
北京市海淀区万寿路 173 信箱 邮编 100036
开 本：787×1 092 1/16 印张：15 字数：384 千字
版 次：2003 年 1 月第 1 版
2016 年 7 月第 4 版
印 次：2024 年 8 月第 14 次印刷
定 价：29.80 元

凡所购买电子工业出版社图书有缺损问题，请向购买书店调换。若书店售缺，请与本社发行部联系，联系及邮购电话：（010）88254888，88258888。

质量投诉请发邮件至 zlts@ phei.com.cn，盗版侵权举报请发邮件至 dbqq@ phei.com.cn。

本书咨询联系方式：（010）88254617，luomn@ phei.com.cn。

前言 | PREFACE

计算机常用工具软件是在计算机操作系统的支撑环境中，为了扩展和补充系统功能而设计和开发的一些软件。应用各种工具软件，能使计算机发挥最大的效用，提高工作效率，既能维护系统，还可以实现娱乐和网上聊天，让用户充分享受使用电脑的乐趣。例如，当要从网页上下载软件、资料时，可以使用迅雷来获得快速下载；使用 Foxmail 来收发电子邮件，速度快，而且便于管理邮件。诸如此类的工具软件，体积不大，操作简单，可以更好更快地获得资料、处理文件或维护计算机系统，大大提高了工作效率。

为了帮助广大计算机用户熟练使用各种工具软件，发挥计算机最大的效用，作者根据自己长时间的实践经验，从平时经常使用的各种工具软件中精挑细选了最具实用性和普遍性的软件，从介绍计算机常用工具软件的基础知识（概念、分类、获取方式、安装方法）入手，选取介绍计算机安全防护工具、系统管理工具、即时通信工具、网络数据传输工具、云办公、图形图像工具、音频视频处理工具、文件管理工具、网上购物等。本书有以下几个特点：

1. 教学对象普适化

作者在本书的编写过程中充分考虑了计算机初学者的操作和接受能力，并结合自己的具体使用经验，附以大量的图示和实例，运用最基本的计算机操作方法，以深入浅出、通俗易懂的语言将各软件的应用进行翔实介绍。务求即使是第一次接触计算机的用户也能够正确地使用好本书所介绍的各种软件，亦能够通过本书举一反三，融会贯通地正确使用其他同类型软件。

2. 教学内容职业化

根据“创建能力主导型”的职业教育课程改革原则，设计计算机常用工具软件的教学内容的组织和编排，采用任务驱动式教学，适应中职学生的认知规律和生源特点。

3. 编写方式案例化

在教材编写过程中，按照基于工作过程的“任务驱动式”教学方式，首先创设情境、导入任务，然后明确目标、指明方向，接着分解任务、实施任务，最后巩固练习、考核评价，使读者能够快速掌握概念和操作方法，提高学习效率。

4. 内容取舍恰当化

在选材上，一方面注意了工具软件在排行榜中的位置，另一方面注重其实用性。本书一般不介绍功能相同的软件。为此对教学内容进行合理的取舍，紧紧围绕实际“任务”介绍必要的、常用的、核心的基础知识和技能，以引导学生掌握基本的使用方法并从中获得成就感。

5. 编写方法一体化

针对每个工具，本书都介绍了其功能、安装过程、使用方法，其中重点介绍了使用这些软件的技巧。使用本书，读者可以轻松地掌握从软件下载、安装到正确使用的全过程。同时在编写体系上采用“边学边练、讲练结合、学做合一、理实一体”等方法，强化学生职业能力培养，使学生在有限的学时内牢固掌握计算机技能和技巧。

本书适合作为中等职业学校相关专业教材，也可作为计算机初学者、各类办公人员及计算机爱好者参考用书。

本书由丁爱萍主编，参加编写的有关天柱、高欣、吕振雷、马海洲、张校慧、杜亚超、计永贺、胡新辉、杨帅、李海翔、张洁、马志伟、李群生、胡峰等同志。

由于作者水平有限，加之计算机工具软件涉及范围广、更新速度快，书中难免有所疏漏，欢迎读者对本书提出宝贵意见和建议。

编　者

CONTENTS | 目录

第1章 计算机工具软件基础知识

随着计算机科学技术的迅猛发展，人们对计算机的应用要求已不再满足于简单的文字处理和上网浏览信息等基本操作，而是希望能够更加轻松地对计算机进行各种设置，能够分析、排除一些常见故障，能够自己动手对计算机进行常规维护，并熟练使用各种辅助设备，提高学习、工作的效率。但是，计算机的软件和硬件系统组成是很复杂的，一般非专业人员很难较好地掌握其工作原理及维护操作。

为方便广大计算机用户，使计算机能够更广泛地被推广和应用，一些计算机厂商、软件开发商和计算机技术爱好者开发了许多计算机工具软件。所谓“工具软件”，就是专门应用某种计算机技术的辅助软件，使用工具软件可以使用户避开烦琐、深奥的计算机理论知识，以简便、易学、易用的方式处理各种问题，提高工作效率。

1.1 计算机工具软件的分类

任务导入

计算机工具软件是专门应用于某种计算机技术的辅助软件，使用工具软件可以使我们避开烦琐、深奥的计算机理论知识，以简便、易学、易用的方式处理各种问题，提高工作效率。目前，计算机工具软件很多，你知道这些工具软件一般是按什么分类的吗？常用的是哪几类？你正在使用的是正版、测试版、演示版软件，还是盗版软件呢？

本任务将介绍计算机常用工具软件的分类、软件版本号的含义等。

学习目标

（1）了解计算机常用工具软件的分类。

（2）会查看常用工具软件的版本号。

（3）了解版本号的含义。

任务实施

1. 计算机工具软件分类方法

计算机工具软件很多，各大软件网站对工具软件的分类方法也不尽相同。常见的分类如图 1-1 所示。

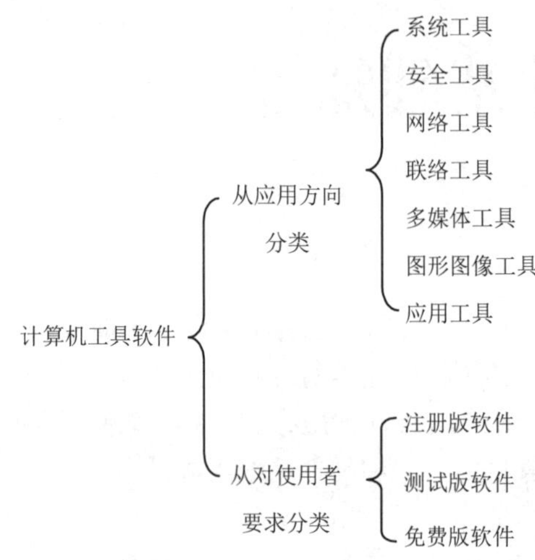

图 1-1　计算机工具软件的分类

2. 按应用方向分类

按软件的应用方向，计算机工具软件一般可分为以下几类。

（1）系统工具软件。系统工具类的软件主要用于增强或扩展计算机系统性能，包括系统增强、系统测试、系统备份、桌面工具、磁盘工具、数据备份、卸载清除工具等。

（2）安全工具软件。系统安全是计算机技术中非常重要的内容，所以从系统类软件中将安全工具软件单独列出，安全工具软件包括与系统安全、网络安全、病毒防治、加密等有关的一些工具软件。

（3）网络工具软件。在网络环境下，网络工具软件主要用于增强系统对网络下载速度、邮件管理、某些特别对象的下载管理，网络工具软件包括上传下载工具、邮件检测与处理工具、网络共享工具等。

（4）联络工具软件。联络工具软件也是在网络环境下使用的工具软件，由于其自身的特殊性和使用的广泛性，将其进行单独分类。常见的联络工具软件有网络电话、OICQ 专区、MSN 专区、信使工具、传真工具等。

（5）多媒体工具软件。多媒体工具软件是与计算机的多媒体应用有关的工具软件，包括媒体播放、媒体管理、音频处理、视频处理、音频转换、视频转换、网络电视、桌面制作、媒体制作等工具软件。

（6）图形图像工具软件。图形图像工具软件也属于多媒体范畴，但由于图形图像处理的特殊性，这类工具软件一般单独列出分类。图形图像工具软件包括图像浏览与管理、图像格式转换、图像捕捉、图像制作与合成、动画制作等方面的工具软件。

（7）应用工具。应用工具是一些常用的小工具软件，包括文件解/压缩、文件分割、电子阅读、虚拟光驱、转换翻译、刻录工具等。

3. 按对使用者的要求分类

根据工具软件本身对使用者的不同要求，分为注册版软件、测试版软件、免费版软件。

（1）注册版软件。注册版软件是必须进行注册，并在注册成功后才可以使用的软件。

（2）测试版软件。测试版软件是提供免费测试，但有一定时间限制的软件。

（3）免费版软件。免费版软件是完全免费且可以长期使用的软件。

4. 什么是版本号

在软件的长期开发过程中，随着用户需求和操作环境的变化，需要对软件功能进行不断的补充和完善，这就要对不同阶段的软件给予不同的标识号以示区别，这些标识号即版本号（Version Number）。

对于普通用户来说，版本的不同直接体现在版本号的命名上，而在软件开发过程中，版本的应用可为维护软件项目提供便利。

5. 查看版本号

用户在软件的使用过程中，可以从软件的“关于”窗口中查看版本号。例如，在 IE 浏览器中，执行“帮助→关于 Internet Explorer”命令，会弹出信息窗口，如图 1-2 所示，可在其中可以查到目前使用的版本号。从图中可看出，当前使用的 IE 浏览器的版本号为 Internet Explorer “9.0.8112.16421”。

另外，还有其他一些版本标识方法。如图 1-3 所示，可以看出当前使用的飞信软件版本为“2013 感恩（4.9.2820）版”。

6. 版本号的含义

版本号为用户提供了版本信息，从版本号中用户可以看出版本的新旧以及所提供的功能。

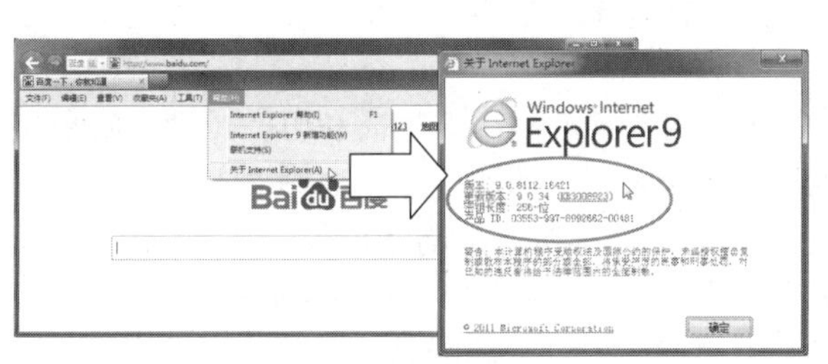

图 1-2 查看 IE 版本号

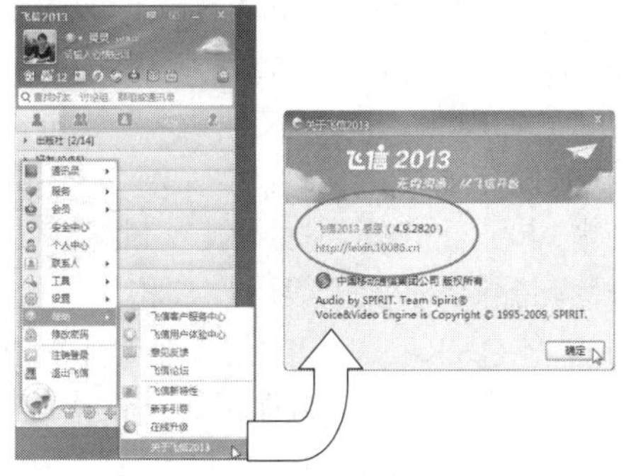

图 1-3 查看飞信版本号

（1）测试版。

① α（Alpha）版：表示初步完成软件开发，是软件开发过程中内部测试的版本号。此时软件功能还很不完善，仅供内部开发人员交流使用，建议用户不要安装此类版本。

② β（Beta）版：软件公司在正式版发行前，为了对外宣传和搜集用户使用信息，以便进行针对性的修改而推出的用户测试版。这类版本已在 α 版的基础上有了较大的改进，但是还有一些不完善的地方，因而不适合一般用户使用。不过，有兴趣的用户可以直接到相关网站上免费下载。

③ γ 版：该版本技术已相当成熟，没有重大错误，与即将发行的正式版相差无几，不过对这类版本通常不这样称呼。

（2）演示版。

① Trial（试用版）：软件公司为产品宣传而推出的版本。例如，某款工具软件开发后，为占领市场，开发商将有时间或使用次数限制的软件投放市场来吸引用户，过期后，用户需要交纳一定的费用或者购买正版软件才能继续使用，如图 1-4 所示。另外，试用版的某些功能有时也做了一定的限制。

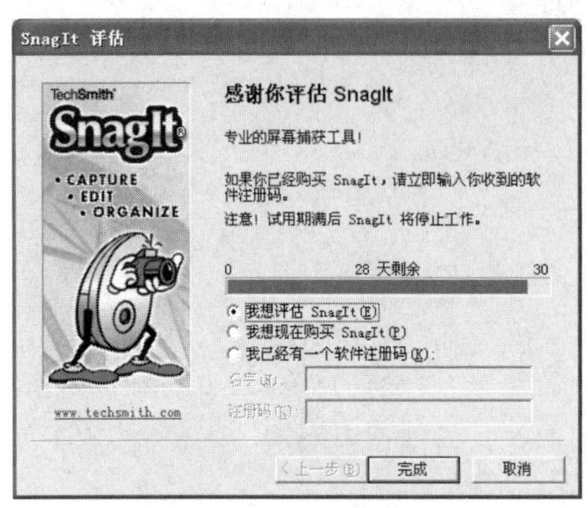

图 1-4　试用版软件

② Unregistered（未注册版）：与试用版相似。此类版本软件在使用时间上没有限制，但其功能比正式版软件有所删减。例如，Windows 优化大师注册版和未注册版，二者之间在提供自动优化方案方面就有区别。有些未注册版软件虽然功能上没有限制，但在使用过程中软件经常会自动提示用户进行注册。

③ Demo（演示版）：主要是为了扩大正式版的销售面所推出的版本。在该版本中，用户可以通过正式软件中部分功能的演示，了解软件的基本操作。通常这种版本不提供升级注册功能，可以从网上免费下载。

（3）正式版。

① Release（最终释放）：当通过一系列测试版之后，软件开发者最终向市场投放此版本，有时也称之为标准版。对于普通用户来说，Release 版是最好的选择。注意，Release 通常不会以单词形式出现在软件封面上，取而代之的是符号®。

② Registered（注册版）：是和 Unregistered（未注册版）相对的版本。功能上与正式版没有区别。

③ Standard（标准版）：此类版本中软件包含了最常用的功能和组件，销售对象是没有特殊要求的一般用户，相对于企业版来说，没有开发其他软件的功能。

④ Deluxe（豪华版）：相对于标准版来说，此类版本额外功能较多，通常附带一些没有太大实际价值的组件，而其价格比标准版贵许多，一般用户不需购买此类版本的软件。

⑤ Professional（专业版）：此类版本中的许多内容和功能是标准版中所没有的，而这些功能可能是用户所必需的。例如，所有版本的 Windows XP（包括家庭版），都支持远程帮助，但只有专业版支持远程桌面功能；另外，Windows XP 专业版可以支持两个 CPU，而家庭版只能支持一个。

⑥ Enterprise（企业版）：在开发类软件中，企业版是最高版本，使用此类版本的软件可以开发出任何级别的应用软件。例如，著名的 Visual C++企业版，相对于专业版，增加了几个附加的特性（如 SQL 调试、扩展的存储过程向导等），此版本的价格也是普通用户难以接受的。

（4）其他版本。

① Update（升级版）：此类版本不能脱离原有正式版，如果 Update 版软件在安装过程中搜索不到原来版本，则会拒绝安装。

② OEM：在硬件中常出现这个版本。电脑厂商和有些软件公司存在某种利益合作关系，通常在自己的产品打上对方的商标和其他商品捆绑销售，这样双方互惠互利、捆绑销售的附带软件就是 OEM 版。

③ 共享版：有时也称为普通版，其最大的特点是价格便宜，有些甚至可免费使用。此类版本与试用版不同，该版本软件没有时间上的限制，不过功能上可能稍微有些改变，其存在的目的就是占领市场份额，打击盗版软件的影响。

思考与练习

1. 什么是常用工具软件？计算机的常用工具软件有什么作用？
2. 工具软件一般是如何分类的？
3. 如何知道自己正在使用的工具软件的版本号？

1.2 获取工具软件

任务导入

现在计算机工具软件品种繁多，我们可以从哪些渠道快速地得到我们需要的工具软件呢？目前，获取工具软件的途径一般分为 3 种。当然这与软件本身的特点有关，一种是通过实体商店购买软件的安装光盘，一种是通过软件开发商的官方网站下载或获取光盘，还有一种是到第三方的软件网站下载。

本任务将学习工具软件的获取方法。

学习目标

（1）了解工具软件的获取途径。
（2）会快速地找到自己需要的工具软件。
（3）了解计算机软件知识产权保护的基本知识。

任务实施

1. 从实体商店购买软件

很多商业性的软件都是通过全国各地的软件零售商销售的。例如，著名的连邦软件店等，在这些软件零售商的商店中，用户可以购买各类软件的零售光盘或授权许可序列号。

2. 从软件开发商网站下载软件

一些软件开发商为了推广其所销售的软件，会将软件的测试版或正式版放到互联网中，供用户随时下载。

对于测试版软件，网上下载的版本通常会限制一些功能，等用户注册后才可以完整地使用所有的功能，而对于一些开源或免费的软件，则用户可以直接下载并使用所有的功能。

例如，从微软公司的官方网站下载“Internet explorer 11”的“Windows 7”版本，只需要通过浏览器打开 Microsoft 的下载中心，即可下载新版本的网页浏览器，如图 1-5 所示。

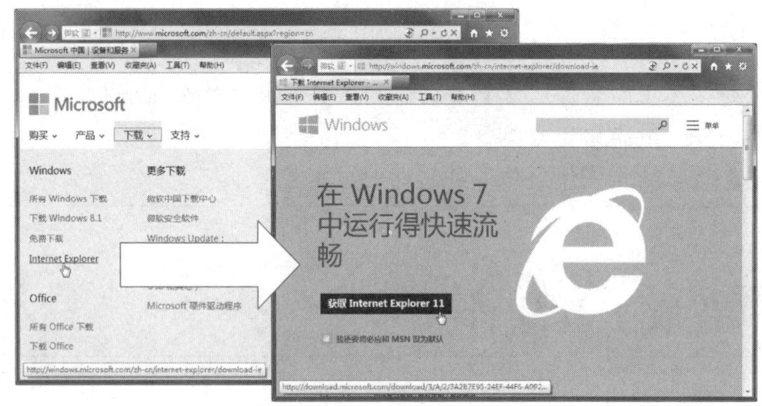

图 1-5　网上下载 IE 浏览器

3. 在第三方的软件网站下载软件

除了购买光盘和从官方网站下载软件外，用户还可以通过其他的渠道获得软件。在互联网上，存在很多第三方的软件网站，可以提供各种免费软件或共享软件的下载。

利用搜索引擎可以很容易找到这些站点。常用的声誉较高的软件下载网站主要有：

华军软件园：http://www.onlinedown.net

中关村在线：http://www.zol.com.cn

天空软件站：http://www.skycn.com

太平洋软件下载：http://www.pconline.com.cn/download

天极网软件下载：http://download.yesky.com

电脑之家：http://download.pchome.net

新浪下载中心：http://tech.sina.com.cn/down

硅谷动力下载：http://download.enet.com.cn

驱动之家：http://www.mydrivers.com

注意

最好在那些著名的网站上下载文件，因为 Internet 是个鱼龙混杂的地方，有一些站点常以提供下载为诱饵，引导用户访问藏有恶意代码的网页，甚至在提供下载的软件中藏有各类病毒、木马等，用户一旦安装使用了这类软件，自己的计算机也就无安全性可言了。

4. 搜索共享软件示例

如果搜索常用工具软件，可以到华军软件园。华军软件园是一个共享软件发布、下载、学习、研究、交流的园地，其网址为“www.onlinedown.net”或“www.newhua.com”。该网站首页如图 1-6 所示。

在华军软件园中，搜索软件可以按关键字进行，在搜索栏内输入软件名称，不必输入版本号，如图 1-7 所示，输入“360 安全卫士”，单击“搜索”按钮。这种搜索方式在已知软件名称的情况下可以直达目标，快速找到所要的软件。

图 1-6 华军软件园首页

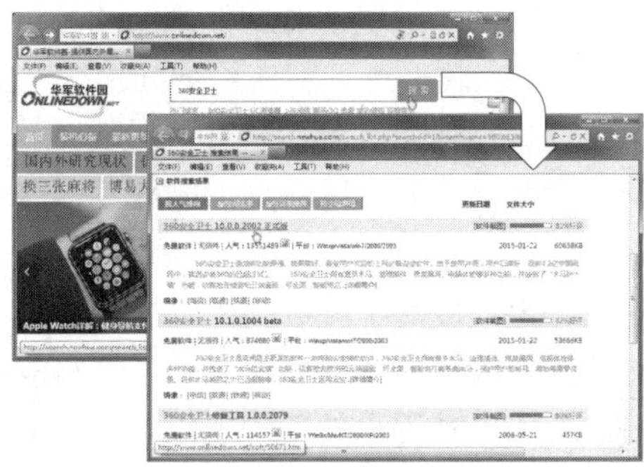

图 1-7 在华军软件园搜索软件

另外，华军软件园还提供了细致的软件分类目录，并且对每类软件根据下载次数做出统计。这对于只知道大概的软件分类，但尚不明确软件名称的情况下非常有用。例如，要查找“腾讯 QQ”，可以在网页的分类目录中进行查找，如图 1-8 所示，单击即可下载。

图 1-8 在华军软件园的分类目录查找软件

5. 计算机软件知识产权保护

随着互联网的发展，软件业迅速崛起，为了加强对软件所有人权力的保护，各个国家都分别从不同的角度为软件提供有效的法律保护，而世界范围内对计算机软件的法律保护已经形成了著作权法、专利法、商标法以及商业秘密法等多部知识产权法综合保护的局面。

计算机软件具有以下特点：

（1）软件是一种逻辑实体，不是具体的物理实体，具有抽象性。与计算机硬件和其他工程对象有着明显的差别。人们可以把它记录在纸面上，保存在计算机的存储器内部，也可以保存在磁盘、磁带和光盘上，但却无法看到软件本身的形态，而必须通过观察、分析、思考、判断，去了解其功能、性能和其他特性。

（2）软件的生产与硬件不同，在其开发过程中没有明显的制造过程，也不像硬件那样，一旦研制成功，就可以重复制造，在制造过程中进行质量控制。软件是通过人的智力活动，把知识与技术转化成信息产品。一旦某一软件项目研制成功，即可大量复制，所以对软件的质量控制，必须着重在软件开发方面下工夫。也正是由于软件的复制非常容易，因此才出现了对软件产品的保护问题。

（3）在软件运行和使用期间，不会出现类似硬件的机械磨损、老化问题。任何机械、电子设备在使用过程中，其失效率大都遵循“浴盆曲线”。在刚投入使用时，各部件尚未达到配合良好、运转灵活的程度，容易出现问题，经过一段时间的运行，才可稳定下来。而当设备经历了相当长的时间运转，就会出现磨损、老化，使失效率越来越大，当达到一定程度时，就达到了寿命的终点。而软件不存在磨损和老化问题，只存在退化问题。在软件的生命周期中，为了使它能够克服以前没有发现的问题，适应硬件、软件环境的变化以及用户的新的要求，必须多次修改（维护）软件，而每次修改又不可避免地会引入新的错误，导致软件失效率升高，从而使软件退化。

（4）软件的开发和运行常常会受到计算机系统的限制，对计算机系统有着不同程度的依赖性。软件不能完全摆脱硬件而单独活动，有些软件依赖性大，常常为某个型号的计算机所专用；有些软件依赖于某个操作系统。

（5）软件的开发至今尚未摆脱手工的开发方式。软件产品大多是“定做”的，目前，很少能利用现成的部件组装所需的软件。近年来，软件技术虽然取得了很大进展，提出了很多新的开发方法，例如，利用现成软件的复用技术、自动生成系统研制了一些有效的软件开发工具和软件开发环境，但在软件项目中采用的比率仍然很低。由于传统的手工开发方式仍然占统治地位，软件开发的效率自然会受到很大限制。

（6）软件本身是非常复杂的。软件的复杂性可能来自它所反映的实际问题的复杂性，例如，它所反映的自然规律，或是人类社会的事物，都具有一定的复杂性；另一方面，也可能来自程序逻辑结构的复杂性。软件开发，特别是应用软件的开发常常涉及其他领域的专门知识，这对软件开发人员提出了很高的要求。软件的复杂性与软件技术的发展不相适应的状况越来越明显。

（7）软件的开发成本相当昂贵。软件的研制工作需要投入大量的、复杂的、高强度的脑力劳动，因此其成本比较高，美国每年投入软件开发的费用要高达几百亿美元。

（8）相当多的软件工作会涉及社会因素。许多软件的开发和运行涉及机构、体制及管理方式等问题，甚至涉及人的观念和心理。

（9）计算机软件的实质就是算法，因此具有一定程度的抽象概括性，计算机软件是一种逻辑化实体，并不是具体化的物质实体。随着人们对这一概念的理解，软件专利保护将会日益突出。

1990 年 9 月，我国正式颁布《著作权法》，其中明确规定了计算机软件为著作权保护的对象，并自 1991 年 6 月 1 日起实施。随后，我国又在 1991 年颁布了《计算机软件保护条例》，规定了软件著作权的具体保护方法。

将计算机软件归为著作权范畴具有一定的合理性，因为在计算机上运行的程序和文字作品具有一定的相似之处，主要表现在以下两个方面：

（1）软件程序可记录在磁盘、磁带或其他存储器中，这与文字作品的外在表现形式具有相似性。

（2）著作权法的主要宗旨是禁止在未经权利人许可的情况下，复制、抄袭其他人作品，而软件的侵权恰恰表现在这方面。

目前，著作权法是世界各国针对计算机软件采用的最普遍的法律保护模式。

思考与练习

1. 如果要获取工具软件，其常规途径是什么？
2. 如何利用搜索引擎获取需要的工具软件？上网搜索 ACDSee 软件，并进行安装。

1.3 安装工具软件

任务导入

购买或从网上下载了需要的软件后，如何将它们安装到我们的电脑中呢？对于我们不再使用的工具软件，为节省磁盘空间，如何将它们删除呢？

一般情况下，根据安装过程的不同，安装工具软件大致分为 2 种情况：一是自带安装程序的安装软件，二是无须安装只需要解开压缩包就可以使用的绿色软件。

本任务将学习安装和卸载工具软件的方法和技巧。

学习目标

（1）了解工具软件的常用安装方法。

（2）能熟练地安装和启动工具软件。

（3）能熟练地卸载不需要的软件。

任务实施

1. 安装自带安装程序的软件

有的软件一般自带安装程序，下载后双击安装程序，将自动启动安装向导，引导用户一步步实现安装过程。

下面以 WinRAR 解压缩软件为例，其安装步骤为：

（1）在中关村在线网站的下载页面（http://xiazai.zol.com.cn）搜索 WinRAR 软件，如图 1-9 所示，在本地硬盘上将存在一个名为“winrar_x64_520.exe”的安装程序文件。

图 1-9　下载 WinRAR 安装文件

（2）双击安装程序文件，将启动安装提示界面，如图 1-10 所示。

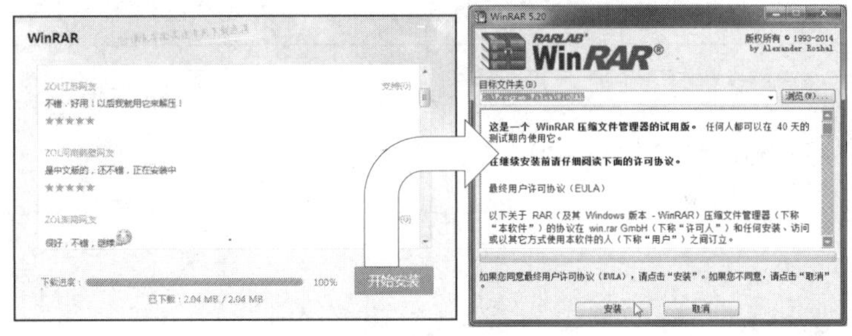

图 1-10　提示开始安装

（3）单击【开始安装】按钮，将启动安装向导，并提示用户“目标文件夹”位置，一般默认位置都在“C:\Program Files”文件夹下的相应软件的子文件夹。例如，Winrar 软件的目标文件夹就是“C:\Program Files\WinRAR”。如果需要修改，可单击【浏览】按钮或直接在输入栏中输入新的目标文件夹名称。

（4）单击【安装】按钮确认安装后进入文件复制过程。

（5）文件复制完成后，有些软件（如 WinRAR、Foxmail、RealOne Play 等），还有一些设置环节，会弹出一些相关的对话框要求用户设置。WinRAR 弹出的设置对话框如图 1-11 所示。

（6）设置成功后，单击【确定】按钮。

（7）在完成对话框中，单击【完成】按钮结束全部安装过程。

2. 安装绿色软件

绿色软件是指无需安装，只需解开压缩包就能使用的软件。例如，以查询 CPU 处理器资讯软件 CPU-Z 为例，其安装方法为：

（1）在网上（如 http://www.pc6.com）找到 CPU-Z 软件，进行下载，如图 1-12 所示。

（2）下载完成后，可在本地硬盘上看到名为“cpu-z_1.71.1-cn.zip”的压缩包文件。

（3）利用 WinRAR 软件对压缩包文件解压缩，得到图 1-13 所示的文件夹，双击其

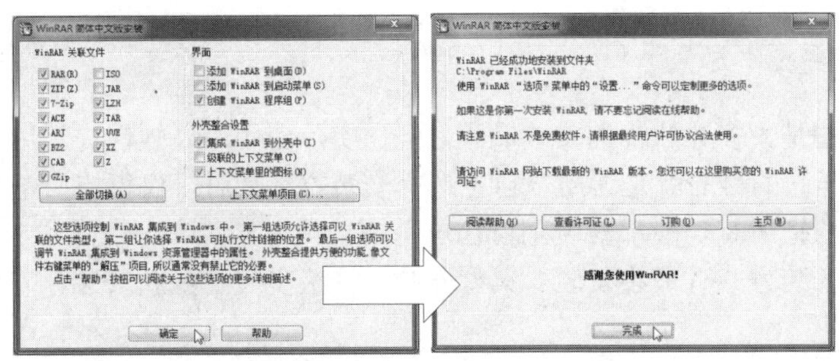

图 1-11 “WinRAR”安装设置

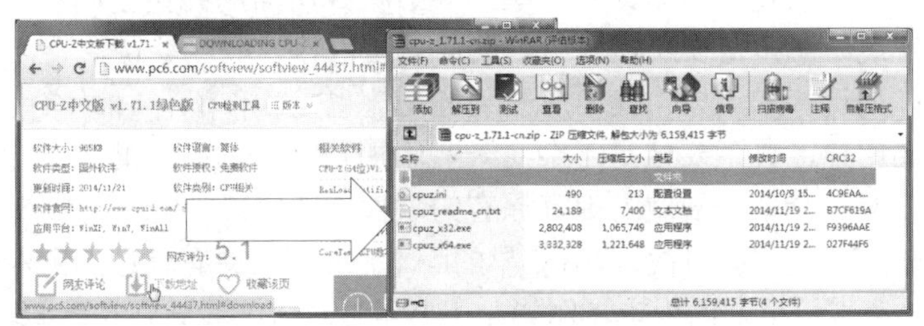

图 1-12 下载 CPU-Z 软件

中的可执行文件“cpuz_x32.exe”就可运行该软件。

（4）运行该软件后，将启动应用程序，如图 1-14 所示。可以看出，CPU-Z 提供的一些关于处理器方面的资讯，包含制造厂及处理器名称，核心构造及封装技术，内部、外部频率，最大超频速度侦测，也可以查出处理器相关可使用的指令集。

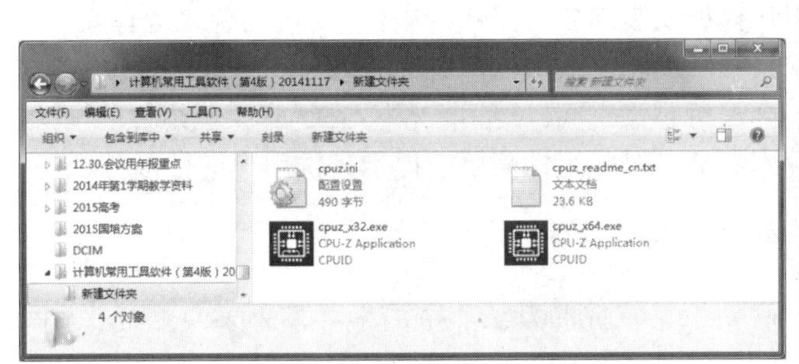

图 1-13 解压缩后的 CPU-Z 软件文件夹

图 1-14 启动 CPU-Z 软件

注意

为了方便使用，可以选中 cpuz_x32.exe 文件，右击，在弹出的快捷菜单中，选择“发送到→桌面快捷方式”命令，在桌面为其建立一个快捷方式图标，以便以后启动。

3. 软件的安装种类

以上所说的是大多数软件的安装流程，但在实际应用中，软件提示用户选择自己的安装方式，这样做的目的就是让用户自主选择安装方式，对于仅仅需要基本功能的用户来说，没有必要把所有功能都安装到自己电脑中。

最常见的安装方式有最小安装、典型安装、升级安装、全新安装、完全安装、自定义安装六种。

（1）完全安装。在安装过程中，安装程序将自动安装该软件的所有功能，用户在安装过程中不需要任何设置。所以此种类型的安装模式所需的磁盘空间是最多的。

（2）典型安装。在典型安装模式下，软件安装内容为程序默认，无须用户在安装过程中手动进行任何选择和设置。其中所安装的功能也是软件运行时最常用的功能，对于没有特殊要求的用户，典型安装是不会对一些附加功能进行安装的。

（3）全新安装。全新安装就是摒弃原有的软件重新安装，它与升级安装是相对应的关系。在全新安装时，有的软件会覆盖较早的版本，并不对原有软件的个性化设置进行保存；有的软件不会破坏早期的版本，例如，在 Windows XP 系统中全新安装 Windows 7，就会实现 Windows XP 和 Windows 7 的双启动。

（4）最小安装。最小安装时，安装程序将自动安装软件运行所必需的核心内容以及相应的组件，而对于那些辅助功能则不予安装。这样的安装方式适合磁盘空间较小的计算机用户，有时也称此类安装为“压缩安装”。

（5）升级安装。在安装过程中，首先检查原有原版软件的版本，如果版本较早，则对原版软件进行增加新功能的操作或直接更新较早版本中有缺陷的功能。安装完毕后，最后仍保持用户对原有软件的个性化设置。

（6）自定义安装。自定义安装适合有经验的高级用户，即用户根据安装向导的提示，根据自身的需要来选择安装软件的某些辅助功能或组件，制定出适合自己需要的软件，这样不会浪费磁盘空间。一般情况下，在选择某些组件的同时，软件本身会有对此组件简单的提示，供用户进行参考。

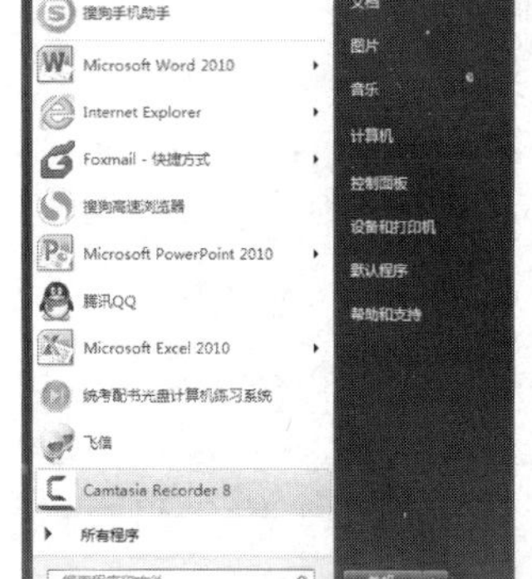

图 1-15　从“开始”菜单启动工具软件

4. 启动工具软件

启动工具软件的方法非常简单，如果桌面上有要启动软件的快捷方式图标，直接双击该图标即可。

一般情况下，可以从“开始→所有程序”项中单击相应命令启动某程序，如图 1-15 所示。

5. 卸载工具软件

卸载工具软件的方法比较简单，但具体到某一个软件又有所不同，可以分为三种情况。

（1）直接删除。如果是通过解压安装的绿色软件，可以在选中安装文件后，按键盘上的【Delete】键直接删除。

（2）利用软件自带的卸载程序。有些通过安装向导安装的软件，一般会考虑得比较周全，会提供相应的卸载程序。

例如，"艾奇视频电子相册制作软件"就自带了卸载程序。用户执行"开始→所有程序→艾奇软件→卸载艾奇视频电子相册制作软件"命令后，将弹出提示信息，如图 1-16 所示，确认删除后启动卸载程序向导，在向导的指引下可以方便地进行卸载。

（3）利用"添加删除程序"命令。

有些软件没有考虑"卸载"的问题，这时必须通过执行"控制面板→卸载程序"命令进行卸载。

例如，英特尔睿频加速技术监视器工具，其安装后在"开始"菜单中只有一些功能命令，没有卸载命令。因此必须打开 Windows"控制面板"，如图 1-17 所示，执行"卸载程序"命令，在"卸载或更改程序"窗口中选择相应的项目，然后单击"卸载"按钮将其删除，如图 1-18 所示。

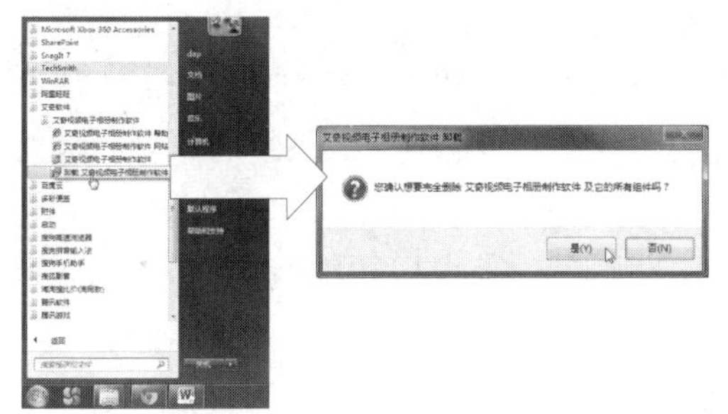

图 1-16 利用软件自带的卸载程序卸载软件

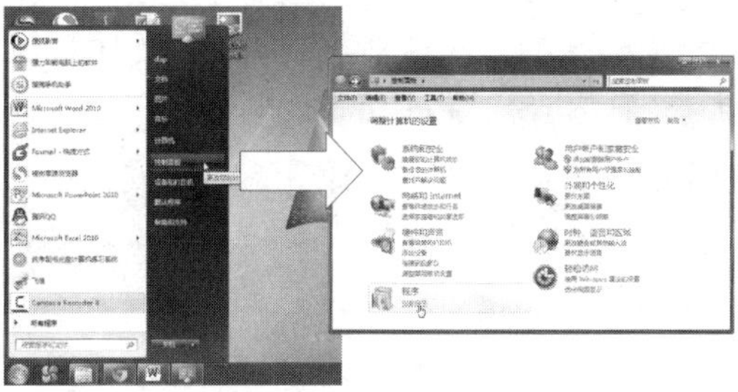

图 1-17 控制面板

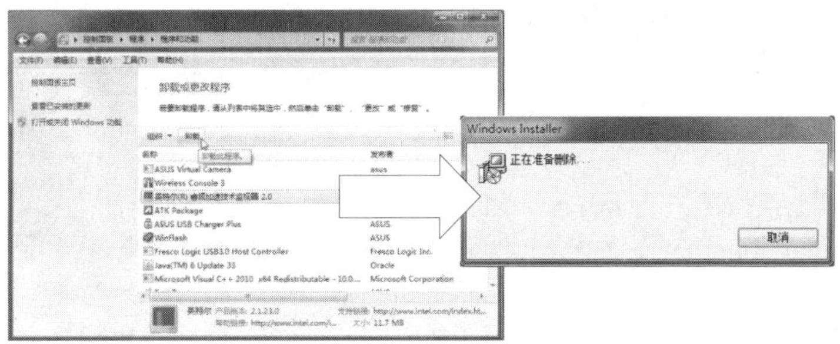

图 1-18 卸载或更改程序

思考与练习

1. 安装软件一般分为哪几种情况？在安装软件时要注意什么问题？

2. 常用的启动工具软件的方法是什么？

3. 上网搜索一些自己需要的免费工具软件，并进行安装。

4. 检查一下自己的微机中有没有很久不用的工具软件，请将这些不用的工具软件正确卸载。

第2章 计算机安全防护工具

随着计算机应用的普及，用户在享受 Internet 带来便利的同时，也为各类严重威胁计算机信息安全的病毒提供了方便之门。计算机技术发展得越快，计算机病毒技术与计算机反病毒技术的对抗也越尖锐。据统计，现在基本上每天都要出现几十种新病毒，其中很多病毒的破坏性都非常大，稍有不慎就会给计算机用户造成严重损失。因而，计算机安全防护工具软件从病毒的传播途径、病毒的防范、病毒的查杀、系统的修复和数据的备份等方面来全方位提升系统的安全性。

本章将介绍计算机安全防护的基本知识，介绍 360 安全卫士和 360 杀毒软件的安装和使用方法。

2.1 计算机安全防护基础

任务导入

由于 Internet 的发展极为迅速，而其又是在没有政府的干预、指导下发展起来的，这种发展的无序性导致了 Internet 本身存在的诸多弱点和问题。另外，Internet 所采用的技术，如 TCP/IP 协议、Windows 类的操作系统过于强调开放性而忽略了安全性，也导致 Internet 许多的安全问题的暴露。

本任务介绍目前我们面临的主要安全威胁是什么，什么是计算机病毒，其特点和症状是什么，我们常用的安全防护技术有哪些。

学习目标

（1）了解计算机用户面临的安全威胁。
（2）掌握计算机病毒的定义、特点、症状、传播途径。
（3）掌握预防计算机病毒的方法。
（4）了解常用的计算机安全防护技术。

任务实施

1. 计算机用户面临的安全威胁

目前，计算机用户主要面临以下几类安全威胁。

（1）非法使用网络资源，包括未经授权非法访问 Internet 内的信息资源和主机资源，超越系统正常的授权访问系统资源等。

（2）通过非法窃取用户的口令，以获得访问用户的账号权限，或者冒充系统合法用户从事欺诈活动。

（3）非法截获在 Internet 上传输的用户信息，如用户的电子邮件（E-mail）信息，以及窃听、篡改、删除和重复用户信息等。

（4）电子“邮件炸弹”，通过在 Internet 上大量地向用户发送电子邮件（如垃圾邮件），干扰用户的正常工作，严重时甚至导致系统和网络瘫痪。

（5）计算机病毒通过 Internet 传播，导致计算机病毒传播的速度更加迅速，影响范围更大。

（6）很多用户在未被告知并经许可的情况下，安装或曾经安装了各类广告软件、浏览器劫持、间谍软件、恶意共享软件、行为记录软件或恶作剧程序，有些间谍软件、行为记录软件能够在用户不知情的情况下，在其电脑上安装“后门”，收集用户信息，为黑客打开方便之门，造成了信息安全的严重隐患。

（7）目前用户的电脑已成为黑客散布垃圾邮件和“钓鱼”信息、传播间谍软件和广告软件、集体攻击组织团体、盗取机密信息的重要手段。入侵者或入侵组织在网络上的入侵行为由于往往混杂于正常的网络活动中，没有地域和时间的限制，因而其隐蔽性很强，入侵的手段和工具也复杂和多样。

2. 计算机病毒的定义

计算机病毒是一组计算机指令或程序代码，它不仅仅能破坏计算机系统，还能进行自我复制传播，侵害到其他计算机系统中去。计算机病毒一般不容易被发现，通过技术手段，病毒通常可隐藏在看起来安全的程序当中，并自我复制插入到其他程序中，执行恶意行为。

《中华人民共和国计算机信息系统安全保护条例》第 28 条明确指出：“计算机病毒，是指编制或者在计算机程序中插入的破坏计算机功能或者毁坏数据，影响计算机使用，并能自我复制的一组计算机指令或者程序代码”。

随着科学技术的发展，特别是 Internet 的普及应用和计算机网络及相关技术的发展，计算机病毒种类也越来越多，而且新病毒繁衍、自我变种的速度在不断加快，可以说科学在进步时，病毒也没有停止自己进步的步伐。

3. 病毒与反病毒

病毒往往会利用计算机操作系统的弱点进行传播，提高系统的安全性是防病毒的一个重要方面，但完美的系统是不存在的，过于强调提高系统的安全性将使系统多数时间用于病毒检查，系统便失去了可用性、实用性和易用性，另一方面，信息保密的要求让人们在泄密和抓住病毒之间无法选择。

病毒与反病毒将作为一种技术对抗长期存在，两种技术都将随计算机技术的发展而得到长期的发展。

4. 病毒的产生

病毒不是突发或偶然发生的。一次突发的停电和偶然的错误，会在计算机的磁盘和内存中产生一些乱码和随机指令，但这些代码是无序和混乱的，不会产生病毒。

实际上，病毒是一种比较完美的、精巧严谨的代码，它按照严格的秩序组织起来，与所在的系统网络环境相适应和相配合。病毒不会通过偶然形成，并且需要有一定的长度，这个基本的长度从概率上来讲是不可能通过随机代码而产生。

现在流行的病毒是由人为故意编写的，多数病毒可以找到作者和产地信息。从大量的统计分析来看，病毒作者的主要情况和目的是：一些天才的程序员为了表现自己和证明自己的能力，出于对上司的不满，为了好奇，为了报复，为了祝贺，为了得到控制口令，或为了软件拿不到报酬等，制造出了病毒。当然也有因政治、军事、宗教、民族、专利等方面的需求而专门编写病毒程序的，其中也包括一些病毒研究机构和黑客的测试病毒。

5. 计算机病毒的特点

根据人们的总结，计算机病毒有其显著的特点。

（1）寄生性。计算机病毒寄生在其他程序之中，当执行这个程序时，病毒就起破坏作用，而在未启动这个程序之前，它是不易被人发觉的。

（2）传染性。计算机病毒是一段人为编制的计算机程序代码，这段程序代码一旦进入计算机并得以执行，它就会搜寻其他符合其传染条件的程序或存储介质，确定目标后再将自身代码插入其中，达到自我繁殖的目的。正常的计算机程序一般是不会将自身的代码强行连接到其他程序之上的。而病毒却能使自身的代码强行传染到一切符合其传染条件的未受到传染的程序之上。是否具有传染性是判别一个程序是否为计算机病毒的最重要条件。

（3）潜伏性。有些病毒像定时炸弹一样，让它什么时间发作是预先设计好的。例如，黑色星期五病毒，不到预定时间一点都觉察不出来，等到条件具备的时候一下子就爆炸开来，对系统进行破坏。

潜伏性的第一种表现是指，病毒程序不用专用检测程序是检查不出来的，因此病毒可以静静地躲在磁盘里待上几天，甚至几年，一旦时机成熟，得到运行机会，就四处繁殖、扩散，继续为害。潜伏性的第二种表现是指，计算机病毒的内部往往有一种触发机制，不满足触发条件时，计算机病毒除了进行传染外不产生破坏。触发条件一旦得到满足，有的在屏幕上显示信息、图形或特殊标识，有的则执行破坏系统的操作，如格式化磁盘、删除磁盘文件、对数据文件进行加密、封锁键盘、使系统死锁等。

（4）隐蔽性。计算机病毒具有很强的隐蔽性，有的可以通过病毒软件检查出来，有的根本查不出来，有的时隐时现、变化无常，这类病毒处理起来通常很困难。

（5）破坏性。计算机中毒后，可能会导致正常的程序无法运行，把计算机内的文件删除或受到不同程度的损坏。通常表现为：增、删、改、移。

（6）可触发性。病毒因某个事件或数值的出现，诱使病毒实施感染或进行攻击的特性称为可触发性。

为了隐蔽自己，病毒必须潜伏，少做动作。如果完全不动，一直潜伏的话，病毒既不能感染也不能进行破坏，便失去了杀伤力。病毒既要隐蔽又要维持杀伤力，它必须具有可触发性。病毒的触发机制就是用来控制感染和破坏动作的频率的。病毒具有预定的触发条件，这些条件可能是时间、日期、文件类型或某些特定数据等。病毒运行时，触发机制检查预定条件是否满足，如果满足，就会启动感染或破坏动作，使病毒进行感染或攻击；如果不满足，使病毒继续潜伏。

6. 计算机病毒的症状

（1）计算机系统运行速度减慢。

（2）计算机系统经常无故发生死机。

（3）计算机系统中的文件长度发生变化。

（4）计算机存储的容量异常减少。

（5）系统引导速度减慢。

（6）丢失文件或文件损坏。

（7）计算机屏幕上出现异常显示。

（8）计算机系统的蜂鸣器出现异常声响。

（9）磁盘卷标发生变化。

（10）系统不识别硬盘。

（11）对存储系统异常访问。

（12）键盘输入异常。

（13）文件的日期、时间、属性等发生变化。

（14）文件无法正确读取、复制或打开。

（15）命令执行出现错误。

（16）虚假报警。

（17）换当前盘。有些病毒会将当前盘切换到 C 盘。

（18）时钟倒转。有些病毒会命令系统时间倒转，逆向计时。

（19）Windows 操作系统无故频繁出现错误。

（20）系统异常重新启动。

（21）一些外部设备工作异常。

（22）异常要求用户输入密码。

（23）Word 或 Excel 提示执行“宏”。

（24）使不应驻留内存的程序驻留内存。

7. 病毒的命名规则

很多时候，杀毒软件查出电脑中了病毒，并列出病毒名称，诸如 Backdoor.RmtBomb.12、Trojan.Win32.SendIP.15 等一串英文还带数字的病毒名。那么长一串的名字，我们怎么知道是什么病毒呢？

其实，只要掌握病毒的命名规则，就能通过杀毒软件的报告中出现的病毒名来判断该病毒的一些共有特性。一般格式为：

<病毒前缀>.<病毒名>.<病毒后缀>

（1）病毒前缀：指病毒的种类，是用来区别病毒的种族分类的。不同种类的病毒，其前缀也不同。例如，我们常见的木马病毒的前缀是 Trojan，蠕虫病毒的前缀是 Worm 等。

（2）病毒名：指病毒的家族特征，是用来区别和标识病毒家族的，如以前著名的 CIH 病毒的家族名统一都是 CIH，振荡波蠕虫病毒的家族名是 Sasser。

（3）病毒后缀：指病毒的变种特征，用来区别具体某个家族病毒的某个变种，一般都采用英文的 26 个字母来表示，如 Worm.Sasser.b 指振荡波蠕虫病毒的变种 B，因此一般称为“振荡波 B 变种”或者“振荡波变种 B”。如果该病毒变种非常多，可以采用数字与字母混合表示变种标识。

8. 计算机病毒的传播途径

计算机病毒之所以称为病毒是因为其具有病毒传染性的本质。传统渠道通常有以下几种：

（1）通过 U 盘。使用带有病毒的 U 盘，易使机器感染病毒发病，并会传染给未被感染的“干净”盘。大量的 U 盘交换，合法或非法的程序拷贝，不加控制地在机器上使用各种软件造成了病毒感染、泛滥和蔓延。

（2）通过硬盘。通过硬盘传染也是病毒传播的重要渠道。带有病毒机器移到其他地方使用、维修时，会将干净的硬盘感染病毒并再扩散。

（3）通过光盘。光盘容量大，存储了海量的可执行文件，大量的病毒就有可能藏身于光盘，对只读式光盘，不能进行写操作，因此光盘上的病毒不能清除。在以谋利为目的非法盗版软件的制作过程中，不可能为病毒防护担负专门责任，也绝不会有真正可靠、可行的技术保障避免病毒的传入、传染、流行和扩散。当前，盗版光盘的泛滥给病毒的传播带来了很大的便利。

（4）通过网络。随着 Internet 的发展，病毒的传播更迅速，反病毒的任务更加艰巨。Internet 带来了两种不同的安全威胁，一种威胁来自文件下载，这些被浏览的或是被下载的文件可能存在病毒。另一种威胁来自电子邮件。大多数 Internet 邮件系统提供了在网络间传送附带格式化文档邮件的功能，因此，遭受病毒感染的文档或文件就可能通过网关和邮件服务器涌入企业网络。网络使用的简易性和开放性使得这种威胁越来越严重。

9. 预防病毒的常识

（1）建立良好的安全习惯。对一些来历不明的邮件及附件不要打开，不要上一些不太了解的网站、不要执行从 Internet 下载后未经杀毒处理的软件等。

（2）关闭或删除系统中不需要的服务。默认情况下，许多操作系统会安装一些辅助服务，如 FTP 客户端、Telnet 和 Web 服务器。这些服务为攻击者提供了方便，而又对用户没有太大用处，如果删除它们，就能大大减少被攻击的可能性。

（3）经常升级安全补丁。据统计，80%的网络病毒是通过系统安全漏洞进行传播的，如蠕虫王、冲击波、震荡波等，所以应该定期到微软网站下载最新的安全补丁，以防患于未然。

（4）使用复杂的密码。有许多网络病毒是通过猜测简单密码的方式攻击系统的，因此使用复杂的密码，将会大大提高计算机的安全系数。

（5）迅速隔离受感染的计算机。当计算机发现病毒或异常时应立刻断网，以防止计算机受到更多的感染，或者成为传播源，再次感染其他计算机。

（6）了解一些病毒知识。这样就可以及时发现新病毒并采取相应措施，在关键时刻使自己的计算机免受病毒破坏。如果能了解一些注册表知识，就可以定期看一看注册表的自启动项是否有可疑键值；如果了解一些内存知识，就可以经常看看内存中是否有可疑程序。

（7）安装专业杀毒软件进行全面监控。在病毒日益增多的今天，使用杀毒软件进行防毒，是越来越经济的选择，不过用户在安装了反病毒软件之后，应该经常进行升级、将一些主要监控经常打开，例如，邮件监控、内存监控等，遇到问题要上报，这样才能真正保障计算机的安全。

（8）安装个人防火墙软件进行防黑。由于网络的发展，用户电脑面临的黑客攻击问题也越来越严重，许多网络病毒都以黑客的方法来攻击用户电脑。因此，用户还应该安装个人防火墙软件，将安全级别设为中、高，这样才能有效地防止网络上的黑客攻击。

10. 流氓软件

流氓安全软件也被称为“恐吓软件”，是一个似乎能够提供安全，但实际上仅提供有限安全或根本不提供安全的软件，常生成错误或误导警告，或尝试诱使用户参与欺诈交易。

（1）流氓安全软件是如何进入我的计算机的。

流氓安全软件设计者会创建为安全更新软件做广告、看起来合法的弹出窗口。当您浏览网络时，这些窗口可能会显示在屏幕上。

弹出窗口中的“更新”或“警告”会让你采取一些行动，如单击以安装软件、接受建议的更新，或删除不需要的病毒或间谍软件。单击后，该流氓安全软件会被下载到你的计算机上。

流氓安全软件可能还会在你搜索可信赖反间谍软件时显示在搜索结果中，因此保护你的计算机非常重要。

（2）流氓安全软件的作用。

流氓安全软件可能会报告病毒，即使你的计算机实际上没有病毒。该软件还会在计算机受到感染时，不报告病毒。有时，当你下载流氓安全软件时，它还会安装病毒或其他恶意软件到你的计算机上。

流氓安全软件可能会有以下危害：

① 诱使用户进行欺诈交易（如升级到并不存在的付费程序版本）。

② 偷窃用户的个人信息。

③ 启动带有错误或误导警告的弹出窗口。

④ 使计算机的速度减慢或损坏文件。

⑤ 禁用 Windows 更新或禁用合法防病毒软件的更新。

⑥ 阻止用户访问防病毒软件厂商网站。

11. 常用的计算机安全防护技术

（1）从受信任源安装防病毒软件和反间谍软件程序。切勿因为看到某个未安装过或不认识的却声称能保护你的计算机或提供杀毒服务的某个程序的警告而下载任何内容，这极有可能会适得其反。

（2）定期更新软件。网络犯罪分子一直在绞尽脑汁地利用软件中的漏洞，许多软件公司为消除这些威胁付出了不懈的努力。因此，用户应该：

① 定期为所有软件安装更新，包括防病毒软件和反间谍软件程序、浏览器（如 Windows Internet Explorer）、操作系统（如 Windows）以及文字处理与其他程序。

② 应设置软件自动更新（如果有提供）。

③ 卸载不使用的软件。可以使用 Windows 控制面板将其卸载。

（3）使用强密码（口令）。口令（Password）是一种最容易实现的用户标识技术，在计算机系统内被广泛使用。在口令识别机制中，计算机系统给每个用户分配一个用户标识（用户名）和一个口令。一个用户标识确定一名用户，是公开的；而口令用于验证用户，是保密的。

① 强密码应至少 14 个字符长，包括字母、数字和符号的组合。

② 不要向任何人透露密码。

③ 不要在所有网站上使用相同的密码。如果密码被盗，那么它所保护的全部信息都将面临风险。

④ 为家中的路由器和无线连接的无线密钥设置不同的强密码。

（4）不要关闭防火墙。防火墙在你的计算机和互联网之间放上了一个保护屏障，即使关闭防火墙 1 分钟也会增加电脑受恶意软件感染的风险。

防火墙技术是伴随着 Internet 的普及和发展而出现的新技术。防火墙就是在可信网络（用户的内部网）和非可信网络（Internet、外部网）之间建立和实施特定的访问控制策略的系统。所有进、出的信息包都必须通过这层屏障，而只有授权的信息包（由网络访问控制策略决定）才能通过。防火墙可能由一个硬件、软件组成，也可以是一组硬件和软件构成的保护屏障。它是阻止 Internet 网络“黑客”攻击的一种有效手段。

（5）谨慎使用闪存驱动器。

① 不要将来源不明的闪存驱动器（U 盘）插入你的电脑中。

② 在计算机中插入驱动器时按下【Shift】键。如果忘记这样做，应单击位于右上角的“关闭”按钮，以关闭任何与闪存驱动器相关的弹出窗口。

③ 不要打开驱动器中预期之外的文件。

（6）不要受哄骗去下载恶意软件。

① 在打开电子邮件、即时消息以及社交网站（如 Facebook）帖子中的附件或者单击链接时应非常谨慎，即使认识发件人也应如此。如果是朋友发送的，可打电话询问；如果不是，应删除或关闭即时消息窗口。

② 避免单击【同意】、【确定】或【我接受】按钮（常见于横幅广告、意外的弹出窗口或警告、似乎不合法的网站或者提供删除间谍软件或病毒的服务）。相反地，应按键盘上的【Ctrl+F4】键来关闭窗口，如果这样不能关闭窗口，应按键盘上的【Alt+F4】键关闭浏览器。如果看到询问消息，则选择关闭所有选项卡并且不保存任何选项卡。

③ 仅从信任的网站下载软件。对于“免费”提供的音乐、游戏、视频以及类似内容应保持谨慎，因为它们在下载中通常会包含恶意软件。

（7）查杀病毒。

病毒的发作给全球计算机系统造成了巨大损失，令人们谈“毒”色变。上网的人中，很少有谁没被病毒侵害过。对于一般用户而言，首先要做的就是为电脑安装一套正版的杀毒软件。

现在不少人认为，对待电脑病毒的关键是“杀”，其实对待电脑病毒应当是以“防”为主。目前绝大多数的杀毒软件都在扮演“事后诸葛亮”的角色，即电脑被病毒感染后杀毒软件才忙不迭地去发现、分析和治疗。这种被动防御的消极模式远不能彻底解决计算机安全问题。杀毒软件应立足于拒病毒于计算机门外。因此，应当安装杀毒软件的实时监控程序，应该定期升级所安装的杀毒软件（如果安装的是网络版，在安装时可将其设定为自动升级状态），给操作系统打相应补丁、升级引擎和病毒定义码。由于新病毒的层出不穷，现在各杀毒软件厂商的病毒库更新十分频繁，应当设置每天定时更新杀毒实时监控程序的病毒库，以保证其能够抵御最新出现的病毒的攻击。

每周要对电脑进行一次全面的杀毒、扫描工作，以便发现并清除隐藏在系统中的病毒。当用户不慎感染上病毒时，应该立即将杀毒软件升级到最新版本，然后对整个硬盘进行扫描操作，清除一切可以查杀的病毒。如果病毒无法清除，或者杀毒软件不能做到对病毒体进行清晰的辨认，那么应该将病毒提交给杀毒软件公司，杀毒软件公司一般会在短期内给予用户满意的答复。而面对网络攻击之时，我们的第一反应应该是拔掉网络连接端口，或按下杀毒软件上的断开网络连接钮。

思考与练习

1. 什么是计算机病毒？计算机病毒有什么特点？
2. 感染计算机病毒的计算机一般会表现出哪些症状？
3. 作为重要部门的工作人员，应当采取什么样的计算机安全防范措施？
4. 如果病毒防治工具不具备实时监控功能或计算机用户不使用实时监控功能，会给计算机带来什么样的危害？

2.2 360安全卫士

任务导入

360安全卫士是一款由奇虎网推出的功能强、效果好、受用户欢迎的免费上网安全软件。360安全卫士拥有查杀木马、清理插件、修复漏洞、电脑体检等多种常用功能，并独创了“木马防火墙”功能，依靠抢先侦测和云端鉴别，可全面、智能地拦截各类木马，保护用户的账号、隐私等重要信息。目前，木马威胁之大已远超病毒，360安全卫士运用云安全技术，在拦截和查杀木马的效果、速度以及专业性上表现出色，能有效防止个人数据和隐私被木马窃取，被誉为“防范木马的第一选择”。

360安全卫士自身非常轻巧，同时还具备开机加速、垃圾清理等多种系统优化功能，可大大加快电脑运行速度，内含的360软件管家还可帮助用户轻松下载、升级和强力卸载各种应用软件。

本任务学习360安全卫士的安装和使用方法。

学习目标

（1）了解计算机的安全状态。

（2）能熟练下载、安装、升级360安全卫士。

（3）能熟练进行电脑体检、查杀修复、电脑清理。

（4）能熟练对电脑优化加速。

（5）会对电脑进行有效的安全防护。

任务实施

1. 安装360安全卫士

360安全卫士是一款完全免费的公益性软件。国内很多网站都提供360安全卫士的下载服务，但本书推荐用户到官方网站下载最新的360安全卫士版本。

（1）登录“360安全卫士”官方网站“http://www.360.cn”下载该款软件，如图2-1所示，单击【下载】按钮，系统将自动下载该软件。

（2）下载后，双击安装文件，这时系统首先对本机进行安全扫描，弹出如图2-2所示的“安装向导”。

（3）选中左下角的“已阅读并同意 许可协议”选项后（否则将无法安装），单击【立即安装】按钮，软件将自动安装在C盘中。

（4）用户可以单击右下角的“自定义安装”按钮，在弹出的“自定义安装”对话框中更改安装路径，如图2-3所示。

图 2-1　“360 安全卫士”官方网站

图 2-2　安装向导

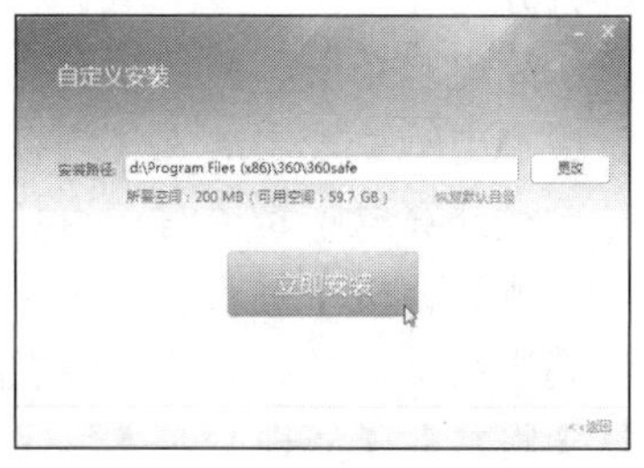

图 2-3　选择安装路径

（5）经过一段时间的文件下载和复制，360 安全卫士安装完成。

2. 启动 360 安全卫士

360 安全卫士成功安装后，会在用户桌面自动创建快捷方式。双击桌面上 360 安全卫士的快捷方式，启动该软件，主窗口如图 2-4 所示，此时 360 安全卫士将自动对电脑存在的安全性进行自检，并给出简单的提示和检测分值。

3. 在线升级

软件升级能保持软件及时升级到最新版本，从而查杀各种新病毒和木马，防范病毒的攻击。用户可以通过主界面中的【升级】按钮来及时实现在线升级。

（1）在 360 安全卫士主窗口中，单击左上角的“升级”按钮，或者单击右上角主菜单中的“检测更新”命令。

（2）系统会自动显示在线升级窗口，如图 2-5 所示。

另外，每当软件启动时就会自动连接网络，更新最新的特征库以及更新程序版本。

4. 电脑体检

体检功能可以全面地检查用户电脑的各项状况。体检完成后，360 安全卫士会提交一份优化电脑的意见，用户可以根据自己的需要对电脑进行优化，也可以便捷地选择一键优化。

（1）在主界面中，单击“立即体检”按钮，如图 2-6 所示，软件将自动进行检测，并给出提示“正在进行体检……”。

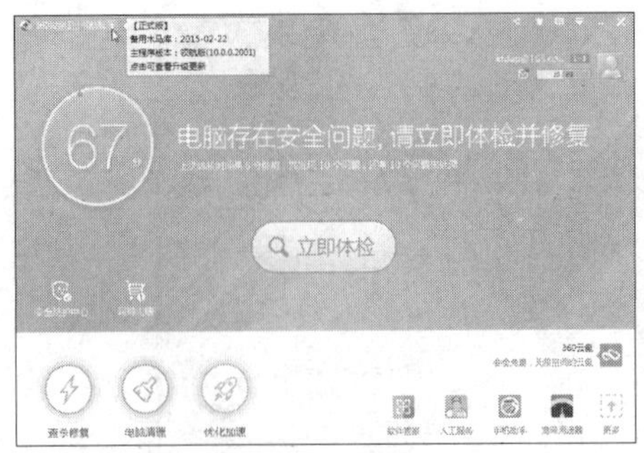

图 2-4　“360 安全卫士”主窗口

图 2-5　升级 360 安全卫士

体检过程共分为 4 步：

第 1 步，检测电脑系统、软件是否有故障；

第 2 步，检测电脑里没用的文件缓存、文件垃圾等；

第 3 步，检测计算机中是否有病毒、木马、漏洞等；

第 4 步，检测计算机中是否存在可优化的开机启动项。

（2）检测完毕后，360 安全卫士将给出检测报告，如图 2-7 所示。可以对每个单项分别单击进行【修复】、【清理】或【优化】按钮进行修复或清理，也可以单击【一键修复】按钮，随后将进入修复和清理过程。

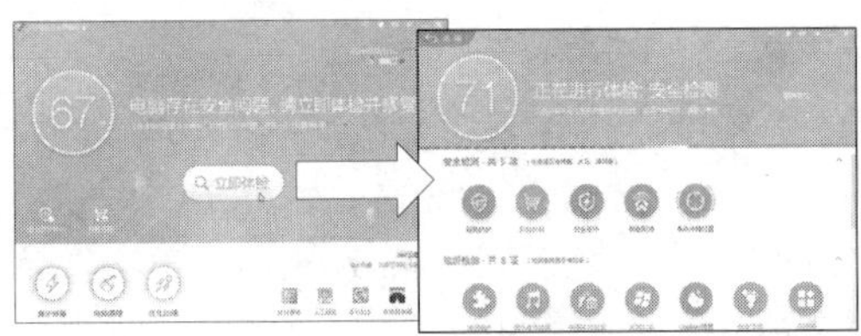

图 2-6　电脑体检

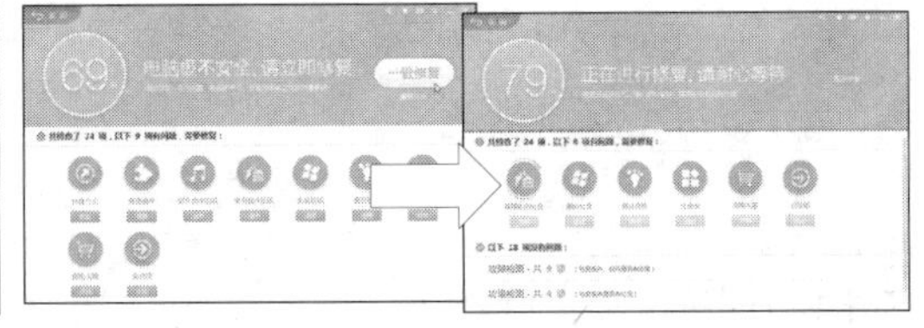

图 2-7　一键修复

（3）在修复过程中，有些问题需要用户进行再次确认，如图 2-8 所示，用户可以根据情况选择单击【忽略】、【本次取消清理】或【关闭并清理】按钮。

（4）修复和清理完成后，360 安全卫士将自动修复大多数问题并给出修复结果。此时，单击“立即重启”可以使修复后的功能立即生效，也可以单击“稍后重启”，等待下一次重启电脑后生效。用户也可以单击“返回”按钮回到主界面，如图 2-9 所示。

图 2-8　再次确认

图 2-9　修复结果

注意

电脑的健康状况让我们担忧，让我们看看来自天网在线和赛门铁克两家网站的数据吧。天网在线：有效检测人数为二千四百多万人，其中比较安全的占 8%，一般危险的占 41%，极度危险的占 51%。赛门铁克安全门诊：在四百多万个提交的检测结果中，19%在黑客暴露程度方面存在风险，12%在 Windows 漏洞方面存在风险，4%在特洛伊木马检查中存在风险。怎么样，你现在还有安全感吗？是否感到危险就在眼前？因此，电脑体检非常重要。

5. 查杀修复

利用查杀修复功能，可以找出电脑中疑似木马的程序，并在取得允许的情况下删除这些程序。

360 安全卫士的“查杀修复”功能采用云查杀引擎、智能加速技术，因而杀毒速度较快；360 安全卫士取消了特征库升级，内存占用仅为同类软件的 1/5。另外，在查杀木马的同时，能自动修复被木马破坏的系统设置，大大简化了用户操作；360 安全卫士将可疑文件上传改为并发操作，提高了上传效率和服务器的响应速度。

（1）单击主界面中的“查杀修复”项，将进入木马查杀程序窗口，如图 2-10 所示。在该窗口中，共有 6 个常用选项。

其中，如果选择“快速扫描”“全盘扫描”或“自定义扫描”，360 安全卫士软件会自动检测系统中有无木马的存在，并进行列举以便用户清除木马。这 3 个选项分别表示：

- “快速扫描”：扫描系统内存、开机启动项等关键位置，快速查杀木马；
- “全盘扫描”：扫描全部磁盘文件，全面查杀木马及其残留；
- “自定义扫描”：扫描制定的文件或文件夹，精准查杀木马。
- 另外 3 个按钮的作用主要是：
- “常规修复”按钮，用于修复浏览器组件等问题；
- “漏洞修复”按钮，用于修复该电脑中存在的漏洞；
- “主页锁定”按钮，用于锁定主页，防止恶意程序篡改。

（2）以“快速扫描”为例，“快速扫描”将扫描计算机中特种未知木马、后门、蠕虫等病毒易于存在的系统位置，如内存等关键区域，查杀速度快，效率高。通常利用快速扫描就可以杀掉大多数病毒，防止病毒发作。

单击“快速扫描”选项将进入“正在扫描”状态，如图 2-11 所示。

扫描结束后，360 安全卫士给出扫描结果报告，如图 2-12 所示，单击“一键处理”按钮将自动进行删除，接着弹出处理成功提示对话框，提示需要重新启动电脑才能彻底完成处理，单击【好的，立即重启】按钮将重新启动电脑，也可以单击【稍后我自行重启】按钮。

图 2-10　查杀修复窗口

图 2-11　正在进行木马扫描

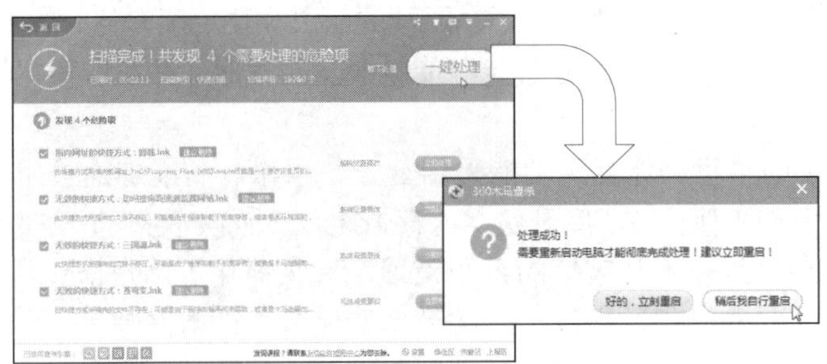

图 2-12　扫描结果报告

注意

在计算机领域中，木马是有隐藏性的、自发性的可被用来进行恶意行为的程序。木马大多不会直接对电脑产生危害，而是以控制为主。木马的传播方式主要有两种：一种是通过 E-mail，控制端将木马程序以附件的形式夹在邮件中发送出去，收信人只要打开附件系统就会感染木马；另一种是软件下载，一些非正规的网站以提供软件下载为名义，将木马捆绑在软件安装程序上，下载后，只要一运行这些程序，木马就会自动安装。

（3）“常规修复”主要用于在使用计算机时软件出现的一些问题，比如软件参数错误、软件无法正常使用等。

在木马查杀程序窗口，单击“常规修复”按钮，如图 2-13 所示，将自动进行系统扫描。

扫描结束后，对发现的项目进行推荐修复，如图 2-14 所示，单击“立即修复”将对选中项立即修复，从而使计算机迅速恢复到“健康状态”。

（4）漏洞修复功能针对 Windows 系统的漏洞进行扫描，能够检测出计算机中存在哪些漏洞、缺少哪些补丁，并且给出漏洞的严重级别，提供相应补丁的下载和安装。用户及时修复漏洞，可以保证计算机系统安全。为用户提供的漏洞补丁均由微软官方提供。

单击【漏洞修复】按钮，进入漏洞扫描模式。在扫描的漏洞中，将根据微软发布漏洞补丁时间排序，并且标明各种漏洞的严重程度，通过单击即能查看该条漏洞详细信息，如图 2-15 所示，单击【立即修复】按钮即可。

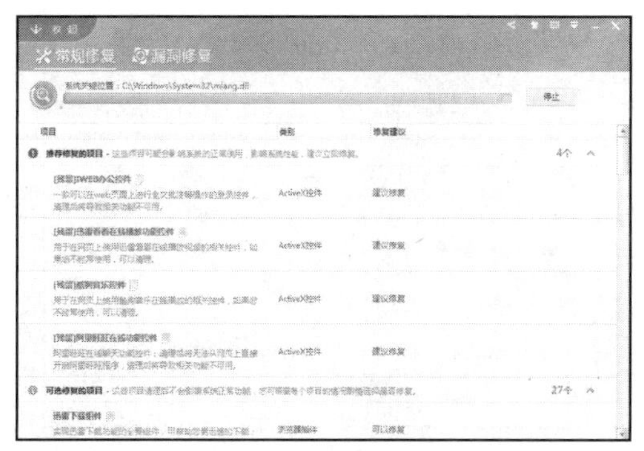

图 2-13 常规修复扫描

图 2-14 常规修复处理建议

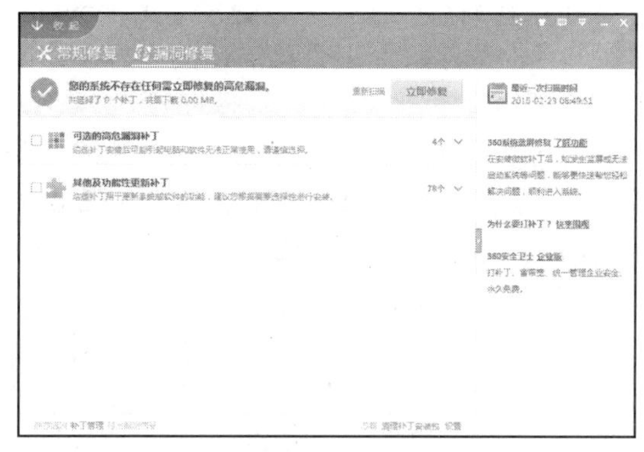

图 2-15 漏洞修复

注意

系统漏洞是硬件、软件、协议在具体实现或系统安全策略上存在的缺陷，它可以使攻击者能够在未授权的情况下访问或破坏系统。漏洞补丁是指原公司程序编写员发现软件存在着某些问题或漏洞（统称为 BUG）后，写出一些可插入源程序的程序语言。如果系统存在漏洞，应及时打上漏洞补丁，以防止恶意软件、木马、病毒的攻击。

6. 电脑清理

电脑中通常会产生各种各样的垃圾，除了病毒外，电脑中存在的垃圾多了自然也会影响电脑运行时的速度，就像一个人在跑步时，身上背负的东西越多，就越感觉疲惫，电脑也是如此。只有垃圾少了，电脑各项运行也就能正常运行。电脑清理可清理无用的垃圾、上网痕迹和各种插件等，让电脑更快更干净。

（1）在 360 安全卫士主界面中，单击【电脑清理】按钮，将弹出“电脑清理”窗口，如图 2-16 所示，显示有 6 项清理类型。

（2）默认状态下，6 项清理类型均为选中状态，单击【一键扫描】按钮，将扫描电脑中的垃圾、痕迹、注册表、插件、软件、Cookies 等，稍等片刻，360 安全卫士即可给出扫描结果，如图 2-17 所示。

图 2-16　电脑清理

图 2-17　一键扫描电脑垃圾

单击【一键清理】按钮，将清理完成，并按类别给出本次垃圾清理排行分布情况，如图 2-18 所示。对正在运行的程序，如果有可清理的内容，需要关闭后进行清理，直接单击【关闭并清理】按钮即可。

（3）在平常使用时，如果在上述 6 类问题中的对应方面出现类似现象，我们就不必使用全盘扫描，根据需要使用垃圾分类清理，可以避免不必要的麻烦和时间的浪费，下面以"清理垃圾""清理痕迹""清理插件"为例进行介绍。

① 清理垃圾。定期清理系统垃圾，可以提升系统运行速度，增加系统可用空间。针对 Windows 系统、常用软件等垃圾文件进行扫描，能够检测出计算机中存在哪些垃圾文件。

单击【清理垃圾】按钮，取消其他项的选中状态，如图 2-19 所示，单击【一键扫描】按钮，程序会自动扫描出系统存在的垃圾文件。

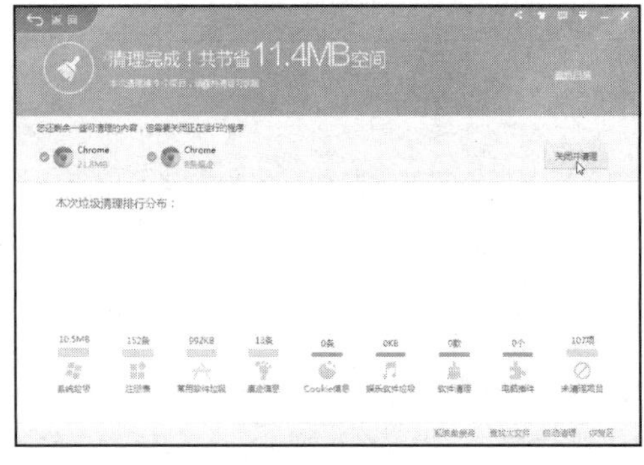

图 2-18　一键清理电脑垃圾

图 2-19　选中清理垃圾项，取消其他项的选中状态

选择需要清理的垃圾，单击【一键清理】按钮，如图 2-20 所示，即可完成清理工作。清理完成后，将给出本次垃圾清理排行分布情况。

注意

系统垃圾，就是系统不再需要的文件统称。例如，当用户浏览过网页，安装后又卸载的程序残留文件及注册表的键值等，这些都是对系统毫无作用的文件，只会给系统增加负担，所以叫垃圾。这些垃圾文件手动删除有很大的风险，一旦系统出现问题将很难恢复。

② 清理痕迹。360 安全卫士的清理痕迹功能可以清理使用电脑所留下的痕迹，能有效地保护用户隐私。

选中“清理痕迹”项，取消其他项的选中状态，单击【一键扫描】按钮，程序会自动扫描系统存在的痕迹，如图 2-21 所示。选中要清理的痕迹，然后单击【一键清理】按钮即可。

③ 清理插件。插件是指会随着浏览器的启动自动执行的程序。例如，随 IE 自动加载的工具条等。有些插件程序能够帮助用户更方便地浏览互联网或调用上网辅助功能，也有部分程序被人称为广告软件或间谍软件。360 安全卫士的“清理插件”功能可卸载千余款插件，提升系统速度。

图 2-20　清理垃圾

图 2-21　清理痕迹

选中“清理插件”项，取消其他项的选中状态，单击【一键扫描】按钮，程序会自动扫描电脑中的各类插件，并将扫描到的插件结果列出，同时给出建议，如图 2-22 所示，包括“可清理插件”“建议保留插件”“已信任插件”。

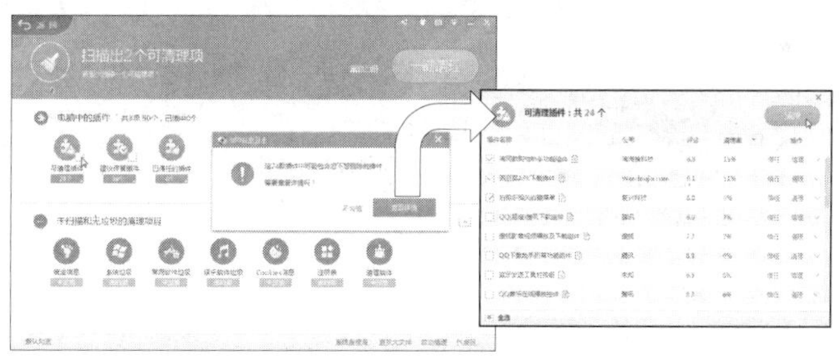

图 2-22　清理插件

选中要清除的插件，在弹出的提示框中单击“查看详情”按钮，选中需要清理的插件后单击【清理】按钮，可以立即清除不需要的插件。

选中信任的插件，单击【信任】按钮，将其添加到信任插件中。

注意

恶评插件是为方便用户使用计算机工作、娱乐而开发的具备正常功能（下载、媒体播放等），但同时又具有恶意行为（弹广告、开后门）的程序。恶评插件包括广告程序、间谍软件、IE 插件等，

它们严重干扰了正常的网络秩序。这些程序共同的特征是未经用户许可强行潜伏到用户电脑中，而且此类程序无卸载程序，无法正常卸载和删除，强行删除后还会自动生成。此外，如广告程序会强迫用户接受阅读广告信息，间谍软件会搜集用户敏感信息并向外发送，将严重侵犯用户的选择权和知情权。

清理恶评插件，不仅有利于保护自己的信息安全，而且有利于计算机的资源优化，因为这些过多的插件在侵害信息安全的同时还大量占用系统资源，造成计算机经常不稳定甚至无法使用。

其实，各个网站上对恶评插件的定义和举例都各不一样，这完全取决于用户对于那些插件的需求程度。例如，有些网站上把 PDF 查看插件评为恶评插件，但事实上，很多要在线查看 PDF 文档的网民是需要它的。但对于大多数关于广告、恶意程序的恶评插件的观点还是一致的，用户在普通情况是查不出恶评插件的，建议用 360 安全卫士等具有清理恶评插件功能的系统管理工具，它们能够分辨出大众认可的恶评插件和普通插件，方便用户选择性清理，提高系统运行速度。

7. 优化加速

“优化加速”功能可以全面提升电脑开机速度、系统速度、上网速度、硬盘速度。

在主界面上，单击【优化加速】按钮，将打开优化加速窗口，如图 2-23 所示，主要有 4 个选项，即“开机加速”“系统加速”“网络加速”“硬盘加速”。默认状态为 4 个选项全部选中，如果直接单击【开始扫描】按钮，可以对上述功能进行全面扫描。如果需要对单项状态进行扫描加速，可以取消其他项的选中状态。

（1）开机加速。可以优化软件的自启动状态，使得开机更快。

若只进行“开机加速”，如图 2-24 所示，可单击【开始扫描】按钮。

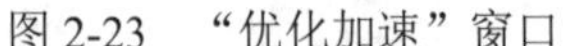
图 2-23 “优化加速”窗口

图 2-24 开机加速

扫描完成后，发现可以优化的开机项，给出优化后可以提高的时间，如图 2-25 所示，单击【立即优化】按钮可进行开机优。

（2）系统加速。优化系统和内存设置，加快系统速度。

选中“系统加速”项，单击“开始扫描”按钮，扫描结束后，给出系统可以提速的百分比，单击【一键加速】按钮即可进行系统加速。

（3）网络加速。优化网络配置，加快上网速度。

选中“网络加速”项，单击【开始扫描】按钮，扫描结束后，给出网络可以提速的百分比，单击【一键加速】按钮即可进行网络加速。

（4）硬盘加速。优化硬盘传输效率，加快电脑速度。

选中“硬盘加速”项，单击“开始扫描”按钮，扫描结束后，给出硬盘可以提速的百分比，单击【一键加速】按钮进行硬盘加速。

8. 安全防护中心

在程序主界面，单击“安全防护中心”项，将启动“360 安全防护中心”，如图 2-26 所示。

本版本将原有老版本中的网盾、木马防火墙、安全保镖功能整合到了一起，用户使用起来将更加方便。

图 2-25 可提速的开机项

图 2-26 360 安全防护中心

在“浏览器防护”“系统防护”“入口防护”“隔离防护”中，分别单击“查看状态”，可以分别选择需要开启或关闭的实时保护。

例如，在“浏览器防护”项中，单击“查看状态”，列表中将列出 8 层防护类别，默认为开启状态，指向“网页安全防护”项后出现【关闭】按钮，单击【关闭】按钮弹出“360 设置中心”对话框，如图 2-27 所示，在此可以详细设置相关各项。

选中“开启防护”后将即刻开始保护。可以根据系统资源情况，选择是否开启某些功能。

某些选项，如果要关闭开启状态，将弹出提示框，用户可以根据需要进行选择。

9. 隔离沙箱

隔离沙箱是在电脑系统里构建的一块虚拟的隔离空间。运行在沙箱中的程序，用户丝毫感觉不到它与运行在系统上的差别。但是，当用户不小心单击到木马网站、下载了病毒或盗号木马的时候，木马、病毒会运行在这块隔离的空间中，不会对真实的电脑系统产生影响。

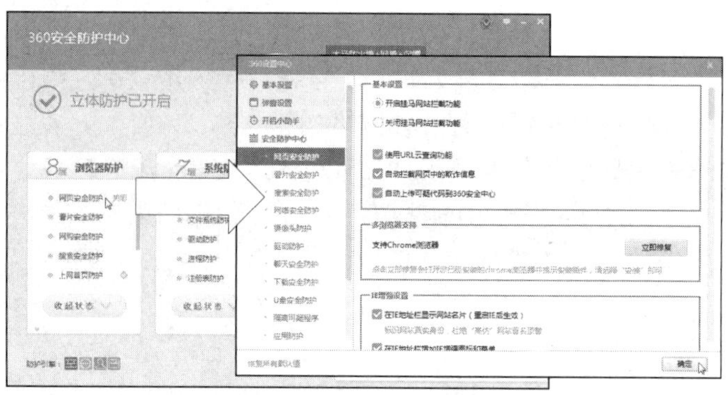

图 2-27　网页安全防护

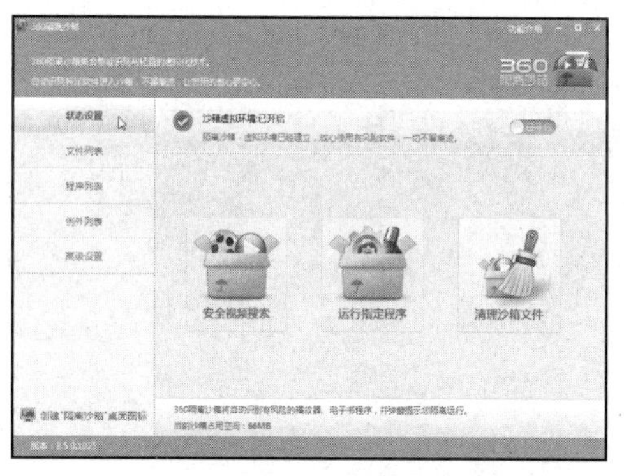

图 2-28　“360 隔离沙箱”窗口的“状态设置”

（1）在“360 安全防护中心”窗口，单击右下角的“隔离沙箱”图标，将打开“360 隔离沙箱”主界面，如图 2-28 所示。

（2）在“状态设置”选项中，单击“安全视频搜索”项，将可以搜索、播放视频，并都将运行在沙箱内。“运行指定程序”项是程序进入沙箱运行的另一入口，可以通过它选择想要进入沙箱运行的程序。单击“清理沙箱文件”项，可以把沙箱内的所有内容进行清除，一般建议在清除前通过文件列表将文件备份到真实系统上进行保存。

（3）单击“文件列表”项，在右侧窗口中，可以看到沙箱内的多媒体文件、办公文档文件，也可以通过沙箱内所有文件目录浏览需要的文件。

如果想把需要的文件保存到真实系统上，可以根据下载的视频、软件、电子书等文件的路径找到它们，选中后通过右键快捷菜单复制到个人目录下，如图 2-29 所示。

（4）单击“程序列表”项，所有已经运行在沙箱内的程序将会一目了然。

如果想让某程序自动运行在沙箱中，可以单击程序前面的选项框，也可以通过【添加自动进入沙箱的程序】按钮添加程序，如图 2-30 所示。

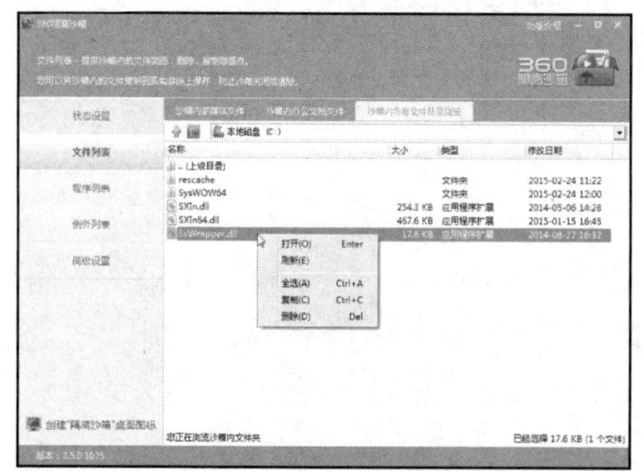

图 2-29　“360 隔离沙箱”窗口的“文件列表”

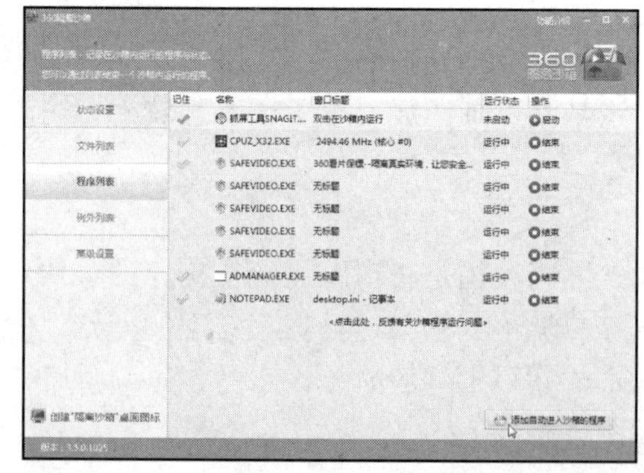

图 2-30　“360 隔离沙箱”窗口的“程序列表”

（5）在“例外列表”中记录了不想加入沙箱运行的程序信息，也可以通过单击【添加自动进入进沙箱的程序】按钮手动添加。

（6）在“高级设置”中，可以根据自己的需要选中或勾掉某些选项，如图 2-31 所示。

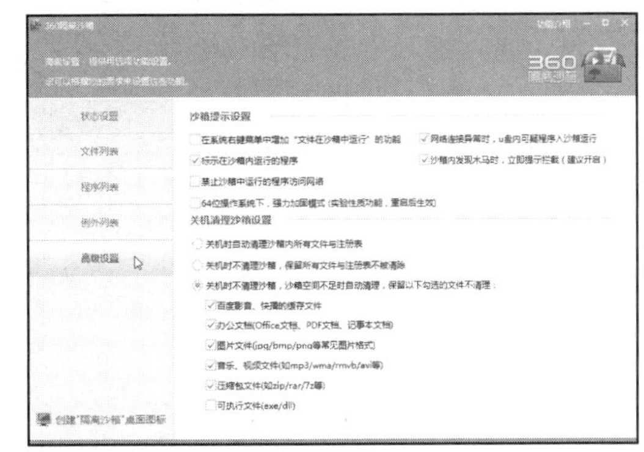

图 2-31 “360 隔离沙箱”窗口的“高级设置”

10. 软件管家

360 软件管家是集成在 360 安全卫士中的应用软件，使用“软件管家”功能，可以帮助用户下载需要的软件，节省用户装机时间和上网搜索软件的时间；也可以帮助用户卸载电脑中不用的软件，节省磁盘空间，提高系统运行速度。

（1）在主界面上，单击“软件管家”项，将弹出“360 软件管家”窗口，如图 2-32 所示。窗口左侧按功能列出了多个选项卡，右侧是相应选项卡中的应用程序。找到需要安装的软件，单击右侧的【一键安装】或【安装】按钮即可。

（2）单击窗口上端的“软件卸载”项，将列出该电脑中已经安装的所有软件。选中不需要的软件，如图 2-33 所示，单击【卸载】或【一键卸载】按钮即可删除已安装的软件。

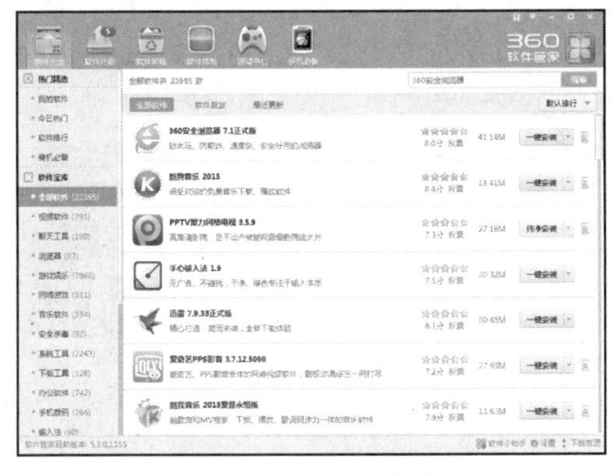

图 2-32 360 软件管家

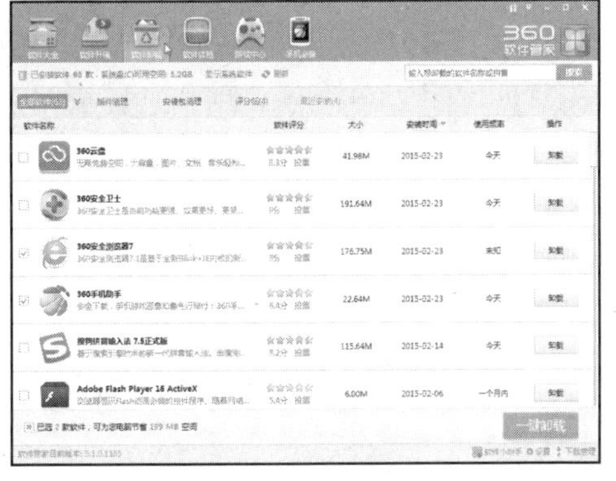

图 2-33 软件卸载

（3）使用软件体检功能，可解决软件弹广告、导致开机慢、软件卡死、软件被篡改等电脑软件故障。

单击“软件体检”项，进入“软件体检”窗口。单击【开始体检】按钮开始对电脑中安装的软件进行体检，界面会实时显示并改变软件健康度。体检完毕后，如图 2-34 所示，单击“一键修复”按钮即可修复不健康的软件垃圾等。也可以选择性地关闭、升级和清理一些软件。

11. 手机助手

使用手机助手功能，可以将手机连接到电脑上下载一些软件，从而节省流量，并且相对于手机自带 APP 应用来说下载速度要快得多。

图 2-34　软件体检

在主界面上，单击“手机助手”项，进入如图 2-35 所示窗口，在此窗口，可以浏览热点信息，或者下载一些视频、图片壁纸、游戏、电子书等。

12. 功能大全

在 360 安全卫士中，还集成了不少功能强大的小工具，可以帮助用户更好地解决系统的一些问题。

在主界面中，单击右下角的“更多”按钮，将弹出工具窗口，该窗口列出了多种实用工具，如图 2-36 所示。用户可以根据需要选用。

图 2-35　手机助手

图 2-36　功能大全

思考与练习

1. 使用 360 安全卫士对电脑进行体检，测试电脑状态，并对出现的问题进行修复。
2. 清理电脑中的垃圾和恶意软件。
3. 使用 360 安全卫士扫描系统中的插件，并对插件进行管理。
4. 使用 360 安全卫士优化自己的电脑，提升开机速度。

2.3 360 杀毒软件

任务导入

360 杀毒是完全免费的杀毒软件，它创新性地整合了五大领先防杀引擎，包括国际知名的 BitDefender 病毒查杀引擎、小红伞病毒查杀引擎、360 云查杀引擎、360 主动防御引擎、360QVM 人工智能引擎。五个引擎智能调度，提供全时全面的病毒防护，不但查杀能力出色，而且能第一时间防御新出现的病毒木马。

360 杀毒在技术架构上针对降低系统资源占用做了特别的设计。相较同类产品，360 杀毒具有轻巧快速不卡机的特点。

360 杀毒和 360 安全卫士组合是一个完整的安全防护体系，建议同时安装。360 安全卫士查杀流行木马、恶意软件、修复系统漏洞，而 360 杀毒除了查杀流行的木马病毒外，对感染型病毒和脚本病毒等传统病毒也有非常好的查杀效果，二者同时安装可最大程度地保护电脑的安全。

本任务学习 360 杀毒软件的安装和使用方法。

学习目标

（1）能熟练安装 360 杀毒软件。

（2）能熟练查杀电脑中的病毒。

（3）掌握病毒类型及对应的解决办法。

任务实施

1. 安装 360 杀毒软件

（1）在 360 杀毒官方网站（http://sd.360.cn）下载最新版本的 360 杀毒安装程序。

（2）双击运行下载的安装包，弹出 360 杀毒安装向导。可以选择新的安装路径，建议按照默认设置即可，也可以单击【更换目录】按钮选择安装目录。

（3）选中“我已阅读并同意软件安装协议”后，单击【立即安装】按钮开始安装。

（4）安装完成后，会自动打开杀毒界面，如图 2-37 所示。

图 2-37　360 杀毒主界面

2. 安装时卸载其他安全软件

如果你的电脑上已经安装了其他杀毒软件，在安装 360 杀毒时，将弹出提示框，提示检测到已安装其他安全软件，如图 2-38 所示，可以选中该软件，单击【卸载】按钮。

安全软件共存极易产生不兼容情况，导致系统资源占用大、系统运行慢、网速慢以及系统蓝屏等问题，因此建议卸载其他安全软件之后再安装 360 杀毒。

3. 病毒查杀

360 杀毒具有实时病毒防护和手动扫描功能，能够为系统提供全面的安全防护。

360 杀毒通过主界面可以直接使用全盘扫描、快速扫描、自定义扫描等。

（1）单击“全盘扫描”项，将扫描所有磁盘中的文件，如图 2-39 所示。

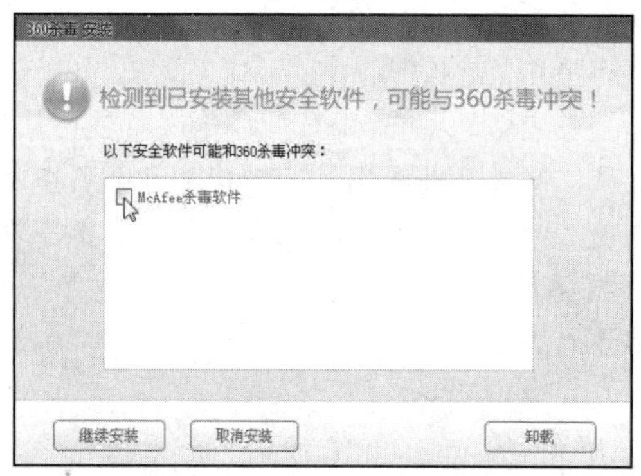

图 2-38　卸载其他安全软件

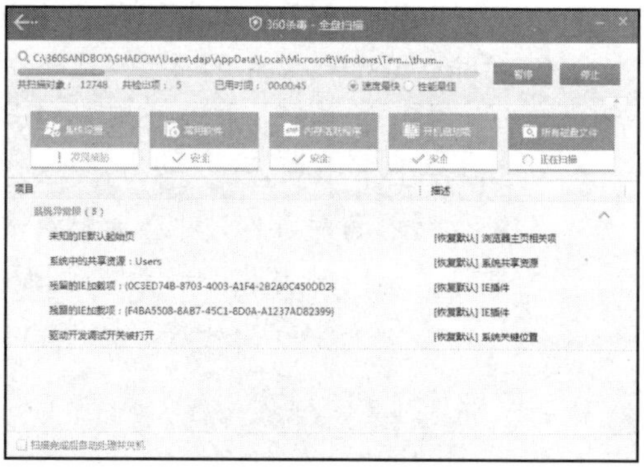

图 2-39　全盘扫描

（2）扫描结束后，给出扫描报告，如图 2-40 所示，单击【立即处理】按钮。

（3）处理完成后，如图 2-41 所示，给出处理结果，单击【返回】按钮。

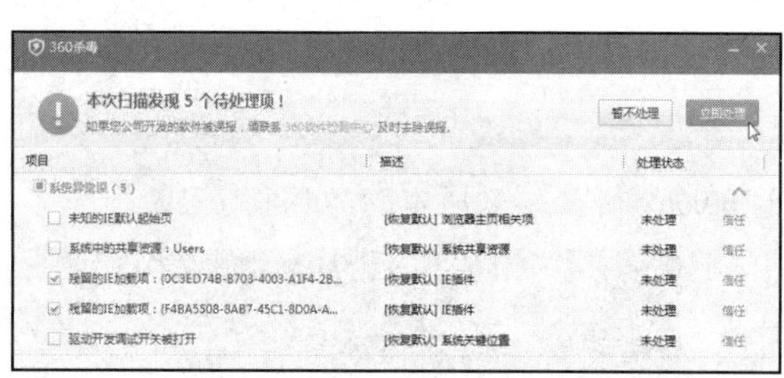

图 2-40　扫描报告

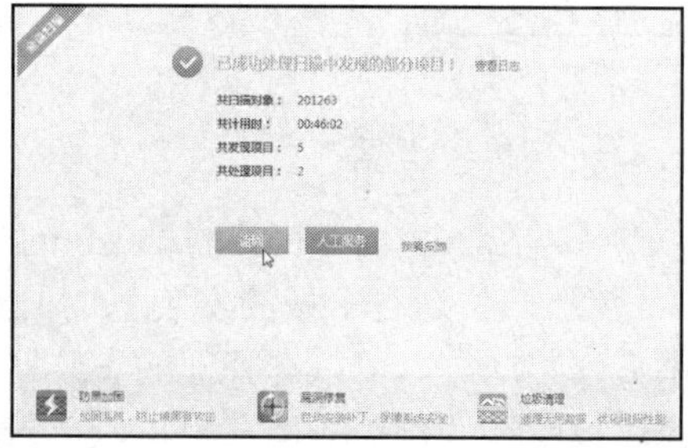

图 2-41　处理结果

（4）如果 360 杀毒扫描到病毒后，会首先尝试清除文件所感染的病毒，如果无法清除，则会提示删除感染病毒的文件。

木马和间谍软件由于并不采用感染其他文件的形式，而是其自身即为恶意软件，因此会被直接删除。

在处理过程中，由于不同的情况，会有些感染文件无法被处理，可参见表 2-1 的说明采用其他方法处理这些文件。

表 2-1 错误类型及处理建议

错误类型	原因	建议操作
清除失败（压缩文件）	由于感染病毒的文件存在于 360 杀毒无法处理的压缩文档中，因此无法对其中的文件进行病毒清除。360 杀毒对于 RAR、CAB、MSI 及系统备份卷类型的压缩文档目前暂时无法支持	使用针对该类型压缩文档的相关软件将压缩文档解压到一个目录下，然后使用 360 杀毒对该目录下的文件进行扫描及清除，完成后使用相关软件重新压缩成一个压缩文档
清除失败（密码保护）	对于有密码保护的文件，360 杀毒无法将其打开进行病毒清理	去除文件的保护密码，然后使用 360 杀毒进行扫描及清除。如果文件不重要，也可直接删除该文件
清除失败（正被使用）	文件正在被其他应用程序使用，360 杀毒无法清除其中的病毒	退出使用该文件的应用程序，然后使用 360 杀毒重新对其进行扫描清除
删除失败（压缩文件）	由于感染病毒的文件存在于 360 杀毒无法处理的压缩文档中，因此无法对其中的文件进行删除	使用针对该类型压缩文档的相关软件将压缩文档中的病毒文件删除
删除失败（正被使用）	文件正在被其他应用程序使用，360 杀毒无法删除该文件	退出使用该文件的应用程序，然后手工删除该文件
备份失败（文件太大）	由于文件太大，超出了文件恢复区的大小，文件无法被备份到文件恢复区	删除系统盘上的无用程序和数据，增加可用磁盘空间，然后再次尝试。如果文件不重要，也可选择删除文件，不进行备份

（5）实时防护功能在文件被访问时对文件进行扫描，可以及时拦截活动的病毒。在发现毒时会通过提示窗口进行警告。

4. 升级 360 杀毒病毒库

360 杀毒具有自动升级功能。如果开启了自动升级功能，360 杀毒会在有升级可用时自动下载并安装升级文件。

5. 处理反复感染的病毒

当 360 杀毒在电脑中连续拦截到同一病毒家族的病毒时，通常表明你的电脑存在严重安全漏洞，病毒可以轻易入侵你的电脑。

遇到这种情况时，360 杀毒会提示尽快修复电脑中的安全漏洞，阻断病毒入侵，如图 2-42 所示，单击【修改登录密码】按钮，设置安全等级较高的登录密码。单击【安装最新补丁】按钮安装最新的安全漏洞补丁。

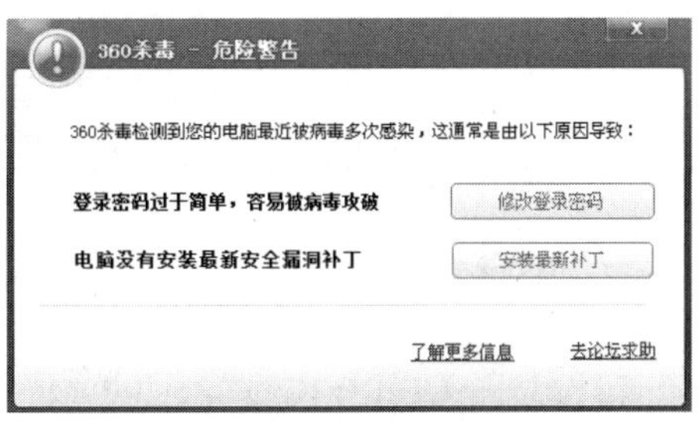

图 2-42 危险警告

电脑的安全漏洞大致包含 3 种类型，见表 2-2 所示。

表 2-2　安全漏洞类型

漏洞类型	漏洞说明	建议操作
未安装操作系统安全补丁	微软会持续发布修补 Windows 操作系统漏洞的安全补丁，如果未及时安装补丁，你的操作系统就会存在可以被恶意程序利用的安全漏洞	使用 Windows 操作系统的更新功能或第三方软件安装操作系统补丁，推荐使用 360 安全卫士安装。360 安全卫士会智能选择适合你操作系统的补丁，并进行快速安装
未安装第三方程序安全补丁	一些用户量较大的第三方软件也会存在安全漏洞，可以被恶意软件利用，例如 Adobe Flash、RealPlayer 等就多次被报告安全漏洞	及时将第三方软件升级到最新版本，可以使用软件的自动升级功能，或者使用 360 安全卫士“软件管家”自动将软件升级到最新版本
Windows 登录密码过于简单	如果你的 Windows 登录密码过于简单，比如 123、abcd 等，很容易被恶意程序攻破，并感染你的电脑	一个较强的登录密码应该至少符合以下条件： （1）密码长度不小于 8 位； （2）密码中包含字母、数字、标点符号； （3）密码定期更换； 如果发现自己的密码不符合以上标准，建议尽快修改自己的 Windows 登录密码

6. 常见恶意软件说明

表 2-3 列出 360 杀毒扫描完成后显示的恶意软件名称及其含义。

表 2-3　恶意软件名称及其含义

名　称	说　　明
病毒程序	病毒程序是指通过复制自身感染其他正常文件的恶意程序。被感染的文件可以通过清除病毒后恢复正常，也有部分被感染的文件无法进行清除，此时建议删除该文件，重新安装应用程序
木马程序	木马是一种伪装成正常文件的恶意软件，通常通过隐蔽的手段获得运行权限，然后盗窃用户的隐私信息，或进行其他恶意行为
盗号木马	是一种以盗取在线游戏、银行、信用卡等账号为主要目的的木马程序
Office 宏病毒	是一种寄存在微软 Office 文档或模板的宏中的计算机病毒。一旦打开这样的文档，其中的宏就会被执行，于是宏病毒就会被激活，并驻留在 Normal 模板上。从此以后，所有自动保存的文档都会感染上这种宏病毒，而且如果在其他计算机上打开了感染病毒的文档，宏病毒又会转移到别的计算机上
广告软件	通常用于通过弹窗或打开浏览器页面向用户显示广告，此外，它还会监测用户的广告浏览行为，从而弹出更“相关”的广告。广告软件通常捆绑在免费软件中，在安装免费软件时一起被安装。
蠕虫病毒	指通过网络将自身复制到网络中其他计算机上的恶意程序，有别于普通病毒，蠕虫病毒通常不会感染计算机上的其他程序，而是窃取其他计算机上的机密信息。
后门程序	指在用户不知情的情况下远程连接到用户计算机，并获取操作权限的程序。
可疑程序	指由第三方安装并具有潜在风险的程序。虽然程序本身无害，但是经验表明，此类程序比正常程序具有更高的可能性被用作恶意目的，常见的有 HTTP 及 SOCKS 代理、远程管理程序等。此类程序通常可在用户不知情的情况下安装，并且在安装后会完全对用户隐藏。
测试代码	被检测出的文件是用于测试安全软件是否正常工作的测试代码，本身无害。
恶意程序	其他不宜归类为以上类别的恶意软件，会被归类到“恶意程序”类别。

7. 下载工具及聊天软件防护

当通过 QQ、MSN、阿里旺旺等聊天工具接收文件，或通过迅雷、快车等下载工具下载文件时，如果已经开启了对聊天软件及下载软件的防护功能，360 杀毒会自动扫描接收到的文件。

文件扫描后，会有三种状态，见表 2-4 所示。

表 2-4 文件扫描状态

状 态	建 议 操 作
安全文件	文件是安全的，可放心使用
感染文件	文件被检测为病毒或木马。建议立即清除或删除文件。如果是压缩包中包含被感染的文件，可将其解压缩后，使用 360 杀毒扫描解压缩后的文件，并处理感染文件。在处理过程中，360 杀毒会清除感染病毒的文件，也可能删除木马文件
未知文件	未知文件是指既未检测出已知病毒，但是也不在 360 可信文件数据库中的文件。对于此类文件，建议谨慎使用。如果不是从可信来源接收或下载，建议不要打开文件

思考与练习

1. 使用 360 杀毒软件查杀电脑中的病毒。
2. 将 360 杀毒软件设置为自动升级状态。
3. 将自己电脑的登录密码修改为“强密码”。

第3章

系统管理工具

如今的操作系统变得越来越庞大，安装时间也越来越长，一旦遭遇了病毒的恶意攻击，或者是用户的误操作等都会使系统崩溃。另外，新系统安装完成后，并没有进入最优状态，我们可以利用系统管理工具将系统调整到最佳状态，有效地处理系统故障，提高计算机运行效率。

本章将介绍 Windows 磁盘管理器、鲁大师的使用方法。

3.1 Windows 磁盘管理器

任务导入

在 Windows 中，系统自带了一个用于磁盘管理的工具——“磁盘管理器”。该工具是用于管理硬磁盘上的卷或者分区的系统实用程序。利用“磁盘管理器”，可以初始化磁盘，创建卷，使用 FAT、FAT32 或 NTFS 文件系统格式化卷，以及创建具有容错能力的磁盘系统。“磁盘管理器”可以执行多数与磁盘相关的任务，而不需要关闭系统或中断用户，大多数设置或更改会立即生效，无须重新启动计算机。

本任务将学习 Windows 磁盘管理器的使用方法。

学习目标

（1）了解磁盘分区和文件分配表的基本知识。

（2）会使用 Windows 磁盘管理器对磁盘进行分区。

（3）会使用 Windows 磁盘管理器查看分区属性。

任务实施

1. 磁盘分区的基本知识

为了行之有效地利用磁盘，我们不能将所有文件都放置在一个分区中。硬盘分区出来的每一个区域称为一个分区，它们拥有独立的磁盘代号，也拥有独立的存储区域。

根据功能的不同，可以将一块硬盘划分成主磁盘分区（Primary）、扩展磁盘分区（Extended）、逻辑分区（Logical）。

打比方来说，主磁盘分区是整块硬盘的主人，而扩展磁盘分区是这块硬盘上的仆人。此外，三种分区还存在着这样的关系：

硬盘容量=主磁盘分区容量+扩展磁盘分区容量。

扩展磁盘分区容量=各个逻辑磁盘分区容量之和。

（1）主磁盘分区。

主分区指的是硬盘的启动分区，是硬盘的第一个分区。建立主磁盘分区的最大用途是便于安装操作系统。当然，用户也可以建立多个主磁盘分区，通过进一步设置，将其中一个分区设置成活动分区（Active），通常情况下 C 盘就是主磁盘分区。

> **注意**
>
> 一个硬盘最多只能划分为 4 个主分区，或者是 3 个主分区加上一个扩展分区，这是由主引导记录空间大小决定的。

（2）扩展磁盘分区。

创建完主磁盘分区以后，整个硬盘剩余的部分可以分成扩展分区。

但要注意的是，扩展分区并不能直接用来保存数据资料，扩展磁盘分区的主要功能是让用户在其中建立逻辑分区。所以说，扩展分区可以分成若干个逻辑分区，它们之间的关系是包含的关系，创建的所有逻辑分区都是扩展分区的一部分。

（3）逻辑磁盘分区。

逻辑磁盘分区并不是独立的分区，而是建立在扩展磁盘分区之上的二级分区。在 Windows 中，一个逻辑分区对应一个逻辑启动器，通常我们所说的 D 盘、E 盘、F 盘等指的就是这种逻辑驱动器。

（4）卷。

由主分区和逻辑分区构成的逻辑磁盘称为驱动器（Drive）或卷（Volume）。

2. 什么是文件分配表

FAT 是文件分配表（File Allocation Table）的英文缩写，它是一种用来记录文件所在位置的表格。假如文件分配表损坏或丢失，那么硬盘中的数据就会因无法定位而不能使用。不同的操作系统所用的文件分配表不同。

（1）FAT16。

FAT16 采用 16 位的文件分配表，最大支持的分区为 2GB，但这种分区格式有个最大的缺点，就是硬盘实际利用率低。FTA16 在 DOS 时代得到了广泛应用，现在不常见了。

（2）FAT32。

FAT32 采用 32 位文件分配表，这种格式对磁盘的管理能力大大增强，可支持的磁盘容量达到 32GB。

（3）NTFS。

NTFS 分区格式是跟随 Windows NT 系统产生的，它显著的优点是安全性和稳定性极其出色，在使用中不易产生文件碎片，对硬盘的空间利用及软件的运行速度都有好处。它能对用户的操作进行记录，通过对用户权限进行非常严格的限制，使每个用户只能按照系统赋予的权限进行操作，充分保护了网络系统与数据的安全。Windows NT/2000/XP/7 都支持这种硬盘分区格式。

3. 启动磁盘管理器

（1）在 Windows 桌面上，鼠标指向“计算机”图标，单击鼠标右键。

（2）在快捷菜单中执行“管理”命令，打开“计算机管理”窗口，如图 3-1 所示。

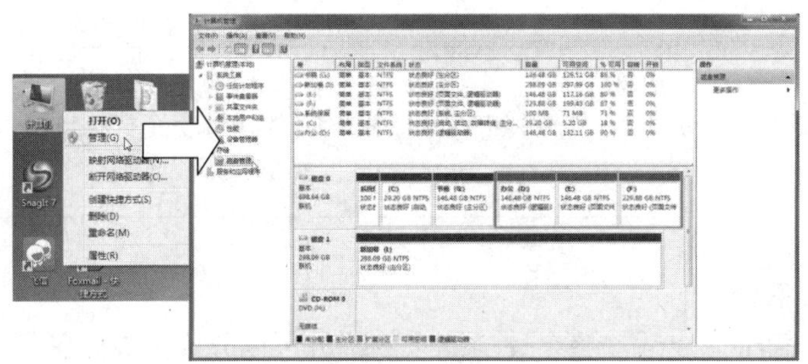

图 3-1 “计算机管理”窗口

（3）单击左窗格中的“磁盘管理”，在右窗格中将出现当前计算机磁盘及分区列表等相关信息，如卷号、布局、类型、状态容量、空闲空间及比例、是否容错等。

本计算机中安装有 2 块硬盘，其中“磁盘 0”为普通 700GB 硬盘，“磁盘 1”是一块 USB 2.0 接口的 IBM 300GB 移动硬盘，其驱动器号为“I”。

下面以在活动硬盘“磁盘 1”上创建两个大小基本相同的分区为例，说明其操作方法。一般新买的移动硬盘，如果在 Windows 系统下，均需要先用这种方法分区和格式化，然后才能安全地使用。

4. 删除卷

删除卷的操作方法为：

（1）在磁盘管理器窗口中，用鼠标指向待分区的磁盘（如本例的 I 盘，一个 IBM 300GB 移动硬盘），如图 3-2 所示。

（2）右击，在快捷菜单中执行“删除卷”命令，系统弹出警告信息框，提示用户此操作将删除其中所有数据。

（3）确认无误后，单击【是】按钮继续。经过一段时间的数据处理，“磁盘 1”的状态由原来的“状态良好”变成“未分配”。

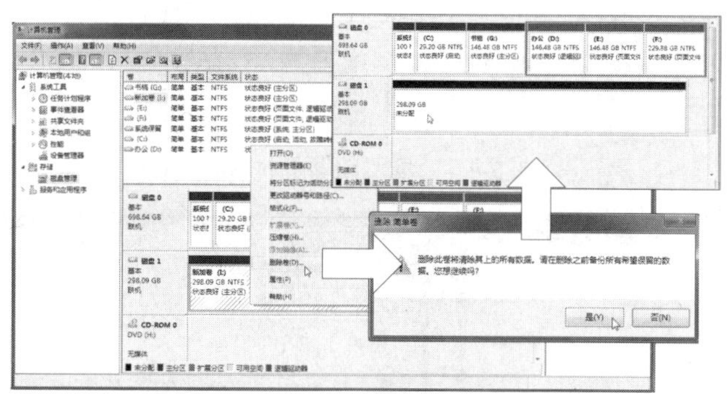

图 3-2 删除卷

5. 创建主分区

删除卷后，就可以开始创建主磁盘分区了。操作步骤如下：

（1）用鼠标指向标记为“未分配”的分区，单击鼠标右键，在快捷菜单中执行“新建简单卷”命令，启动向导。

（2）在出现的欢迎界面中，直接单击“下一步”按钮，如图 3-3 所示。

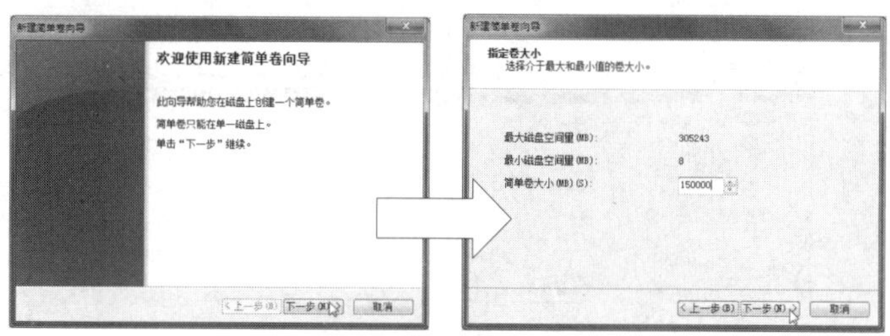

图 3-3 启动新建卷向导

（3）在“指定卷大小”项中，本例为主磁盘分区分配了约 50%的磁盘空间，如图 3-4 所示，单击【下一步】按钮。

（4）在“分配驱动器号和路径”对话框中，为该分区指定一个驱动器号，一般可取默认值，如图 3-4 所示。

（5）单击【下一步】按钮，为该分区选择文件系统类型，如本例的“NTFS”。另外用户可根据需要指定每个分配单位的大小和磁盘卷标。选择“执行快速格式化”复选框，可在处理过程中完成对磁盘的格式化。

（6）设置完毕后，单击【下一步】按钮，在出现的“正在完成新建磁盘分区向导”对话框中，如图 3-5 所示，单击【完成】按钮结束操作。

在磁盘管理器窗口中，如图 3-6 所示，可以看出磁盘主分区已“状态良好”，可以使用了。

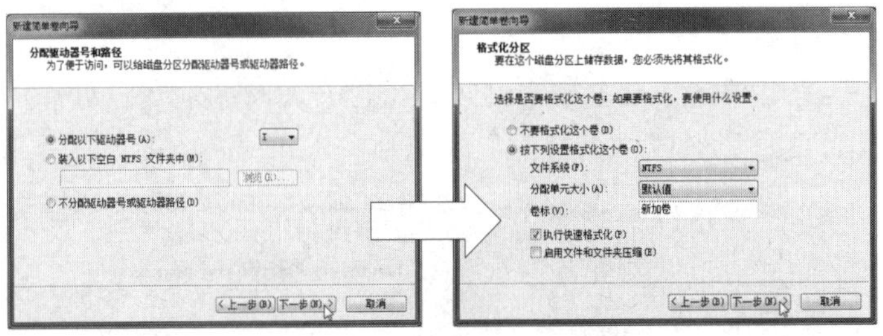

图 3-4　分配驱动器号和路径

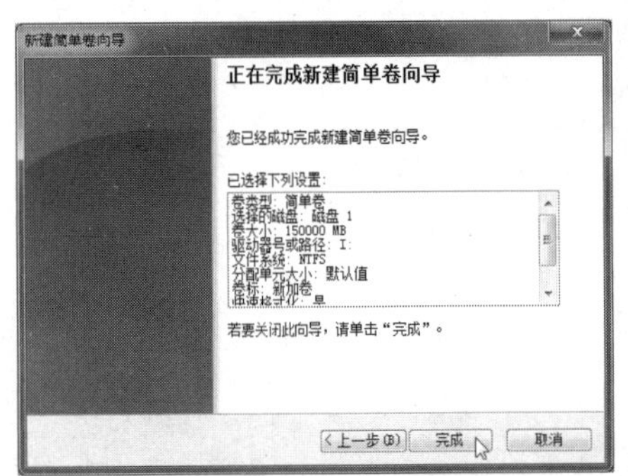

图 3-5　完成新建简单卷向导

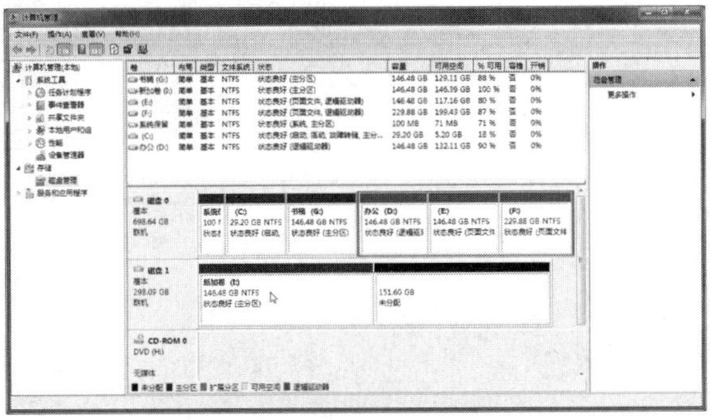

图 3-6　完成主磁盘分区创建

同样，对剩余空间仍用上述方法创建主分区，创建完成后如图 3-7 所示。

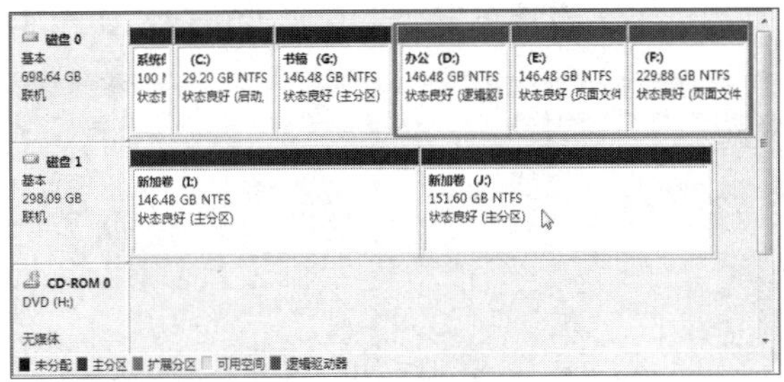

图 3-7　完成分区创建

注意

如果连续创建分区超过 3 个后，系统默认后面的创建为扩展分区。

6. 更改驱动器号

在 Windows 磁盘管理器中，除了可以进行前面叙述的创建、删除卷外，还提供了一些用于管理分区的功能。如用户可根据需要修改现有磁盘的驱动器号，可以将现有磁盘格式化成 Windows 支持的各种文件系统类型，可以调用 Windows 自带的“检查错误”“碎片整理”及“备份工具”等。

更改驱动器号的步骤为：

（1）右键单击某一分区图标，在快捷菜单中执行“更改驱动器名和路径”命令，打开图 3-8 所示的对话框。

（2）单击【更改】按钮，在打开的对话框中，选中“分配以下驱动器号”项后，单击下拉列表框中的下拉箭头，为驱动器选择一个尚未被占用的驱动器号。

（3）选择完毕后单击【确定】按钮。

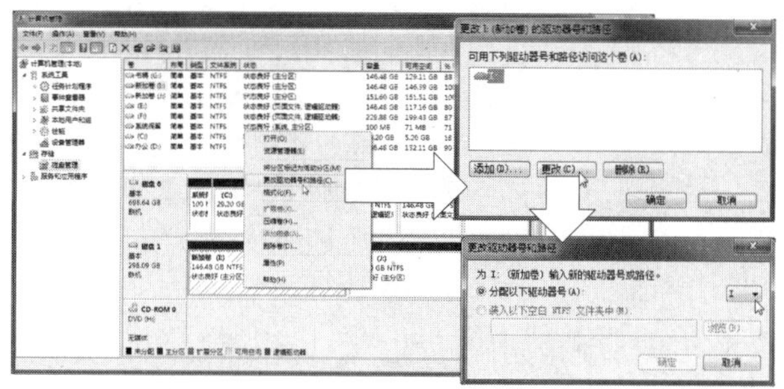

图 3-8 更改现有驱动器号

7. 磁盘格式化

（1）右键单击希望格式化的分区图标，在快捷菜单中执行“格式化”命令，打开“格式化”对话框，如图 3-9 所示。

（2）指定卷标、文件系统类型和分配单位大小，并确定是否执行快速格式化、是否启用文件和文件夹压缩。

（3）单击【确定】按钮。

8. 查看分区属性

在磁盘管理器中，右键单击某一分区图标，在快捷菜单中执行“属性”命令，打开图 3-10 所示的对话框，在“常规”选项卡中显示了该分区的一些基本信息，如卷标、分区类型、文件系统类型、已用空间和剩余空间等。

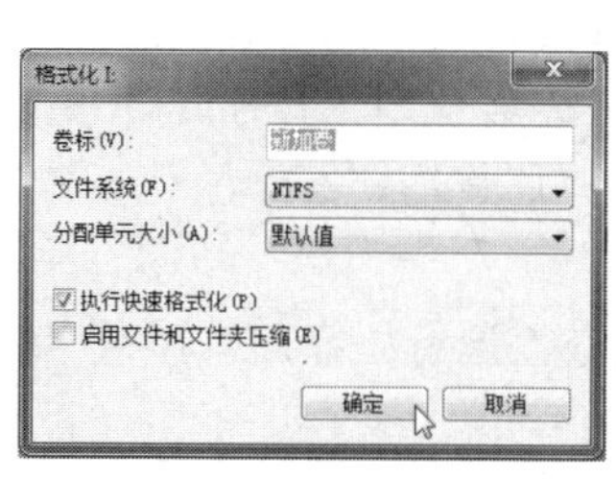

图 3-9 “格式化”对话框

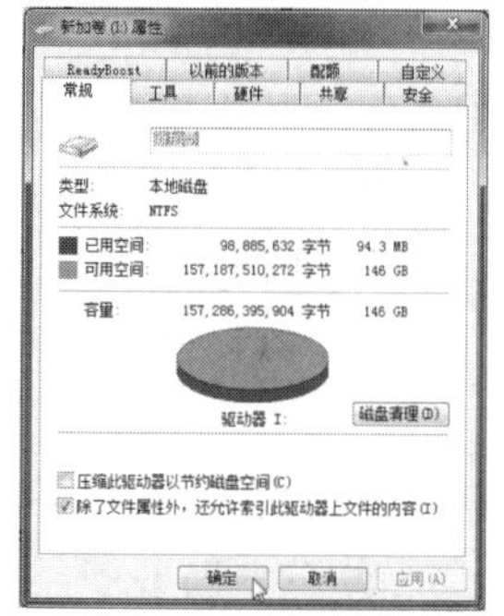

图 3-10 磁盘的“常规”属性

9. 使用磁盘查错工具

（1）在磁盘管理器中，右键单击某一分区图标，在快捷菜单中执行“属性”命令，单击“工具”选项卡，如图 3-11 所示。

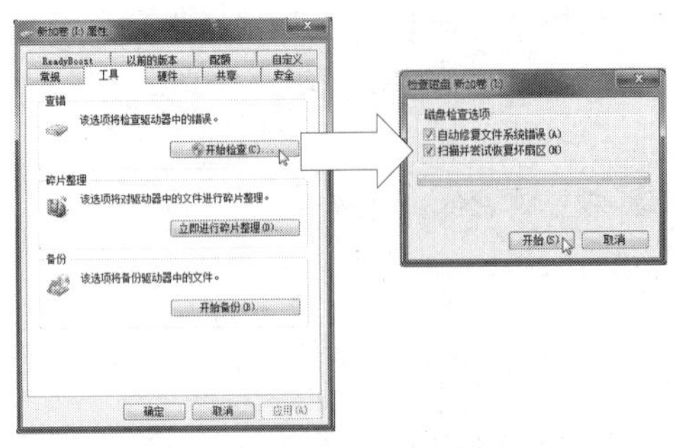
图 3-11　检查磁盘

（2）单击“查错”项目下的【开始检查】按钮，开始执行相应的操作。此工具使用起来十分简单，按屏幕提示即可顺利完成。

10. 磁盘碎片整理

长时间使用电脑后系统会产生磁盘碎片，可移动存储设备（如 USB 闪存驱动器）也可能成为碎片。这些碎片长期积累下来对系统的运行效率和对文件的读取速度都有影响。磁盘碎片整理程序可以重新排列碎片数据，以便磁盘和驱动器能够更有效地工作。

磁盘碎片整理程序可以按计划自动运行，但也可以手动分析磁盘和驱动器，并进行碎片整理。

（1）手动进行磁盘碎片整理

① 执行“开始→所有程序→附件→系统工具→磁盘碎片整理程序”项，打开“磁盘碎片整理程序”窗口，如图 3-12 所示。

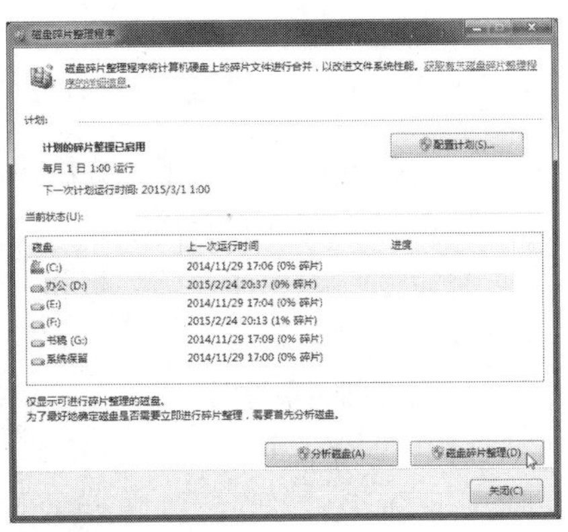
图 3-12　“磁盘碎片整理程序”窗口

② 在“当前状态”下，选择要进行碎片整理的磁盘。

③ 若要确定是否需要对磁盘进行碎片整理，请单击“分析磁盘”。如果系统提示你输入管理员密码或进行确认，请键入该密码或提供确认。

④ 在 Windows 完成分析磁盘后，可以在“上一次运行时间”列中检查磁盘上碎片的百分比。如果数字高于 10%，则应该对磁盘进行碎片整理。

⑤ 单击“磁盘碎片整理”按钮。磁盘碎片整理程序可能需要几分钟到几小时才能完成，具体取决于硬盘碎片的大小和程度。在碎片整理过程中，仍然可以使用计算机。

但如果磁盘已经由其他程序独占使用，或者磁盘使用 NTFS 文件系统、FAT 或 FAT32 之外的文件系统格式化，则无法对该磁盘进行碎片整理。另外，不能对网络位置进行碎片整理。

（2）按计划定期进行磁盘碎片整理。设置定期运行磁盘碎片整理参数，可以省去必须记住要运行磁盘碎片整理的麻烦。

① 在“磁盘碎片整理程序”窗口，单击【配置计划】按钮，将打开“磁盘碎片整理程序：修改计划”对话框，如图 3-13 所示。

② 选中“按计划运行”项。

③ 在“频率”中，选择“每天”“每周”或“每月”。

④ 在“日期”下拉列表中指定要使用日期。

⑤ 在“时间”下拉列表中选定要使用的时间。

⑥ 单击【选择磁盘】按钮，在打开的“磁盘碎片整理程序：选择计划整理的磁盘”对话框中，选中某磁盘或全部磁盘，然后单击【确定】按钮返回“磁盘碎片整理程序：修改计划”对话框。

⑦ 单击“确定”按钮。

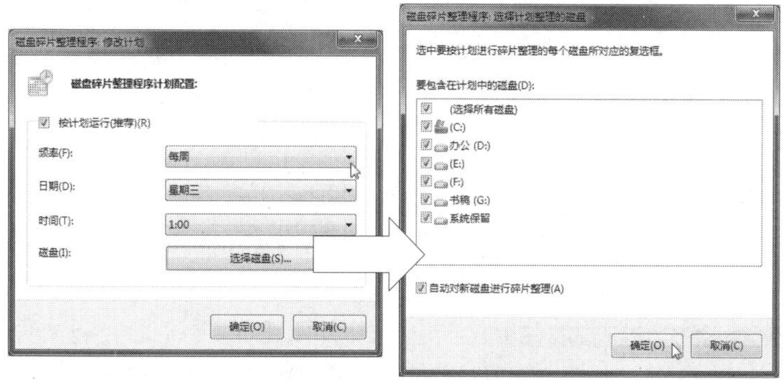

图 3-13 设置定期进行磁盘碎片整理参数

思考与练习

1. 什么是主磁盘分区？它与扩展分区与逻辑分区有什么联系？
2. 使用 Windows 磁盘管理器，在一个移动硬盘中练习删除、创建分区等操作。
3. 查看自己磁盘的卷标、分区类型、文件系统类型、已用空间和剩余空间等基本信息。

3.2 鲁大师 2014

任务导入

鲁大师是一款专业而易用的硬件检测软件，不仅信息准确，而且可以提供中文厂商信息，让你对电脑配置一目了然，避免奸商蒙蔽。

它专业易用、稳定准确、节能高效，适合于各种品牌台式机、笔记本电脑、DIY 兼容机，能实时对关键性部件进行监控预警，提供全面的电脑硬件信息，可以有效预防硬件故障、快速升级补丁，安全修复漏洞，远离黑屏困扰。更有硬件温度监测等带给你更稳定的电脑应用体验，让你的电脑在一层保护膜下安全运行。

鲁大师专业而易用的硬件检测、系统漏洞扫描和修复、各类硬件温度监测等功能，可以免去装机的烦琐和疑难。

本任务学习鲁大师的安装和使用方法。

学习目标

（1）会监控硬件状态，及时掌握电脑健康状况。

（2）会对电脑进行检测，对电脑性能进行测试。

（3）能及时掌握各硬件的温度状况，自动进行节能降温。

任务实施

1. 下载和安装鲁大师

（1）利用浏览器进入“鲁大师”官网“http://www.ludashi.com”下载电脑版安装文件，如图 3-14 所示。

图 3-14　鲁大师官网

（2）双击下载后的安装文件，将打开安装向导，选中“同意用户许可协议”项。

（3）在“安装在”中可以修改安装位置，也可以使用默认的安装位置，单击【开始安装】按钮，如图 3-15 所示。

（4）稍等片刻后，安装完成，单击【立刻体验】按钮即可启动鲁大师程序，如图 3-16 所示。

2. 硬件体检

鲁大师的“硬件体检”可以 24 小时全程监控硬件状态，轻松掌握电脑健康状况，防止硬件高温，保护数据安全，延长硬件寿命。

图 3-15　鲁大师安装向导

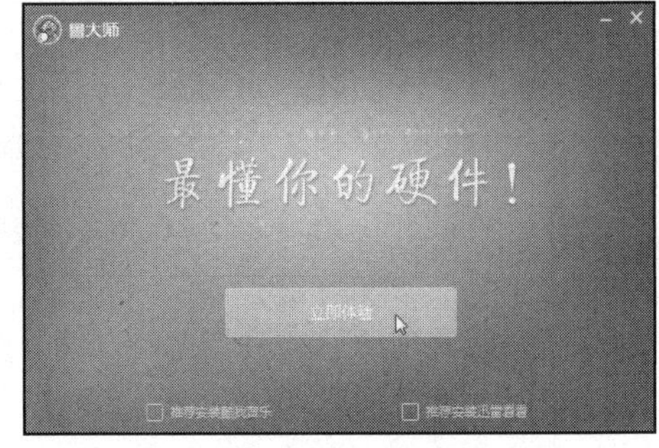

图 3-16　安装完毕后启动鲁大师

（1）启动鲁大师后，主窗口如图 3-17 所示。在工具栏中，列出了鲁大师的主要功能：硬件体检、硬件检测、温度管理、性能测试、手机跑分、驱动管理、清理优化等系统工具。

（2）单击【硬件体检】按钮，将对电脑的硬件进行全面的体检，如图 3-18 所示。

（3）体检完毕后，给出体检报告和建议。用户可以根据自己的需要，分别单击【开启】、【优化】或【清理】按钮，对硬件进行防护与优化。也可以单击【一键修复】按钮，如图 3-19 所示，轻松修复电脑的故障。

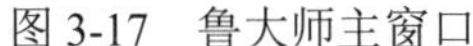

图 3-17　鲁大师主窗口　　图 3-18　硬件体检过程

（4）修复完成后，给出修复结果报告和提示，如图 3-20 所示。

图 3-19　一键修复　　图 3-20　一键修复结果报告

（5）向下拖动垂直滚动条，可以查看计算机的相关配置信息，如显卡、处理器、硬盘等配置信息。

3. 硬件检测

“硬件检测”可以全面对电脑进行基本信息检测。

（1）单击工具栏中的【硬件检测】按钮。

（2）稍等片刻，检测完成后，就会显示出硬件的检测结果，如图 3-21 所示，会弹出计算机型号和配置信息，以及驱动有没有装好，如果没装好（如图中的蓝牙）就会显示一个“X”符号。

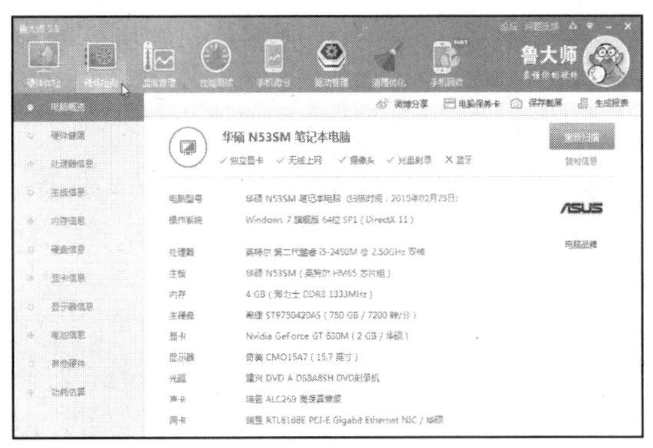

图 3-21　硬件检测结果

（3）通过单击左侧的选项，根据自己的需要分别查看信息结果。

（4）在“硬件概览”中，将显示出计算机硬件配置的简洁报告，报告包含以下内容：电脑型号、操作系统、处理器型号、主板型号、芯片组、内存品牌及容量、主硬盘品牌及型号、

显卡品牌及显存容量、显示器品牌及尺寸、声卡型号、网卡型号等。

（5）检测到的电脑硬件品牌，其品牌或厂商图标会显示在页面右侧，单击这些厂商图标可以访问这些厂商的官方网站。

4. 温度管理

“温度管理”可以显示目前状态下各硬件的温度状况。单击工具栏上的“温度管理”项，将自动进行温度监控和节能降温。

1）温度监控。

① 在“温度监控”选项卡下，如图 3-22 所示，可以检测各硬件的温度是否正常，显示计算机各类硬件温度的变化曲线图表，显示出当前 CPU 温度、显卡温度、硬盘温度、主板温度等（温度监测内容视当前系统的传感器而定）。

② 单击右侧快捷操作中的“保存截屏”可以将监测结果保存到文件。

③ 单击“功能开关”右侧的【设置】按钮，将打开“鲁大师设置中心”对话框，如图 3-23 所示，可以根据自己需要对温度报警的参数进行设置，让电脑远离温度过高而损坏。

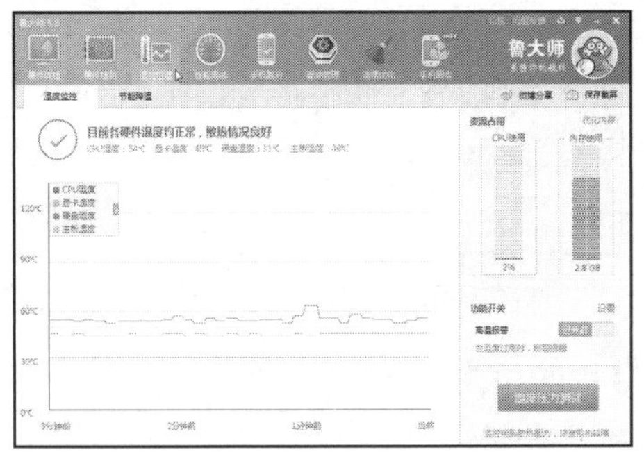

图 3-22　“温度管理”下的“温度监控”

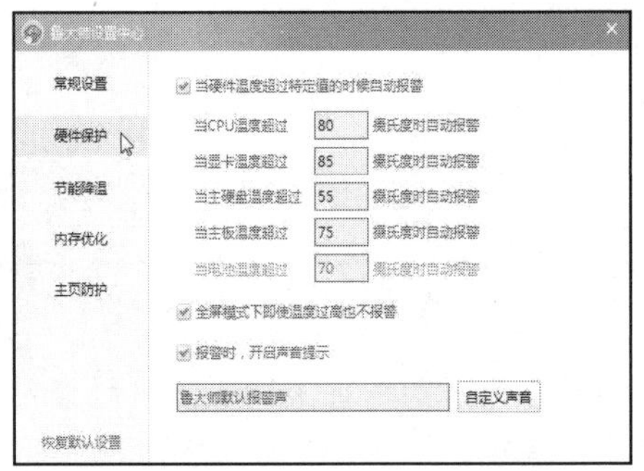

图 3-23　“鲁大师设置中心”对话框的“硬件保护”设置

④ 单击【温度压力测试】按钮，可以对电脑进行温度压力测试和光照映射测试。

（2）节能降温。

使用“节能降温”，可以对计算机电源方案进行合理调配，不仅能降低耗电量，更能在电脑温度过高时自动降温，保证电脑的温度正常，延长电脑寿命。

① 单击“节能降温”选项卡，进入“节能降温”窗口，如图 3-24 所示，可根据自己的喜好选择节能模式。

② 选中“全面节能”项，可以全面保护硬件，特别适用于笔记本。

③ 若选中“智能降温”项，可对主要部件进行自动控制降温，特别适用于追求性能的台式机。

④ 单击【设置】按钮，将打开“鲁大师设置中心”对话框，如图 3-25 所示，可以设置自己喜好的模式进行节能降温。

⑤ 单击【进入离开模式】按钮，可以在完全无人值守的状态下，保持网络连接，并且关闭没有使用的设备，从而节约电能。

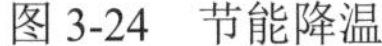
图 3-24　节能降温

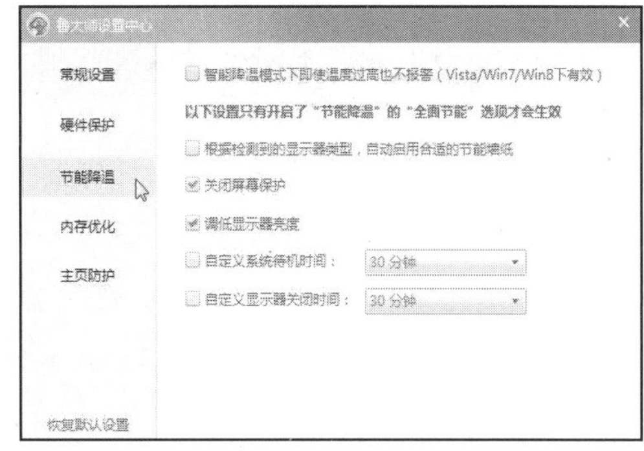

图 3-25　“鲁大师设置中心”对话框的“节能降温”设置

5. 性能测试

使用“性能测试”功能，可以对电脑的一些性能进行准确的评价，从而清楚看到电脑可以稳定运行的程序。

（1）单击工具栏上的“性能测试”项，如图 3-26 所示，会进入“电脑性能测试”窗口。可以看出，在“性能测试”下共有 4 个选项卡，分别为“电脑性能测试”“综合性能排行榜”“处理器排行榜”和“显卡排行榜”。

图 3-26　电脑性能测试

（2）在“电脑性能测试”选项卡下，单击【一键评测】按钮，就可以对电脑进行性能测试，测试完毕后可以清楚了解到处理器、显卡、内存、硬盘等性能的得分，如图 3-27 所示。

注意，进行性能测试时，尽量不要操控电脑并尽量退出其他程序，这样才能使测试更加精准。

鲁大师电脑综合性能评分，是通过模拟电脑计算获得的 CPU 速度测评分数和模拟 3D 游戏场景获得的游戏性能测评分数综合计算所得。该分数能表示你的电脑的综合性能。测试完毕后会输出测试结果和建议。

（3）完成测试后，单击“综合性能排行榜”选项卡，如图 3-28 所示，可以查阅电脑整体性能，查看电脑在性能排行榜中的位置。

（4）单击“处理器排行榜”选项卡，可以查阅处理器速度怎么样，查看你的处理器（CPU）在鲁大师速度排行榜中的情况。

（5）单击“显卡排行榜”选项卡，可以查阅你使用的显卡在鲁大师显卡性能排行榜中的排名情况。

图 3-27　电脑性能测试得分

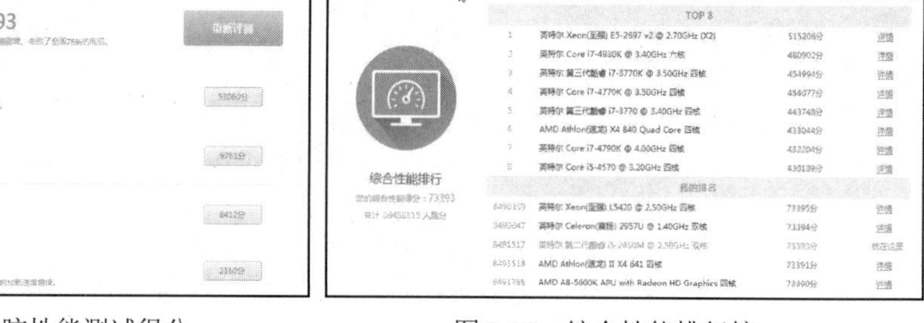

图 3-28　综合性能排行榜

6. 手机跑分

鲁大师不仅可以对电脑进行清理维护，还可以链接手机，对手机进行管理。

手机跑分就是利用一种工具测试手机各个硬件的性能而得出的一个分数。测试时，用不同的手机运行一到多款相同的软件，以得到的数据来诠释一部手机在运行时的流畅度以及手机的性能情况。

（1）将手机与电脑用 USB 接口链接。

（2）单击工具栏上的“手机跑分”项，如图 3-29 所示。

（3）单击“开始”获取手机信息，对手机进行评测，可以清楚地了解手机概况，并且还可以对手机进行一系列的维护和清理。

手机跑分测试不能说明一部手机的优劣，但是能看出同样的硬件在不同品牌手机上的性能优劣。

7. 驱动管理

可以对电脑设备的驱动进行检测升级等。

（1）单击工具栏上的“驱动管理”项，将打开“360 驱动大师”，如图 3-30 所示。

图 3-29　手机跑分

图 3-30　360 驱动大师

（2）当鲁大师检测到电脑硬件有新的驱动时，将在“驱动安装”栏目下，显示硬件名称、设备类型、驱动大小、已安装的驱动版本、可升级的驱动版本。可以使用“升级”

或“一键安装”功能，也可以手动设置驱动的下载目录。

（3）单击“驱动管理”项，如图 3-31 所示，在“驱动备份”中可以备份所选的驱动程序。

（4）“驱动还原”是当电脑的驱动出现问题，或者你想将驱动恢复至上一个版本的时候使用的，当然前提是你先前已经备份了该驱动程序。

8. 清理优化

鲁大师清理优化可以一键清理硬件及系统运行产生的垃圾，全面提升电脑性能。

（1）单击工具栏上的“清理优化”项，如图 3-32 所示。

（2）单击“开始扫描”按钮对硬件进行清理扫描，可以扫描出电脑运行期间产生的垃圾。

（3）扫描完成后，单击“一键清理”对电脑硬件进行清理，以提高电脑的运行速度，释放空间。

图 3-31 驱动备份

图 3-32 清理优化

思考与练习

1. 使用鲁大师可以延长电脑寿命吗？
2. 使用鲁大师对电脑硬件进行检测。
3. 在运行温度监测时，最小化鲁大师，然后运行 3D 游戏，待游戏结束后，观察硬件温度的变化。
4. 检测电脑主要部件的性能。
5. 利用鲁大师链接手机，对手机进行清理。

第4章 即时通信工具

即时通信（Instant Messaging）是目前 Internet 上最为流行的通信方式，各种各样的即时通信软件也层出不穷，服务提供商也提供了越来越丰富的通信服务功能。不容置疑，Internet 已经成为真正的信息高速公路。

聊天工具作为计算机网络的应用之一，受到了用户的普遍喜爱，它把人们带进了一个虚拟的网络世界，加深了人们之间的联系。从单一的文本聊天，到语音聊天，再到现在的图像、视频聊天、即时短信的发送和在线游戏等功能的开发，聊天工具的概念已大大得到拓展。可以说，聊天工具已成为人们通过互联网相互联系和娱乐的主要平台。

本章介绍腾讯 QQ、YY 语音、微信的使用方法。

4.1 腾讯 QQ

任务导入

腾讯 QQ 是深圳市腾讯计算机系统有限公司开发的一款基于 Internet 的即时通信（IM）软件。

腾讯 QQ 支持在线聊天、视频电话、传送文件、共享文件、网络硬盘、自定义面板、QQ 邮箱等多种功能，并可与移动通信终端等多种通信方式相连，是目前使用最广泛的免费网上聊天软件之一。

本任务将学习 QQ 的使用方法。

学习目标

（1）会使用 QQ 与别人建立联系，发送即时消息。

（2）会使用 QQ 传送照片、音乐等文件。

（3）会创建 QQ 群进行多人聊天。

任务实施

1. 下载和安装 QQ

QQ 为免费软件，国内许多软件网站均提供下载，也可以到 QQ 官方网站下载。

（1）单击“http://im.qq.com/pcqq”页面上的“立即下载”按钮，可获得 QQ 正式版本，如图 4-1 所示。

图 4-1 下载 QQ 安装程序

（2）双击下载后的安装程序，将开始安装 QQ 软件，在出现的《腾讯 QQ 用户协议》中选择“我同意”，然后继续单击【下一步】按钮进行安装。

（3）与其他程序安装方法相同，完成安装。

> **注意**
>
> 现在 QQ 附带有一些插件，这些插件是腾讯开发出的一些小软件，例如，QQ 音乐、腾讯视频、QQ 输入法等。在安装过程中，这些插件是可以选择的；如果不想用的话，可以取消该项的选中状态（即取消“√”）。
>
> 如果已经安装了 QQ 插件，使用后想删掉，可以使用 360 安全卫士中的“软件管家”项下的“卸载软件”功能进行卸载。

2. 申请注册 QQ 号

安装完成后，双击桌面上的快捷方式，即可启动 QQ 程序的登录界面。如果现在你还没有 QQ 号，需要先申请注册 QQ 号。

（1）如图 4-2 所示，在登录界面上，单击【注册账号】按钮。

（2）在打开的页面中，免费申请 QQ 账号，也可进行手机申请或邮箱账号申请。

（3）单击“QQ 账号”项，将信息填写完整，如填写昵称、生日、性别、所在地、密码等相关信息，即可立即获取 QQ 号码。

注意

为使 QQ 更加深入生活，腾讯公司开发了手机 QQ 功能。手机 QQ 是 QQ 聊天软件的手机版本，满足了用户随时随地与他人沟通的愿望。

开通手机 QQ 的方法很简单：首先应该登录 QQ 官方下载网站页面，免费下载手机 QQ 软件并安装，或者通过各类下载平台进行下载。安装后并使用手机 QQ 软件登录即可。

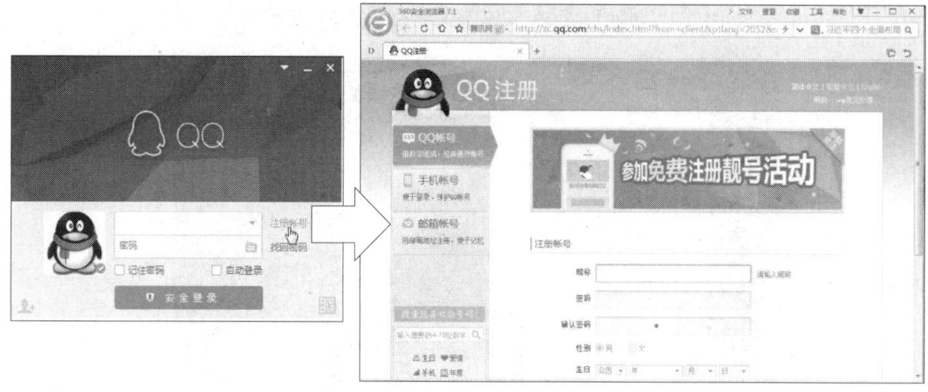

图 4-2　申请免费 QQ 号

3. 登录

（1）安装完成后，在桌面上自动生成 QQ 快捷图标，双击即可启动登录窗口。

（2）在账号栏中，输入自己已经申请到的 QQ 账号和密码，如图 4-3 所示。

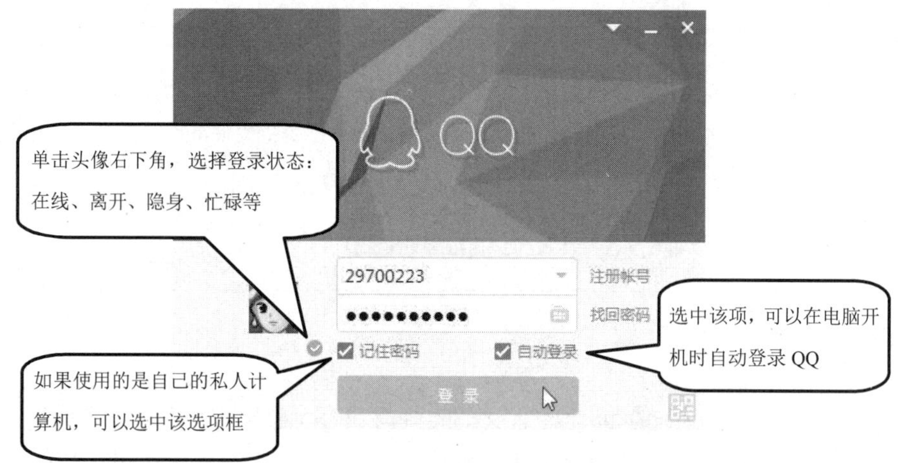

图 4-3　登录 QQ

（3）在密码栏中，输入申请 QQ 号时设定的密码。

（4）单击【登录】按钮，即可登录和应用 QQ 软件。

注意

（1）如果这台计算机是你自己的，而且不担心别人会使用你的机器，可以选中“记住密码”，这样不用每次登录 QQ 时输入密码的麻烦。

（2）如果需要每次开机时就自动进行登录 QQ，可以选中“自动登录”项。

（3）如果你是在公共机房里上机，一台计算机上注册了不止一个 QQ 号，就可以在“账号”框中选择一个想使用的号码，输入口令，单击“登录”，稍等片刻，就会弹出 QQ 主界面。

（4）QQ 窗口可以在屏幕上任意拖动，拖到靠近屏幕边缘的地方时，会自动隐藏，这样能节省屏幕空间。

4. 通过 QQ 号查找和添加好友

如果已经知道了好友的 QQ 号，可以通过已知的 QQ 号来查找和添加好友。方法如下：

（1）在 QQ 主窗口上，单击【查找】按钮，如图 4-4 所示，将弹出“查找”对话框。

（2）在“找人”选项卡中，直接输入对方的 QQ 号码等，单击【查找】按钮。

（3）在“查询结果”里，出现了对方的 QQ 号、昵称等。

（4）单击对方的头像图片，可以查看对方在 QQ 中填写的基本资料，如图 4-5 所示。

（5）单击【添加备注】按钮，可以将对方的真实姓名添加上，以便联系。

（6）单击【+好友】按钮，等待通过服务器验证成功后，在状态栏中将出现一个闪烁的“小喇叭”图标，这是系统提示信息，告知你对方已经接受了你添加其为好友的请求，对方将会出现在“我的好友”中。

（7）使用同样的方法，可以继续添加其他好友。

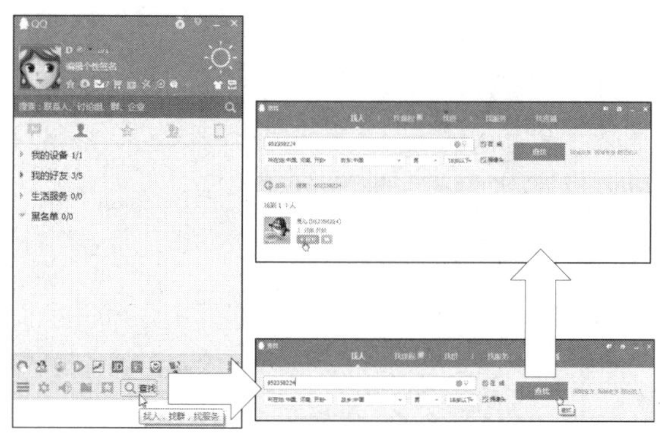

图 4-4　添加好友

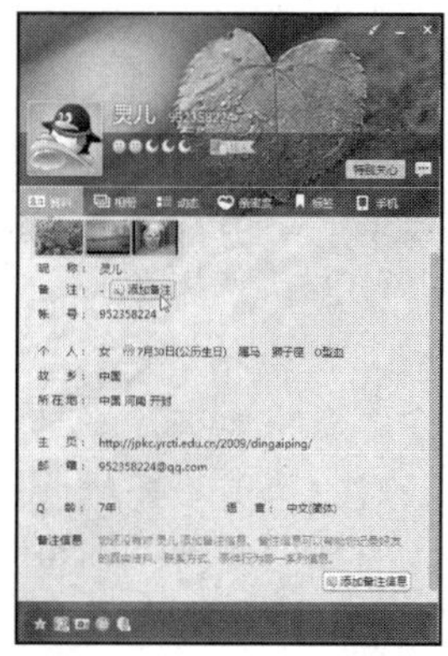

图 4-5　查看对方资料

注意

由于对方的资料是个人随意填写的，并不能代表其真实资料。因此，不能盲目相信，谨防上当受骗。

5. 按条件查找添加好友

如果不知道对方的 QQ 号，想结识一些陌生人，可以通过下面的方法查找。

（1）单击主界面上的【查找】按钮，将弹出“查找”对话框。

（2）在各选项中，分别选择所在地、故乡、性别、年龄等，单击【查找】按钮，将弹出为你查找到的用户，如图 4-6 所示。

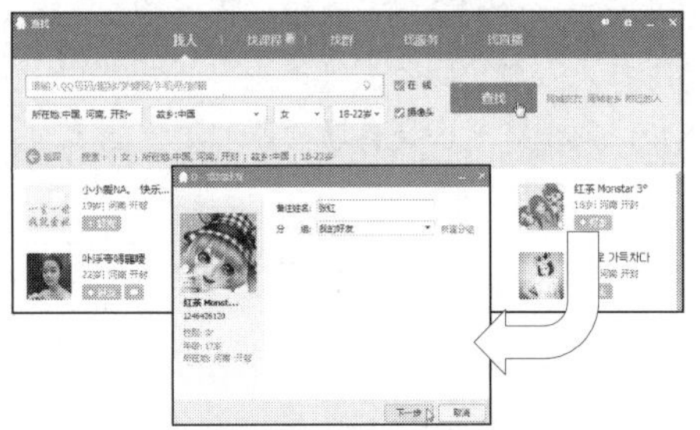

图 4-6　按条件查找和添加 QQ 好友

（3）拖动垂直滚动条，可以翻阅和查找自己感兴趣的用户，单击头像图片可以看到个人资料。

（4）单击【+好友】按钮，在弹出的“添加好友”对话框输入验证信息，单击【下一步】按钮，等待通过服务器验证后，单击【完成】按钮，对方将会出现在“我的好友”列表中。

如果不在好友名单里的人看到了你，想和你说话，他的头像会标有找到你的信息的渠道，这时你可以选择回复他的消息，把他加为好友，当然你也可以不予理会。

> **注意**
>
> 你如果非常讨厌某好友的骚扰，可直接将他拖到“黑名单”中。这样，你就不会收到他的讯息了。

6. 收发消息

在“我的好友”下面是你的 QQ 好友，在这里，彩色的头像表示对方现在也在使用 QQ，头像下边有手机图标的表示他正在使用手机终端登录 QQ，在这些情况下你可以与他进行即时通话。黑白头像表示对方当前不在线，你向他说的话要通过服务器中转，等对方下次使用 QQ 时才能看见另外，还可以用手机微信接收 QQ 离线消息。

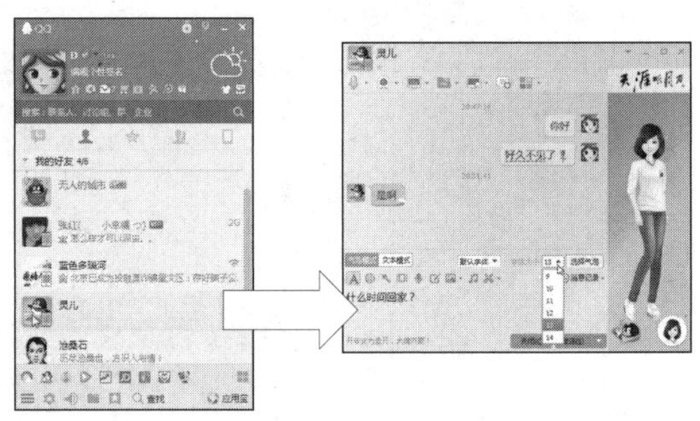

图 4-7　收发消息

（1）使 QQ 处于在线状态，打开 QQ 面板。

（2）在 QQ 主界面，双击好友的头像，或者在好友的头像上用鼠标右键单击，在快捷菜单中选择“发送即时消息”，将弹出对话窗口，如图 4-7 所示。

（3）输入你要说的话，或选择表情。默认为“文本模式”，也可以选择“气泡模式”发送消息。另外，可以通过工具栏中的工具，设置字体、字号，选择表情等。

（4）单击【发送】按钮，然后等待对方回话。

> **注意**
>
> 可以使用快捷键【Ctrl+Enter】或者【Alt+S】发送信息，消息发送以后对方一般会立刻收到，也可能因为网络原因会稍迟一点收到。

（5）如果有个图标一闪一闪的，说明有人给你发消息了，可双击图标，查看消息的内容；如果想与对方聊天，在输入框中输入内容即可，如图 4-8 所示。

在会话窗中，可以单击【字体】按钮对输入框中的字体进行设置，如粗体、斜体、带下划线、字体的颜色、种类及大小等。

7. 视频通话

（1）在 QQ 主界面中，双击想要视频对话的好友，弹出对话窗口。

（2）单击视频图标，在下拉列表中选择“开始视频通话”命令，如图 4-9 所示。

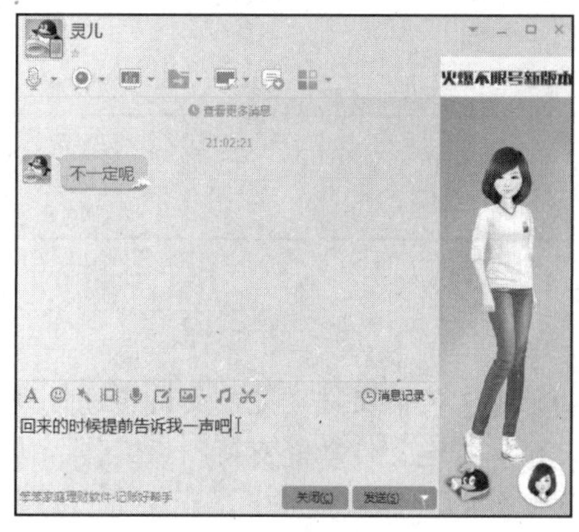

图 4-8 查看消息

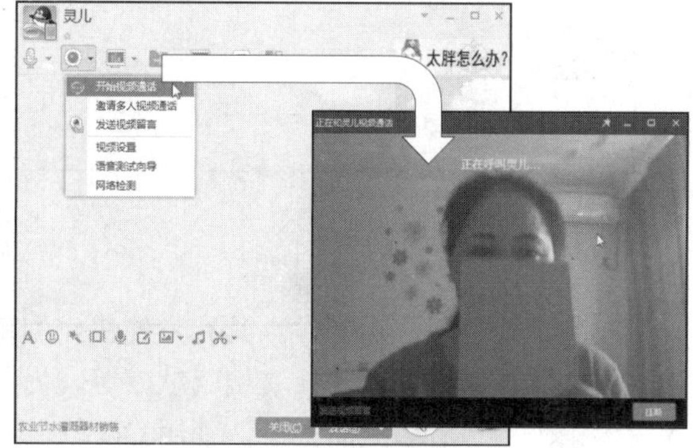

图 4-9 视频通话

（3）在“正在与××视频通话”窗口中，可以看到自己的视频，并提示正在呼叫对方。

（4）等待好友确认同意进行视频对话。对方确认后，双方可以看到对方，并且可以对话。

8. 向联系人发送表情和点歌

（1）单击会话窗口中的“选择表情”图标，会自动弹出各种动漫 QQ 表情，选择某个动漫表情，单击【发送】按钮即可将动漫表情发送给对方，如图 4-10 所示。

（2）单击“VIP 魔法表情/超级表情/涂鸦表情/宠物炫”按钮，可以添加更加丰富漂亮的表情，但这一般是 QQ 会员或者 QQ 宠物用户才能使用的功能。

（3）单击【点歌】按钮，可以和好友一起听歌。

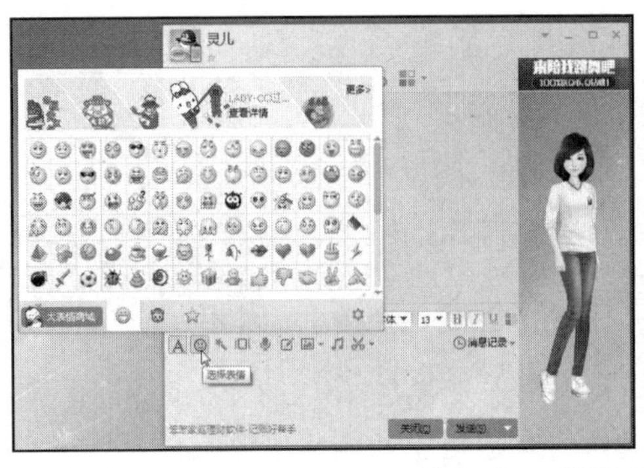
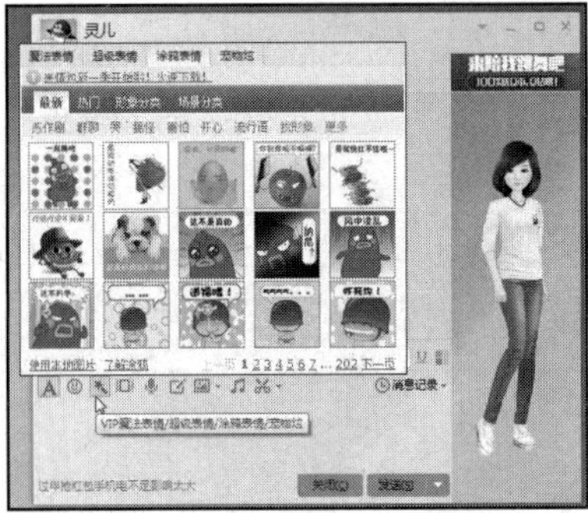

图 4-10　发送动漫表情

9. 向联系人发送窗口抖动

若对方忙于其他事情，没有及时回应你发送的消息，可以发送窗口抖动，引起对方注意。

单击聊天对话框中的【向好友发送窗口抖动】按钮，即可使对方的聊天窗口处于振动状态。

> **注意**
>
> 不能频繁发送窗口抖动。

10. 发送文件

在两个人之间传递文件，具有方便快捷的特点。QQ 传输文件功能可支持传递任何格式的文件，例如，图片、文档、歌曲等。另外，QQ 传送文件功能支持断点续传，传大文件也不用担心中间断开了。使用 QQ 软件传送文件的具体步骤如下。

（1）双击要传送文件的好友的头像，打开聊天对话窗。

（2）执行“传送文件→传送文件”命令，将弹出“打开”对话框，如图 4-11 所示。

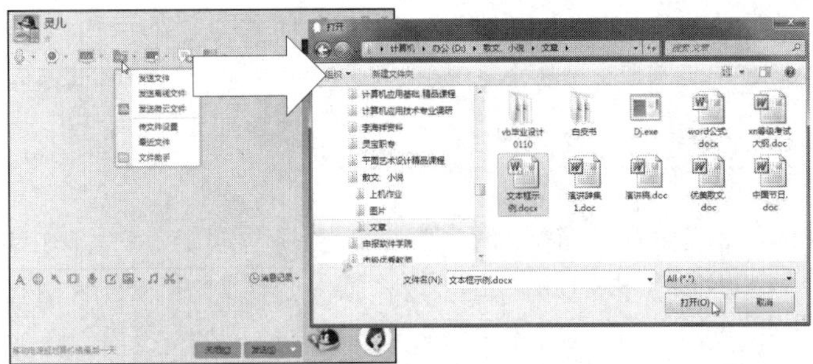

图 4-11　“打开”对话框

（2）选中某一文件后，单击【打开】按钮，可向对方发送一个文件，如图 4-12 所示。

（3）这时，在接收方出现“收到文件请求”，并单击“接收”后，文件就开始传送了。

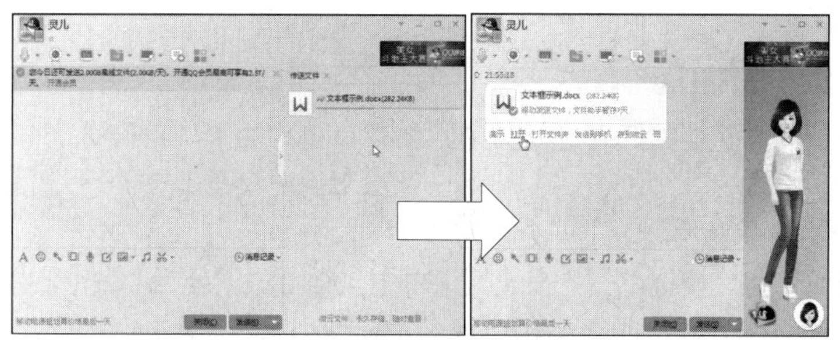

图 4-12　发送文件

11. 使用 QQ 邮箱发送超大文件

如果你已经拥有 QQ 号，直接可登录邮箱（无需注册）。此时，邮箱地址为“你的 QQ 号码＋@qq.com”。

QQ 邮箱为用户提供了发送和接收电子邮件的基本功能，同时还提供了一些个性功能（如阅读空间、文件中转站、漂流瓶等）。下面仅介绍其发送超大文件的方法。

（1）在 QQ 界面中，单击工具栏上的【QQ 邮箱】按钮，打开我的邮箱，如图 4-13 所示。

（2）在打开的 QQ 邮箱中，单击“写信”。

（3）填入收件人、主题等内容后，单击【超大附件】按钮。

（4）在弹出的“添加超大附件”对话框中，单击【上传新文件】按钮选择需要添加的文件。QQ 邮箱支持同时上传多个附件，每个附件大小限制为 3GB，这些附件可以发送到任何邮箱中。选择后，单击【确定】按钮即可进行发送。

（5）单击【发送】按钮即可。但要注意的是，超大附件的有效时间为 30 天。

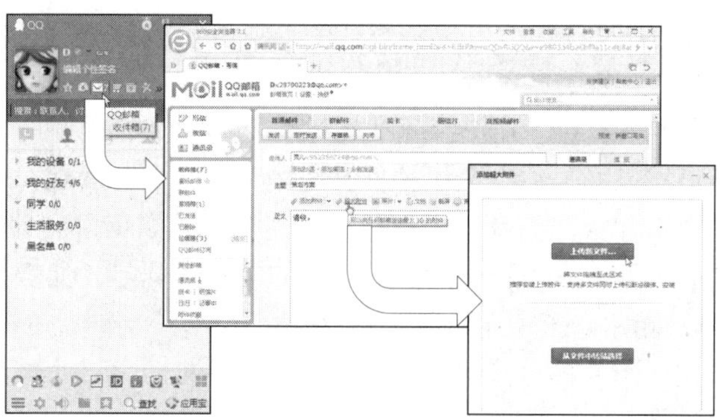

图 4-13　使用 QQ 邮箱发送超大附件

注意

QQ 邮箱还提供了“文件传输中转站”功能，使用该功能，可以在多台计算机间中转文件。目前，一般用户享有 3G 存储空间和 30 天的文件保存时间。QQ 会员根据等级，可享有更高的服务标准。

12. QQ 分组管理

QQ 分组是对 QQ 上的好友进行分类，如可以把你的 QQ 好友分类为初中同学、高中同学、大学同学、家人、朋友、同事等。那么每个分类就是一个分组，从而实现更加方便的管理、沟通和交流。

（1）在原分组上，右键单击，在快捷菜单中执行“添加分组”命令，如图 4-14 所示。

（2）在文本框中，输入组名。每个组名可以使用 24 个英文字符或者 8 个中文字符来描述。

（3）找到要移动的联系人，右键单击，在快捷菜单中单击“移动联系人至”下边的刚建立的分组中，如图 4-15 所示。

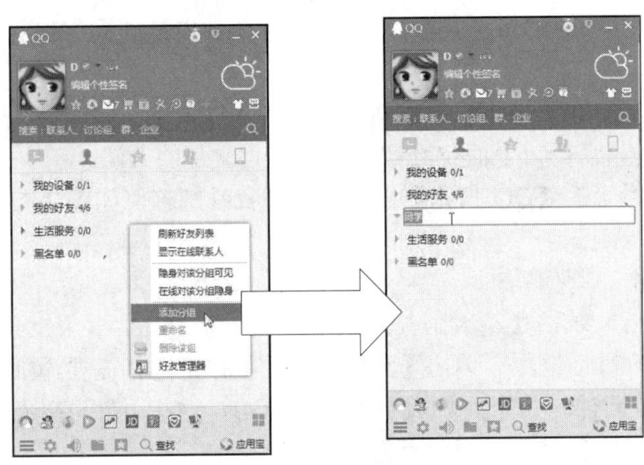

图 4-14　添加分组

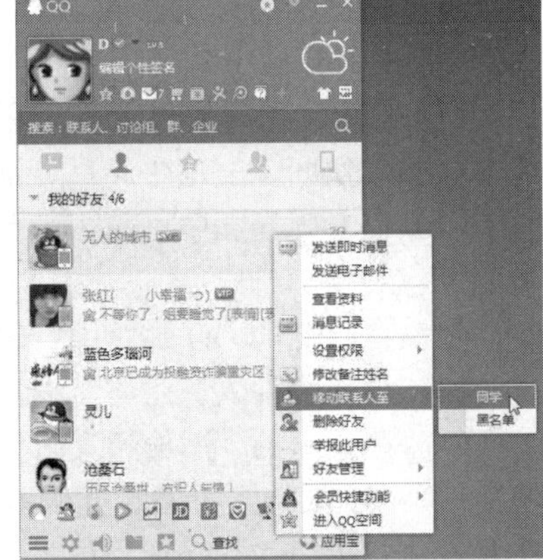

图 4-15　移动联系人

13. 计算机与手机之间文件传输

随着智能手机的普及，QQ 推出了无线传输功能，可在有网络的情况下与手机进行资源共享，手机资源可以通过 QQ 手机软件发送到计算机的 QQ 上，这样我们就能更方便地去分享和保存资料和视频图片。与以往的有线数据收发信息文件相比，更加便捷。

（1）单击 QQ 主界面左下角的菜单选项栏，在菜单栏中会出现“传文件到手机”“导出手机相册”等项，如图 4-16 所示。

（2）单击“传文件到手机”按钮，会出现一个对话框，单击【试一试】按钮后系统将自动发送一幅测试图片。

（3）单击【选择文件发送】按钮，如图 4-17 所示，将弹出“打开”对话框，从中选择需要发送到手机的文件，单击【打开】按钮。

使用此功能，可以将电脑中下载或保存的一些美图、截图、文本、文件等直接通过无线网络传输到手机上，也可以直接将计算机中的文件/照片拖到会话区域来快速发送到手机上。

图 4-16 传文件到手机

图 4-17 选择发送的文件

（4）单击【导出手机相册】按钮，将弹出“导出手机相册”对话框，如图 4-18 所示，选择需要导出的照片，在“导出到”中确定导出文件存放的位置，单击【导出】按钮。

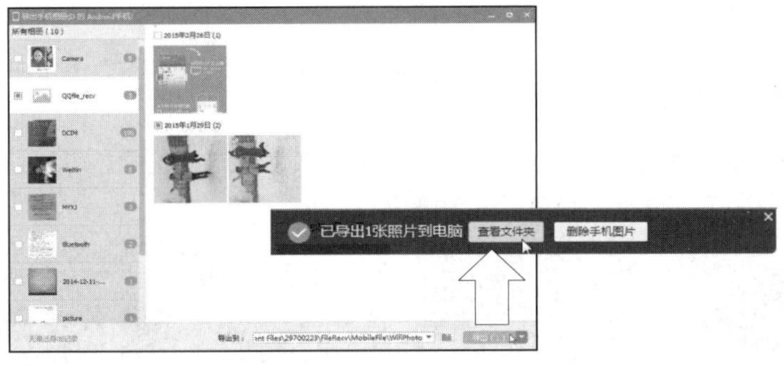

图 4-18 “导出手机相册”对话框

导出手机相册完成后，会显示提示信息，单击【查看文件夹】按钮可以在本地电脑上查看已经导出的照片。

14. 系统设置

每次信息来的时候，会有个小图标在任务栏上闪动，稍不注意的话，就有可能漏掉这个信息。其实，可以设置，信息框就会自动弹出功能，这样能及时看到他人发送的信息。除此之外，还有其他诸多设置，如开机时自动启动 QQ、启动 QQ 时自动登录等。

（1）单击主界面下方的【打开系统设置】按钮，打开“系统设置”对话框。

（2）在“基本设置”选项卡中，单击左侧的“登录”标签，在右侧选项中选中“开机时自动启动 QQ”选项，如图 4-19 所示，这样当下次开机时，QQ 登录界面将会自动弹出。如果多人共用一台电脑，或有多个 QQ 号，而你常常使用某个账号，可以选中“启动 QQ 时为我自动登录”。

（3）单击左侧的“会话窗口”标签，在右侧选项中选中“允许来消息时自动弹出窗口”选项，如图 4-20 所示。这样当信息来时，信息框就会自动弹出。

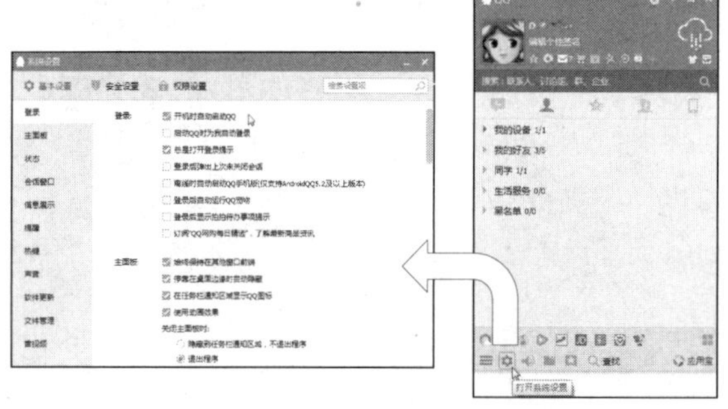

图 4-19 “系统设置”对话框
——“登录”标签

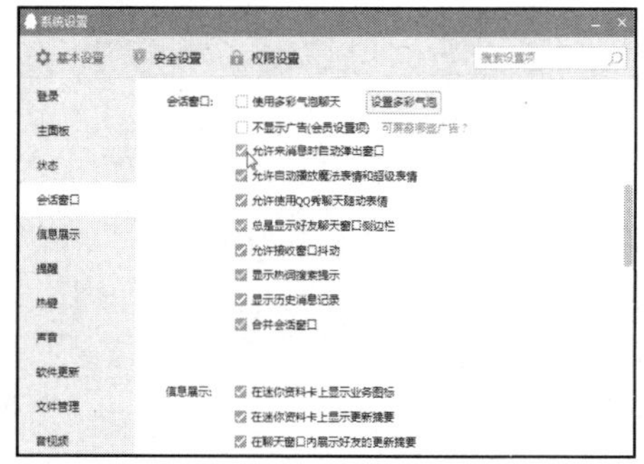

图 4-20 “系统设置”对话框
——“会话窗口”标签

15. 修改个人资料

（1）单击 QQ 主界面左上角的头像图标，将弹出“个人资料”对话框，如图 4-21 所示。

（2）单击【编辑资料】按钮，将进入个人资料修改状态。在此，可以修改个人资料，如昵称、性别、生日、职业、职位等，如图 4-22 所示。

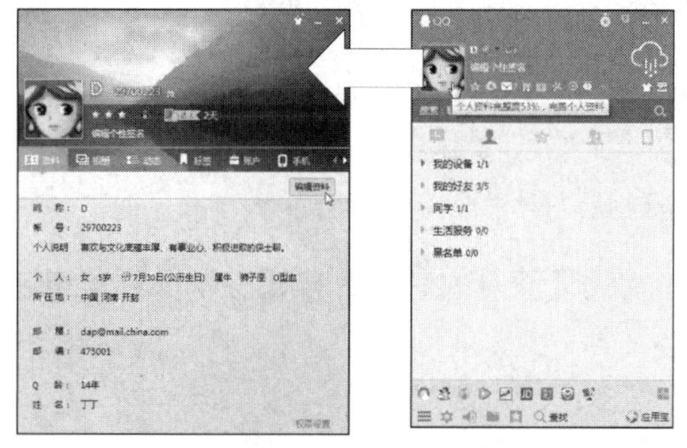

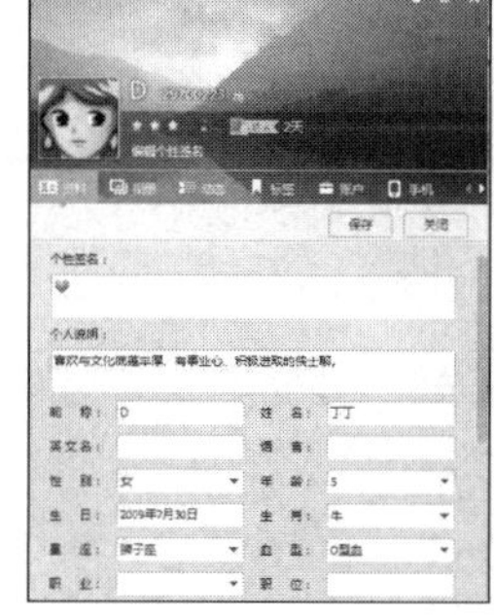

图 4-21 个人基本资料

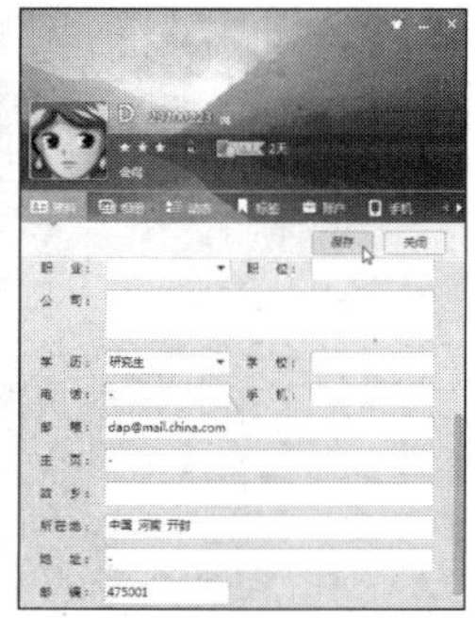

图 4-22 修改资料

（3）拖动垂直滚动条，可以修改更多选项，如学历、学校、电话、邮箱、所在地等。

（4）单击【保存】按钮即可。

16. 创建 QQ 群

QQ 群是腾讯公司推出的多人聊天交流服务，群主在创建群以后，可以邀请朋友或者有共同兴趣爱好的人到一个 QQ 群里面聊天。在 QQ 群内除了聊天，腾讯还提供了群空间服务，在 QQ 群空间中，用户可以通过 QQ 群 BBS、相册、共享文件等多种方式进行交流。

创建群的方法：

（1）在 QQ 主界面上，单击“群/讨论组”。

（2）选中“QQ 群”标签，进入 QQ 群，如图 4-23 所示。

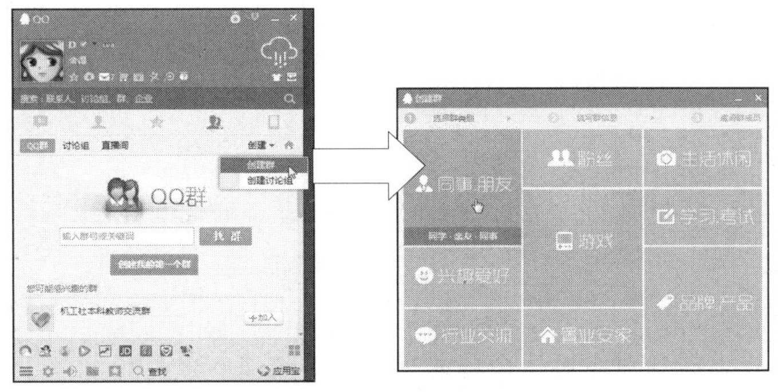

图 4-23　“创建群”窗口

（3）执行“创建→创建群”命令，将弹出“创建群”窗口。

（4）在“选择群类型”页面上，选择需要创建的群类型。

（5）接着进入“填写群信息”页面，如图 4-24 所示，在此填写相关的信息、群名称，并设置加群验证要求后，单击【下一步】按钮。

（6）在“邀请群成员”页面中，在左侧选择需要添加的好友，单击【添加】按钮，全部添加完成后，单击【完成创建】按钮。

（7）右击已经建好的群，将弹出快捷菜单，如图 4-25 所示，可以使用快捷菜单中的命令对群进行设置和管理。例如，如果群消息过多，为免于打扰，可以执行“群消息设置→不提示消息只显示数目”命令，或者选中“屏蔽群消息提示”项。

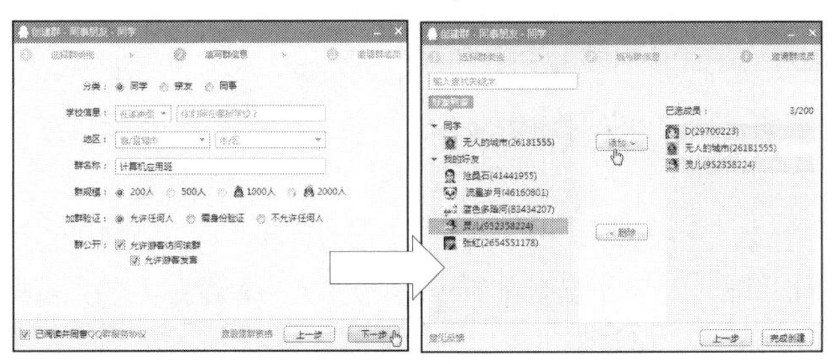

图 4-24　填写群信息

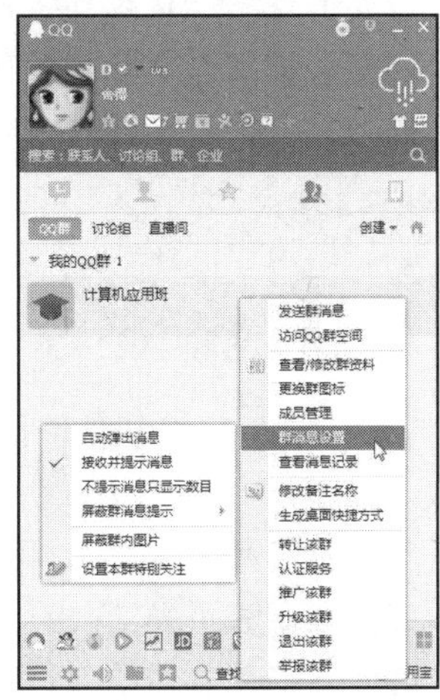

图 4-25　群消息设置

思考与练习

1. 你有自己的 QQ 号吗？如果没有请申请 QQ 号码并登录。
2. 如果登录 QQ 时，不想被其他联系人看到，应该怎么办？
3. 与班级其他同学一起，加入班级 QQ 群，交流学习心得。
4. 如果你手机中有照片需要向计算机中传送，你该怎么呢？

4.2 YY 语音

任务导入

YY 语音是欢聚时代公司旗下的一款通信软件，它基于 Internet 团队语音通信平台，功能强大、音质清晰、安全稳定、不占资源、反响良好，是适合游戏玩家的免费语音软件。

YY 语音最早用于魔兽玩家的团队语音指挥通话，后来发展为穿越火线游戏用户必备的团队语音工具。时至今日，YY 语音已经成为集团队语音、好友聊天、视频功能、频道 K 歌、视频直播、YY 群聊天、应用游戏、在线影视等功能为一体的综合型即时通信软件。

本任务学习 YY 语音的安装和使用方法。

学习目标

（1）会使用 YY 语音与别人建立联系，发送即时消息。

（2）会使用 YY 语音观看精彩世界节目和直播。

（3）会使用 YY 语音与别人进行通话、建立多人聊天等。

（4）会创建自己的频道。

任务实施

1. 下载和安装 YY 语音

YY 语音为免费软件，国内许多软件网站均提供下载，也可以到 YY 语音官方网站下载。

（1）进入 YY 语音官方网站“http://www.yy.com”，单击“软件下载”，如图 4-26 所示。

（2）在下载页面，找到 YY 软件，单击【下载】按钮下载软件安装包。

（3）双击下载后的安装文件，将弹出安装对话框，如图 4-27 所示，选中“已阅读并同意 YY 语音软件许可协议”项，单击【立即安装】按钮即可。另外，也可以单击【自定义安装】按钮进行自定义安装。

（4）安装完毕后，会弹出提示页面，提示安装 YY 语音附带的一些插件，这些插件是欢聚时代开发出的一些小软件，如“收藏多玩游戏网”等。这些插件是可以选择的，默认为选中，如果不想安装的话，可取消该项的选中状态。

（5）单击【立即体验】按钮完成安装，打开 YY 语音登录界面。

图 4-26　下载 YY 语音安装程序

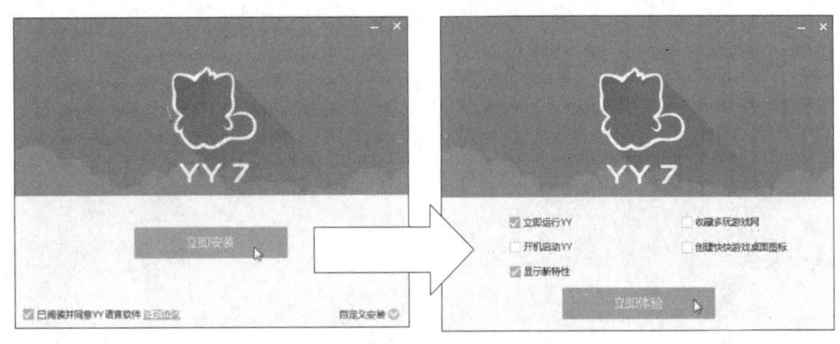

图 4-27　安装 YY 语音

注意

使用自定义安装可以将下载的 YY 语音安装到指定磁盘位置，多数情况下 C 盘为安装默认盘。

如果已经安装了 YY 语音插件，使用后想删掉，可以使用 360 安全卫士中的“卸载软件”功能进行卸载。

2. 注册账号

安装完成后，双击桌面上的快捷方式，即可启动 YY 语音程序的登录界面。如果现在你还没有 YY 语音号，需要先注册 YY 语音号。

（1）在登录界面上，单击“注册账号”按钮，如图 4-28 所示。

（2）在打开的“YY 注册”页面中，可以进行“手机号注册”，也可以进行“账号注册”或“邮箱注册”。

（3）在填写完申请账号信息和密码后，拖动滑块进行验证，最后单击【同意并注册账号】按钮。

（4）在注册成功后，单击【一键登录】按钮即可登录，如图 4-29 所示。以后使用时，须使用账号和密码进行登录。

图 4-28　注册 YY 账号

图 4-29　注册成功

注意

YY 语音也开发了手机 YY 语音功能。与手机 QQ 相比，手机 YY 语音能满足用户随时随地与他人沟通和实时手机看精彩直播的愿望。

开通手机 YY 语音的方法很简单：先登录 YY 语音官方网站，免费下载手机 YY 语音软件并安装，或者通过各类下载平台进行下载。安装后，使用手机 YY 语音软件登录即可。

3. 登录 YY 语音

（1）申请好 YY 账号后，可以在需要的时候，在桌面上双击 YY 语音快捷图标启动登陆窗口，如图 4-30 所示。

（2）在“账号”栏中，输入自己已经申请到的 YY 语音账号。

图 4-30　YY 语音登录窗口

> **注意**
>
> 如果你是在公共机房里上机，一台计算机上注册了不止一个 YY 语音账号，就可以在“账号”框中选择一个想使用的号码，输入口令，单击登陆，稍等片刻，就会弹出 YY 语音主界面。

（6）单击【登录】按钮，这时 YY 语音会自动链接，小图标最后显示为“在线”，表示链接成功。

YY 语音窗口可以在屏幕上任意拖动，拖到靠近屏幕边缘的地方时，会自动隐藏。

4. YY 主面板

YY 主面板由版本号、YY 头像、在线状态菜单、昵称、个人签名、业务支持区、发现频道、频道输入区、TAB 栏、系统菜单等组成，其中 TAB 栏由频道、Y 友、YY 群和应用组成，如图 4-31 所示。

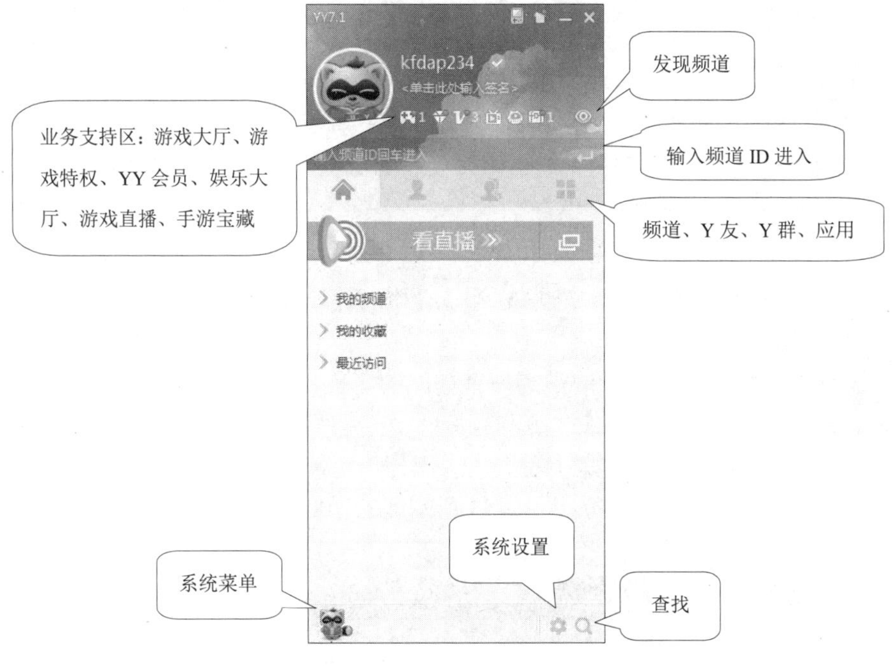

图 4-31　YY 主面板

5. 看直播

（1）在“频道”标签下，单击【看直播】按钮，会打开直播网页，如图 4-32 所示。

（2）打开某一频道片，就会自动连接到该主播正在直播节目的频道，如图 4-33 所示。

（3）看 YY 直播就像看表演一样，在面对众多的 YY 主播带来的精彩表演同时，对自己喜欢的主播，可以给他们送上自己刷出来的礼物，可以在礼物专区选取不一样的礼物。但是这些礼物不是免费的，我们要根据自己的实际情况来选择支持主播

图 4-32　选择直播栏目

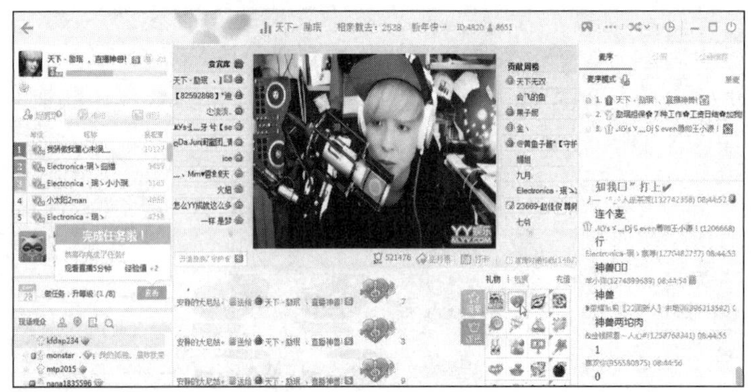

图 4-33　进入直播间看直播

的方式，在经济条件允许时可以购买 Y 币。当然不管送出的礼物多少，大多数主播都会与你互动的。

（4）在直播间里，上边显示的是当前直播间的名称、直播间频道 ID、直播间当前在线人数。下边显示的是个人头像、扬声器音量、麦克风音量、当前伴奏、录音等功能。

（5）使用 YY 语音看直播，除了看娱乐表演外，还能在子标签页中浏览游戏直播、100 教育、交友互动、投资理财等，图 4-34 所示即为 100 教育中的某个栏目。

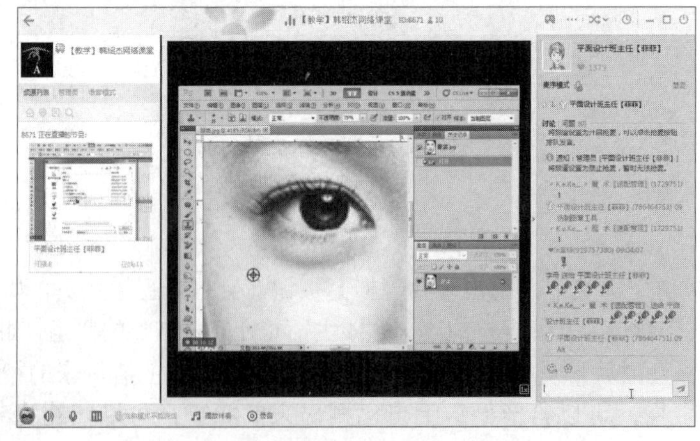

图 4-34　进入 100 教育

6. 查找好友、频道、YY 群

（1）查找好友。

对于即时通信软件来说，好友功能区块是必不可少的，YY 语音也不例外，最早作为团队语音聊天软件，用户们只需要登录自己的 YY 语音账号并且进入同一个频道，就能在一起自由说话了。

在同一频道进行好友添加，如图 4-35 所示，右击某账号，在快捷菜单中执行“加为好友”命令，在打开的“添加联系人”对话框中发送信息，单击【确定】按钮等待对方验证后即可，将对方加为好友。

图 4-35　添加好友

（2）查找频道。

可以根据频道 ID、频道名称来查找频道。

例如，如果知道某频道的 ID，就可以直接在输入框中输入频道 ID 号，单击【查找】按钮，找到目标频道后，单击即可进入频道观看精彩直播表演，如图 4-36 所示。

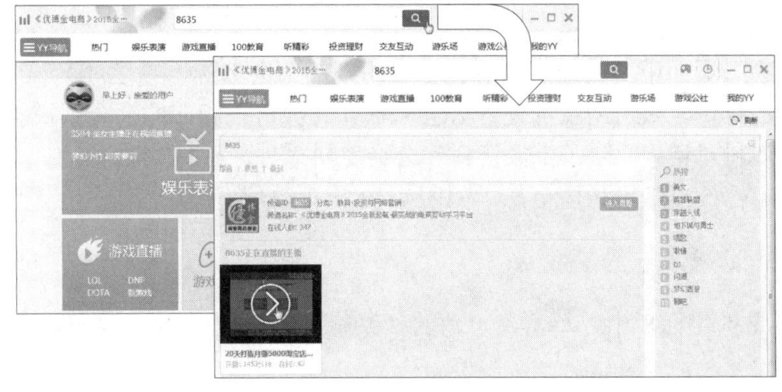

图 4-36　通过条件查找频道

也可以在 YY 主面板中，输入频道 ID 回车，进入频道学习，如图 4-37 所示。

（3）加入群

如果想加入某个 YY 群，首先需要知道 YY 群号码。

① 在 YY 主面板中，单击“YY 群”标签。

② 单击“查找加入一个群”，弹出对话框，在“查找”左侧的文本框中输入 YY 群号后，单击【查找】按钮进行查找，如图 4-38 所示。

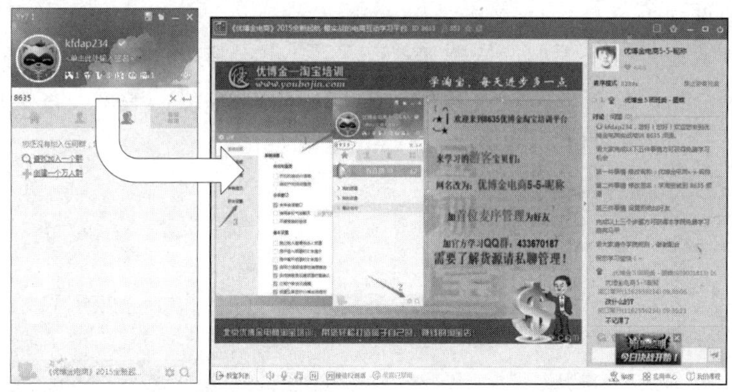

图 4-37　在 YY 主面板输入频道 ID

图 4-38　加入群

③ 在给出的查找结果中，单击【加入群】按钮，弹出“加入群”对话框。

④ 在“加入群”对话框中，输入验证码单击【加入群】按钮，即可加入目标 YY 群。等待服务器审核完成后，你就是 YY 群里的一员了。

7. 修改个人资料

在 YY 语音主界面，单击自己的头像，弹出个人资料对话框，单击【编辑资料】按钮，即可修改自己的 YY 资料，如图 4-39 所示。

在“公会”页面中，用户可以看到自己所在的公会名称、频道 ID、自己的公会贡献和在公会的身份。双击所在的任一公会名称，将会进入相应的公会频道。

在个人资料对话中，除了个人资料和公会资料之外，还有“YY 人生”“会员”标签页。单击即可修改或查看相应信息，如图 4-40 和 4-41 所示。

8. 创建 YY 频道

（1）在 YY 主面板中，单击左下角的“系统菜单”，在“系统菜单”中执行“创建频道”命令。

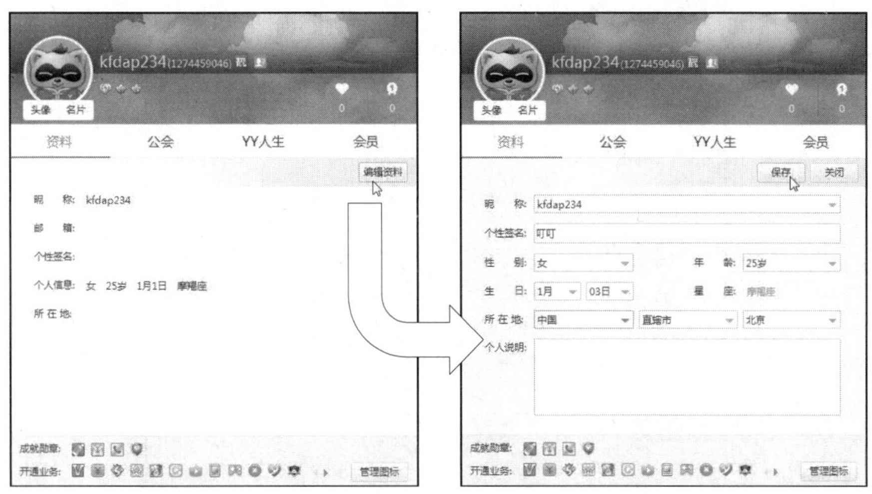

图 4-39 修改个人资料

图 4-40 YY 人生

图 4-41 会员

（2）在“创建频道”对话框中，如图 4-42 所示，输入自己创建频道的名称，自主选择频道 ID、频道类别和模板。

（3）单击【立即创建】按钮即可创建属于自己的频道。

（4）在创建的频道内，可以在语音过程中，调节说话声音大小、声音特效等。

（5）单击频道左下方调音台，在需要变动的选项上打“√”，单击【试麦】按钮可以检测出麦克风是否存在异常。

（6）单击频道右上方“首页”标签页，会自动从频道主界面切换到频道首页，其中包含频道管理等多项设置权限。通过设置权限，可以在来访的游客中筛选一批进入频道。

图 4-42　创建频道

思考与练习

1. 申请一个 YY 语音账号，体验 YY 语音的精彩世界。
2. 创建 YY 语音频道，在里边与其他用户交流。
3. 查找自己感兴趣的频道。

4.3　微　　信

任务导入

我们经常在街上看到有人把手机举在嘴边，嘴里絮絮叨叨地说个没完，不过他们不是在念咒而是在用微信的语音聊天功能与好友进行交流。在移动时代，我们沟通的方式有很多，QQ、微博、微信、旺信等社交软件让人与人之间的障碍不断地缩小。微信是当前我们使用最多的社交软件，它除了能聊天外，还有许多其他的便利功能。

微信是腾讯公司推出的一款通过网络快速发送语音短信、视频、图片和文字，且支持多人群聊的手机聊天软件。用户可以通过微信与好友进行形式上更加丰富的类似短信、彩信等方式的联系。

微信软件本身完全免费，使用任何功能都不收取费用，使用微信时产生的上网流量费由网络运营商收取。微信由于是通过网络传送信息的，因此不存在距离限制，即使是在国外的好友，也可以使用微信对讲。

微信大大节省了我们的通话费，既不用考虑对方是否方便查看或者收听，也不用考虑高昂的话费，唯一需要的就是流量要省着点用。不过使用微信聊天也是有技巧的，如添加 QQ 表情到微信中、使用微信查快递信息、用微信查看信用卡账单。

本任务介绍微信（Android 版）的安装和使用方法。

学习目标

（1）会使用微信与好友建立联系，与好友进行信息沟通和交流。

（2）会使用微信建立朋友群。

（3）会关注需要的服务号和订阅号。

任务实施

1. 下载和安装

微信为免费软件，可以通过以下渠道进行下载：

（1）电脑下载。登录微信官方网站“weixin.qq.com”，单击【免费下载】按钮，如图 4-43 所示，选择手机平台或按手机品牌型号下载。

图 4-43　下载微信

（2）手机网页下载。在手机上，登录手机腾讯网“wap.3g.qq.com”，在“软件”栏目下找到“腾讯软件”中的“微信”，然后选择手机平台或按手机品牌型号下载。

（3）手机短信下载。用手机发送短信获取下载地址，移动用户发送短信“wx”到 10657558023309、联通用户发送短信“wx”到 1069070089、电信用户发送短信“wx”到 1069070089（CDMA 用户），发短信获取微信下载地址需要收取短信费用。

（4）二维码下载。登录微信官方网站“weixin.qq.com”，单击【免费下载】按钮，扫描下载页面上的二维码即可进行下载。

2. 注册微信

在微信登录页面，选择“注册”选项，输入你的手机号码，根据提示完成即可注册（微信目前支持全球 100 多个国家手机号码注册）。

对于 QQ 用户，在微信登录界面直接输入 QQ 号和密码，根据提示即可完成注册。

> 如果注册微信时，提示“该微信账号已被其他人使用”，说明你填写的微信账号是其他用户在使用的，只需更换账号再进行注册即可。

3. 登录微信

微信可通过以下方式之一登录：

（1）使用微信号+微信密码进行登录。

（2）在微信绑定 QQ 号码的情况下，使用“QQ 号码+QQ 密码”，或“微信号+QQ 密码”，或“QQ 号+微信密码”。

（3）在绑定手机的情况下，使用“手机号+验证码”。

（4）在微信绑定手机号码的情况下，使用“手机号+微信密码”。

（5）在绑定邮箱的情况下，使用“邮箱+微信密码”。

4. 添加微信好友

作为一款社交软件，首先要做的就是找到志趣相投或是有缘分的好友，为此微信提供了多种查找朋友功能。

（1）按号码查找。如果已经知道对方的微信号、QQ 号或者是手机号，可以在“通信录”中，指触右上角的“添加”，在下拉列表中点“添加朋友”，如图 4-44 所示，在搜索框中输入对方的微信号、QQ 号或者是手机号。

图 4-44　按号码查找好友

（2）批量添加好友。如果想批量将好友加入联系列表，可以在“通信录”中，指触“新的朋友”，使用“添加手机联系人”和“添加 QQ 好友”，这样你的手机通信录和 QQ 好友中开通了微信的好友就能显示出来，触击“添加”等待对方验证通过后，即可将对方添加进来，如图 4-45 所示。

（3）使用“摇一摇”功能。为了更广泛地交友，微信提供了方便的“摇一摇”功能。在“发现”中，指触“摇一摇”，如图 4-46 所示，可以查找出与你一同摇晃手机的微信用户，如果觉得这些有缘人很有意思，也可以申请加他为好友。

（4）二维码扫描。在空间或微博上看到某一网友的二维码名片后，可在手机上登录微信，选择“添加”中的“扫一扫”，将摄像头对准二维码图片约 2~3 秒，即可识别并加载对方微信的基本资料，你可以向对方打招呼或加为好友。

图 4-45　批量查找好友

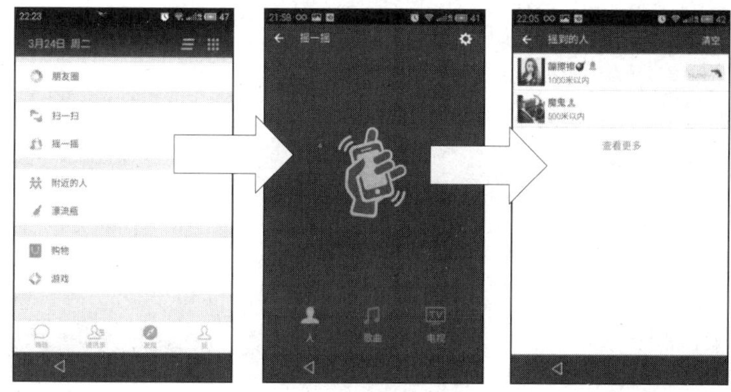

图 4-46　“摇一摇”功能

（5）查看附近的人。在“发现”中指触“附近的人”，可以通过 GPS 定位查找并添加好友。

（6）漂流瓶。在“发现”中指触“漂流瓶”，可以通过收/发漂流瓶信息进行交友。

5. 微信聊天

微信既然是聊天工具，那么聊天功能也是非常重要的一环。我们只要选择好一个聊天对象就可以开始聊天了，步骤非常简单。

在聊天过程中，除了可以发送最基本的文字信息外，还可以发送表情、图片、视频、地理位置和名片，互动非常丰富。

按住话筒能直接进行语音聊天，如图 4-47 所示。

微信支持视频聊天功能。在与好友聊天时，在“+”号里找到“视频聊天”项，如图 4-48 所示，触击开就可以进行视频聊天了。

图 4-47　语音聊天

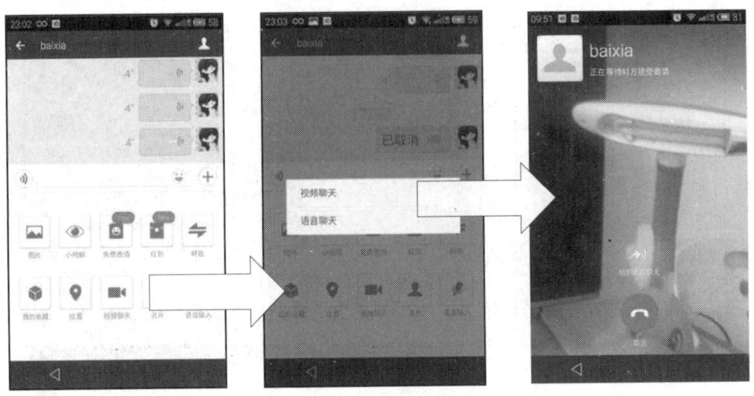

图 4-48　视频聊天

6. 开启群聊

微信可以自由地建立群聊，也就是多个好友在一起聊天。

在“微信”窗口的右上角触击“+”图标，然后选择“发起群聊”，如图 4-49 所示，就可以选择多个好友进行聊天了。在聊天过程中，用手触击聊天窗口的右上角，可以随时添加新的好友一起聊天。

微信群创建后，群成员也可以拉其他人加入群，群创建者不支持设置屏蔽。

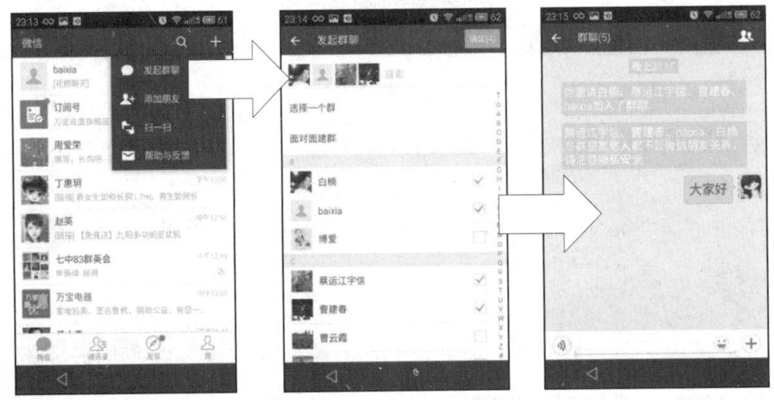

图 4-49　发起群聊

注意

微信群相当于讨论组形式，没有群号码展示。创建群的个数没有数量限制。

7. 使用朋友圈

在“发现”中有“朋友圈”功能，它是一个短文和图片分享平台，可以通过朋友圈发表文字和图片，也可以通过其他软件将文章或者音乐分享到朋友圈，还可以对好友新发的照片进行“评论”。

（1）查看“朋友圈”中的信息。

① 用手触击“发现”标签中的“朋友圈”，将弹出你的好友发表或分享的短文或图片，指触喜欢的标题即可阅读详细内容，如图 4-50 所示。

图 4-50 查看“朋友圈”

② 指触右上角的菜单按钮，可以使用下拉列表中的命令进行分享或收藏。

注意

如果“发现”标签上出现了小红点，说明朋友圈中有新发布的信息。

（2）发布图片动态。使用微信朋友圈可直接发布图片动态。

① 在“朋友圈”中单击自己的头像，进入“我的相册”，如图 4-51 所示。

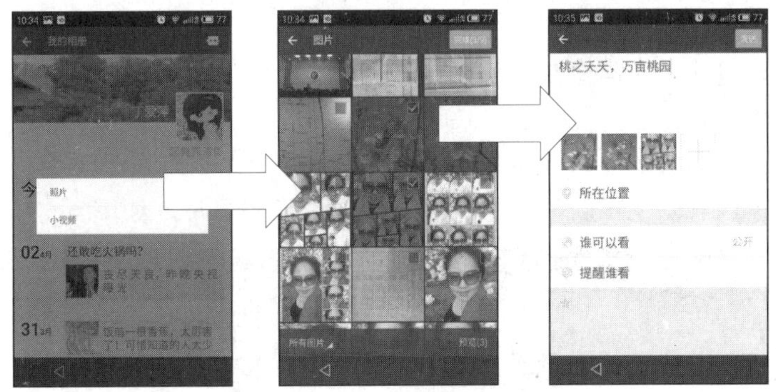

图 4-51 发布图片动态

② 指触相机图标将弹出列表，选择“照片”，将弹出“图片”供我们选择。

③ 此时可以触击“拍摄照片”进行拍照，也可以从相册中选取，一次最多可以分享 9 张图片。

④ 选择后单击“完成”，在发布图片的同时还可以配上文字说明。

注意

图片发布出来后会有压缩，不同平台的压缩比率不同。

（3）小视频。在选择发布内容的时候，可以先拍摄小视频，然后再发布分享。小视频当前最长支持 8 秒钟分享。

朋友圈中显示的小视频默认为自动播放，但无声音。单击小视频进入单独播放画面时，可播放声音。在微信设置中，可以选择关闭小视频的自动播放以节省流量。

小视频也可以通过在聊天列表界面下拉菜单中的功能直接拍摄发布，以达到快捷分享的需要。

（4）纯文字信息。长按发布朋友圈的相机图标，可以进入发布纯文字动态的界面。

纯文字动态支持保存最近一次的草稿，上次编辑未发送或者清空的内容在下次打开时会自动恢复。

（5）网页和链接。微信朋友圈支持其他应用的分享。其他应用可以通过接入微信的分享端口，在应用内部直接分享内容到朋友圈中。

分享到朋友圈中的内容以链接形式存在。通过音乐类应用分享的歌曲可以在朋友圈中直接触击播放图标播放，而不需打开链接。

（6）评论和点赞。朋友圈分享支持评论和点赞。自己发表的评论可以随时删除，且点赞再触击一次可以取消。

对于朋友的朋友圈下的评论，只有评论者同时也是自己的联系人时才可以看到。

（7）分组。朋友圈支持分组分享。在发送图片和小视频时可以选择“谁可以看”，其中可以选择已经创建的分组，将朋友圈消息发送给指定分组好友，或者指定分组好友不可查看。可在此页面中管理分组。

8. 设置

微信的设置包含个人信息修改和系统设置。

（1）个人信息修改。

在“我”标签中，指触最上面的头像区，将进入“个人信息”页面，可以修改自己的昵称、账号，还可以上传新的个人头像、生成二维码名片，如图 4-52 所示。

图 4-52　修改个人信息

（2）系统设置。在“我”标签中，触击“设置”将进入“设置”页面，可以进行新消息提醒设置、自定义聊天背景等，如图 4-53 所示。

触“通用”，进入“通用”页面，可以设置开启横屏模式、使用高速录音模式、修改语音和字体大小等，在“功能”中可以看到已经启用的微信功能，如图 4-54 所示。

9. 添加表情

在聊天时，使用一些丰富的表情可以让原本枯燥无味的文字变得生动有趣，有时一句话表达不清楚，用图片来代替反而更容易理解。微信的表情商店准备了很多有趣的图案，但是它们大多数是需要付费才能使用的。而 QQ 上的表情丰富，可以使用下面的方法把 QQ 表情搬进微信里。

（1）在电脑上右击喜欢的表情，在快捷菜单中选择“发送到手机”命令。

（2）打开手机上安装的 QQ，可以看到已经收到这款表情。接着触击该表情，并选择“更多”，触击“保存到手机”，如图 4-55 所示。

图 4-53　设置新消息提醒

图 4-54　功能设置

（3）打开微信，当与好友聊天时，触击输入框右侧的表情符，在第二栏（红色心形）中触击“+”号可以添加保存在本机上的图片或表情。

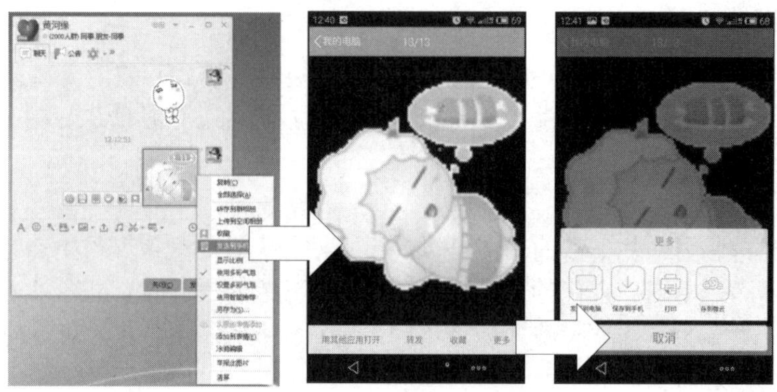

图 4-55　将表情发送至手机

10. 查询服务

对于爱好购物的用户，通过微信就可以便捷地查询物品派送情况。

（1）首先关注快递公司，下面以顺丰快递为例进行说明。在“通信录”中，触击右上角的添加“+”，在下拉列表中触击“添加朋友”，如图 4-56 所示。

图 4-56　查询服务号

（2）在“添加朋友”界面中，触击“公众号”，输入“顺丰”后，触击“搜索”按钮，将显示出很多结果。

（3）选择需要的项目，查看详细资料后触击“关注”。

（4）“关注”后，只要在“我要查询”中，输入快递单号就可以查询完整的物流信息。

11. 添加资讯信息

订阅号为用户提供了大量的资讯信息，是获取新闻最直接的方式。订阅号会将各类信息整合在一起，一次性展示在你眼前，想知道外面都发生了什么，可以多关注些订阅号。

关注订阅号与添加服务号的过程基本相同，只需要选择订阅号，输入订阅号的名称后（如“手机中国”），在搜索结果中进行关注即可。

12. 语音提醒

在服务号中添加“语音提醒”进行关注，然后对准手机说出要提醒的时间和事件。当软件识别后，会发一条确认信息以避免识别错误，如图 4-57 所示。

到达约定的时间时，微信提醒会准时响起，触击“收听”就可以听到自己的留言。

图 4-57　语言提醒

思考与练习

1. 在自己的手机上下载并安装微信。
2. 通过 QQ 好友或手机联系人添加微信好友。
3. 查看朋友圈中的好友分享的短文和照片。
4. 关注自己需要的服务号和订阅号。
5. 会使用语言提醒功能。

第5章 网络数据传输工具

随着计算机网络的普及和发展，越来越多的人开始利用网络进行资源共享。Internet是一个巨大的资源宝库，人们在使用这些资源时可以即时阅读、观看，如各类网页资料、图片、流媒体等。但有些资源只能在下载到本地计算机后才能使用，如各类软件只能在下载后才可以进行安装操作。在网速较慢时，某些流媒体文件也只能下载后方可正常观看。

我们可以通过一些软件进行资源同步与管理。

本章介绍迅雷（Thunder）、金山快盘、Foxmail 客户端电子邮箱管理工具等的安装和使用方法。

5.1 迅雷（Thunder）

任务导入

使用下载软件工具，可以提高下载的速度，并能在下载中断后从中断的位置恢复下载，还可以对已下载的文件进行排序、分类等操作。这类软件大多数属于免费软件，有些甚至是开源软件。

迅雷 7 是一款新型的基于多资源超线程技术的下载软件，作为宽带时期的下载工具，迅雷针对宽带用户做了特别的优化，能够充分利用宽带上网的特点，带给用户高速下载的全新体验。同时，迅雷推出了“智能下载”的全新理念，通过丰富的智能提示和帮助，让用户真正享受到下载的乐趣。

本任务介绍使用迅雷 7 快速下载网上资源的方法和技巧。

学习目标

（1）会下载、安装迅雷。

（2）会使用迅雷下载网上资源。

（3）会添加、编辑下载任务。

（4）会根据需要进行常用设置。

任务实施

1. 下载和安装迅雷

进入迅雷产品中心“http://dl.xunlei.com”，或使用百度搜索引擎查找“迅雷官方网站”，进入迅雷产品中心后，用户即可进行下载安装。

（1）进入迅雷产品中心“http://dl.xunlei.com”网站。

（2）单击【立即下载】按钮将安装文件下载到本地机，如图 5-1 所示。

（3）双击下载的安装文件，单击【运行】按钮，系统将自动下载软件。

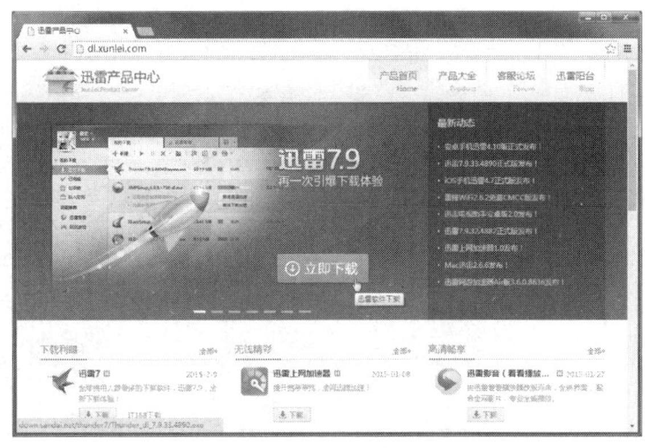

图 5-1　下载迅雷

（4）下载完毕后，系统将自动弹出迅雷安装窗口，如图 5-2 所示，单击右下的【自定义安装】按钮。

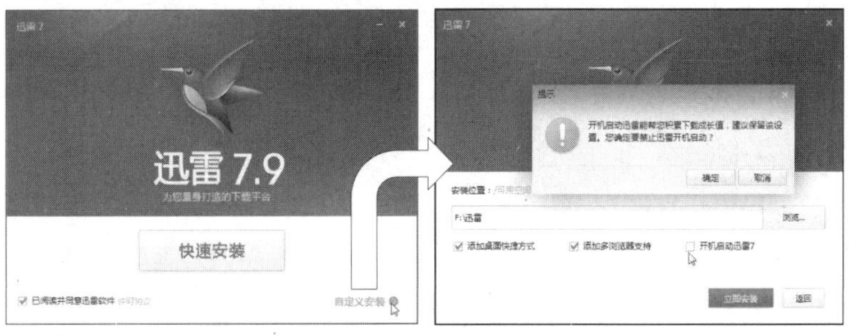

图 5-2　自定义安装

（5）在安装界面取消“开机启动迅雷 7”项的选中状态，软件会弹出提示窗口，单击【确定】按钮。

（6）单击【立即安装】按钮，显示正在安装进度条，稍等片刻后，在安装窗口取消“360 安全导航”“5126 社区”“百度工具栏”项的选中状态，如图 5-3 所示。

（7）单击【立即体验】按钮，安装结束。

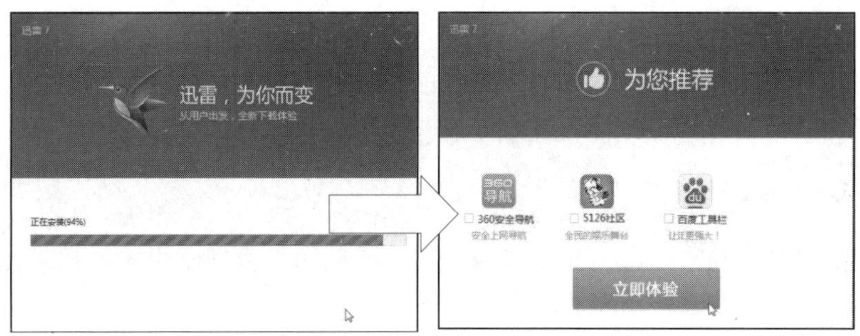

图 5-3　去除捆绑安装

2. 启动迅雷

在 Windows 桌面上，双击迅雷快捷方式图标“”启动迅雷。启动完成后的迅雷界面，如图 5-4 所示。

图 5-4　迅雷主界面

启动迅雷 7 的同时，软件会自动启动悬浮窗“”。关闭主界面后悬浮窗仍会存在。

3. 添加下载任务

常用的添加下载任务的方法有以下两种：

（1）迅雷安装完成后，在需要下载的页面中，会有“使用迅雷下载”字样，也可以在“下载”处单击右键，在快捷菜单中选择“使用迅雷下载”项，如图 5-5 所示。

单击该项后迅雷会自动启动，并弹出“新建任务”对话框，选择存储目录，单击“立即下载”按钮，即可成功添加下载任务。

（2）在迅雷主界面，单击功能栏中的【新建】按钮，在弹出的“新建任务”对话框中输入 URL（下载地址），如图 5-6 所示，对话框中会显示下载内容与保存目录项，选择下载内容与保存目录后，单击“立即下载”按钮，即可成功添加下载任务。

迅雷支持边下边播功能，在下载任务处单击右键，选择“边下边播”选项，即可进行播放。

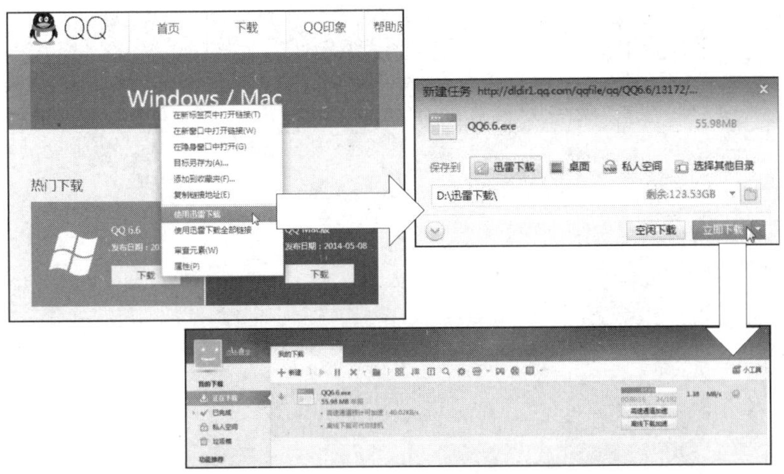

图 5-5 通过快捷菜单添加下载任务

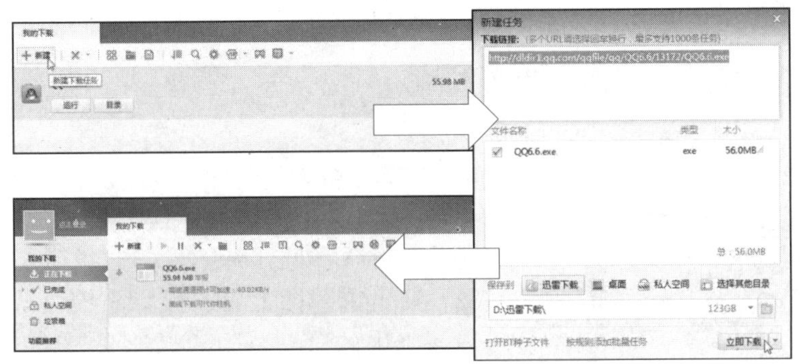

图 5-6 在“新建任务”对话框中添加下载任务

4. 我的下载

在主界面左侧选项栏有“正在下载”“已下载”“私人空间”“垃圾箱”四个选项。

“正在下载”项显示正在进行中的下载任务，下载完成后，下载任务会移到“已完成”界面。

“私人空间”可以设置密码，将任务放在私人空间后，需有密码才能观看下载任务。

将下载任务删除后，下载任务会被移到“垃圾箱”。如果将下载任务彻底删除，下载任务将不会被移动到“垃圾箱”。如果将“垃圾箱”中的下载任务删除，任务会被彻底删除。

5. 关闭迅雷资讯的弹出

迅雷资讯，一般在安装了迅雷软件后会自动弹出，这是捆绑附带产品，所以可以用下面的方法进行关闭。

（1）在迅雷主界面中，单击工具栏中的【配置】按钮，如图 5-7 所示。

（2）在“系统设置”对话框中，选择“模式和提醒”中的“其他”项。

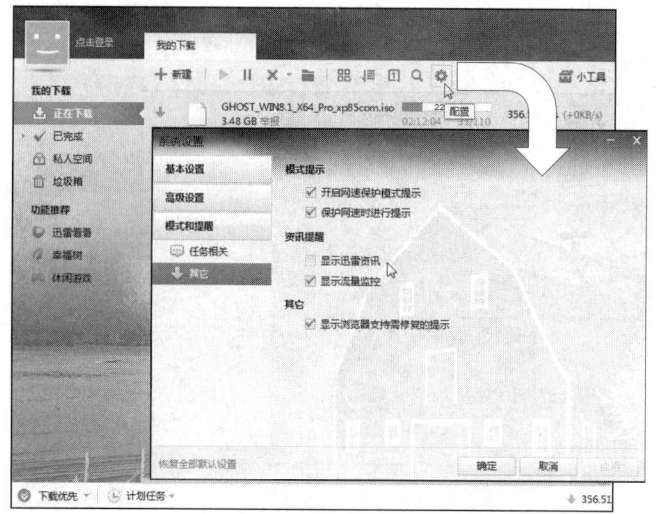

图 5-7　关闭迅雷资讯

（3）取消“显示迅雷资讯”的选中状态。

6. 显示或隐藏悬浮窗

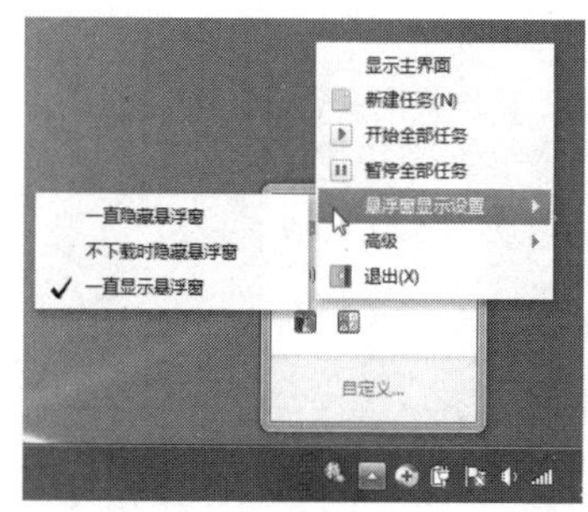

图 5-8　显示或隐藏悬浮窗

（1）启动迅雷时，在屏幕右下角的“系统通知区域”中找到迅雷图标，如图 5-8 所示。

（2）在迅雷图标上单击鼠标右键，选择“悬浮窗显示设置”中的“一直隐藏悬浮窗”项，即可将悬浮窗隐藏。

（3）若悬浮窗已被隐藏时，再次右击，选中“悬浮窗显示设置→一直显示悬浮窗”项，即可使悬浮窗处于显示状态。

7. 设置下载最大任务数

迅雷的下载速度比浏览器的下载速度要快，但是碰到迅雷下载速度比较慢时，可以通过下面的方法提高迅雷的下载速度。

（1）在迅雷主界面中，单击工具栏中的【配置】按钮，弹出“系统设置对话框”，如图 5-9 所示。

（2）在“系统设置”对话框中，选择“下载”选项卡。

（3）在“同时下载的最大任务数”中，单击下拉箭头选择需要的任务数。

8. 设置下载完成后自动关机

在下载东西的时候，如果是一些大型文件，如连续剧、大型游戏等，由于文件过大，往往下载时间会很长，我们不可能很长时间都一直守在电脑旁边，这时可以设置为下载完成后自动关机。

在迅雷主界面，单击左下角的“计划任务”项，在弹出菜单中，执行“下载完成后→关机”命令即可，如图 5-10 所示。

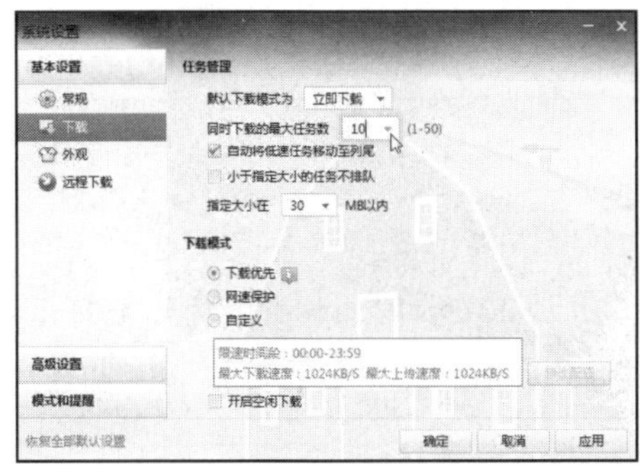

图 5-9　设置下载最大任务数

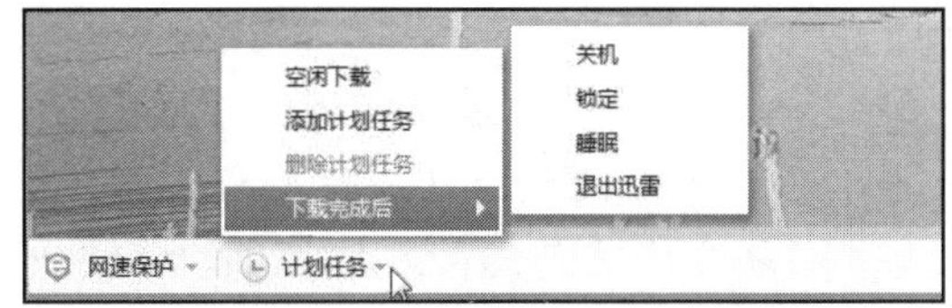

图 5-10　下载完成后自动关机

9. 皮肤主题恢复为默认

超级炫目的皮肤主题是迅雷 7 的特色，如果我们设计自己的主题后，想恢复原始迅雷的淡蓝主题，可以使用下面的方法：

（1）在菜单栏，单击皮肤主题图标。

（2）在弹出的对话框中，单击“我的皮肤”选项卡，选择第一个带有迅雷图标的图片，如图 5-11 所示。

（3）单击【设置】按钮，在“设置”对话框中，取消“开启透明效果”选项的选中状态，单击【确定】按钮。

图 5-11　皮肤主题恢复为默认的设置

思考与练习

1. 添加下载任务的方式有几种？分别是什么？
2. 更换界面皮肤。
3. 将任务放入“私人空间”。
4. 试用两种方式彻底删除任务。

5.2 金山快盘

任务导入

在工作、生活中，会积累很多文件，有的需要长时间保存，有的需要在不同地点使用，如果把这些文件保存到网络上，自己可以随时随地使用这些文件，将会给我们带来诸多便捷。

金山快盘是由金山软件研发的免费同步网盘，具备文件同步、文件备份和文件共享功能，覆盖 Windows/Mac/Ubuntu/Android/iOS/WP/Web 等七大平台，只要安装快盘各客户端，电脑、手机、平板、网站之间都能够直接跨平台互通互联，彻底抛弃 U 盘、移动硬盘和数据线，随时随地轻松访问你的个人文件。例如，利用快盘，你可以在家里和公司的电脑上用同一个账号登录，这样在公司将编辑过的文件保存到快盘后，回到家里打开快盘下的文件，可以把没做完的工作做到。通过快盘可以安全备份重要文件，有了快盘，我们可以和移动硬盘、U 盘等移动储存设备说再见了。

本任务介绍金山快盘的安装和使用方法。

学习目标

（1）会安装金山快盘。

（2）会使用金山快盘上传、下载文件。

（3）会对文件进行加密、整理。

任务实施

1. 金山快盘安装

（1）从金山快盘官方网站（http://www.kuaipan.cn/d/pc）下载金山快盘的安装文件。

（2）双击下载完成的安装文件，弹出安装向导对话框，如图 5-12 所示。

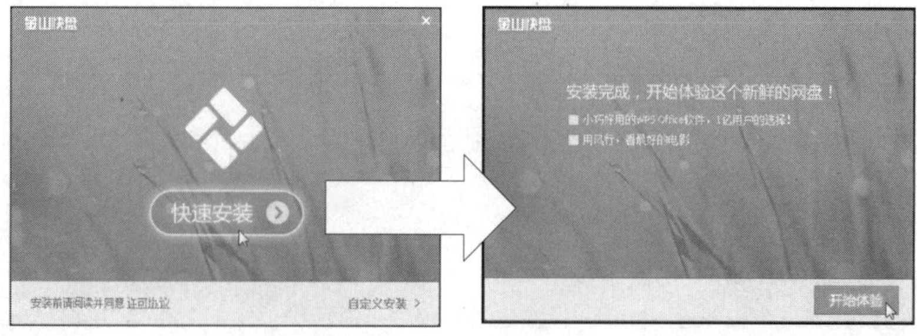

图 5-12　安装金山快盘

（3）单击【快速安装】按钮后，弹出安装进度对话框，用户等待进度结束。

（4）去除安装捆绑，单击【立即体验】按钮，安装结束。

2. 启动金山快盘

正确安装金山快盘后，系统会弹出登录界面，如图 5-13 所示，使用快盘账户或使用合作账户登录即可；也可双击桌面上的“快盘”快捷方式图标进行登录。

3. 创建金山快盘文件夹

（1）首次登录快盘后，会弹出“创建快盘文件夹”对话框，在对话框中可以设置文件夹位置。单击“下一步”按钮，弹出“是否对快盘文件夹设置锁定密码？”对话框，如图 5-14 所示。

（2）选择是否设置快盘密码，设置完成后，单击【下一步】按钮。

图 5-13　金山快盘登录界面

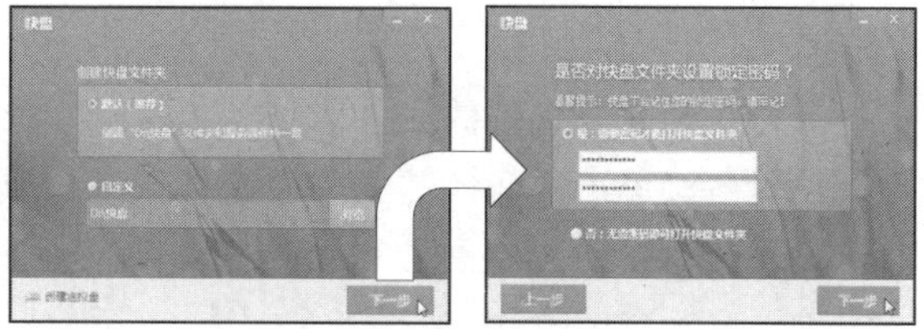

图 5-14　创建快盘文件夹

（3）选择需要同步到这台电脑的目录后，单击【打开快盘】按钮，如图 5-15 所示。

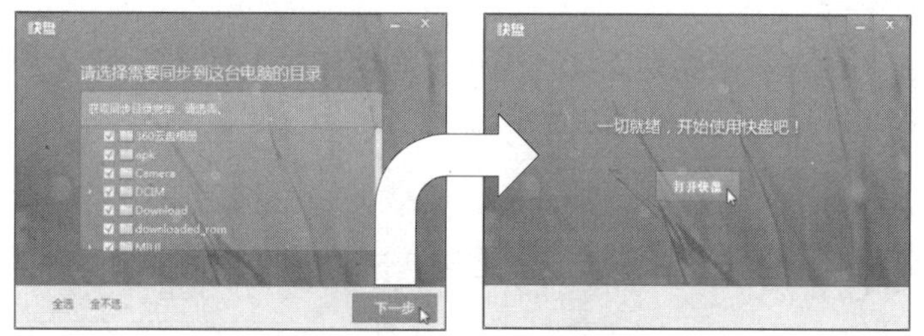

图 5-15　选择需要同步到这台电脑的目录

> **注意**
>
> 在创建文件夹时，也可选择创建虚拟盘，进行文件内容的储存。

4. 使用金山快盘

金山快盘安装完成后，在“计算机”资源管理器中就多了一个金山快盘的分区。它的使用方法相当于一般的移动硬盘。

为了更好地使用快盘，要先理解“同步”这个概念。在一台电脑的金山快盘里添加一个文件，那么快盘会自动把这个文件上传到金山的服务器。快盘也会自动把这个文件下载到其他用同一个账号登录的电脑上，这就是快盘的“同步”。

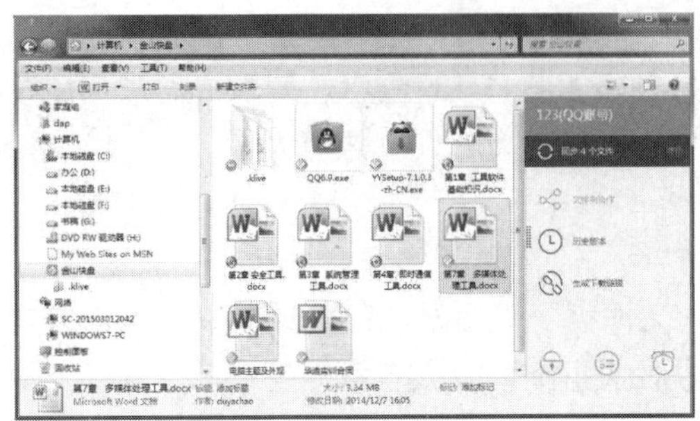

图 5-16　金山快盘的同步状态

快盘的同步状态如图 5-16 所示。

金山快盘下的文件在左下方的标志代表这个文件的同步状态。

（1）绿色标志，代表这个文件已经和服务器上的数据一致，也就是已经同步。

（2）蓝色标志，代表这个文件正在上传到服务器，也就是正在同步。

（3）灰色标志，代表文件不同步，可能是因为文件太大、文件名带有非法字符或位于他人共享给你的只读目录下等。当然，如果你自己在用户设置中选择文件夹为不同步状态，灰色的图标也会出现。

5. 备份文件到金山快盘

（1）找到需要备份的文件。

（2）右键单击，在快捷菜单中选择“备份到快盘”项。

（3）在“备份到快盘”对话框中，确定存放位置后单击【确定】按钮，如图 5-17 所示。

（4）在“金山快盘”分区中，就可以看到备份过来的文件了。

6. 锁定金山快盘

在金山快盘文件夹右侧是功能区，单击【锁定快盘】按钮，可以进行“立即锁定”“修改密码”“永久锁定”，如图 5-18 所示。

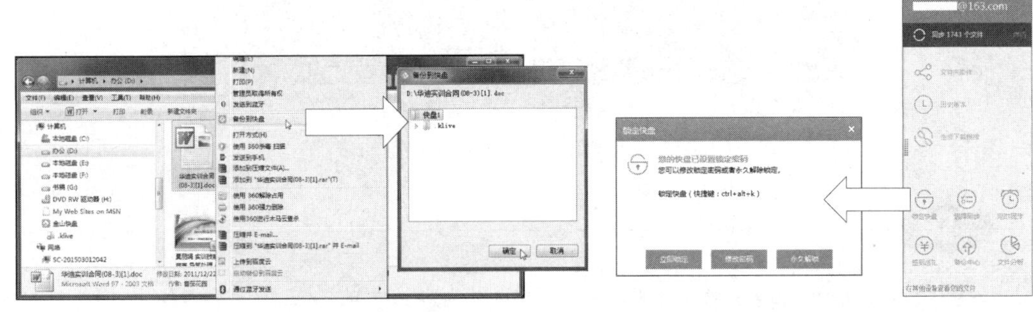

图 5-17　备份文件到金山快盘　　　　图 5-18　锁定快盘

当需要离开或者不再使用快盘时，可以将快盘锁定。

双击快盘可以进行解锁，解锁密码为创建文件夹时设置的密码。

7. 选择同步

使用金山快盘的“选择同步”功能可以进行文件同步。

（1）单击【选择同步】按钮，如图 5-19 所示。

（2）在弹出的“选择同步目录”对话框中，选择需要同步的文件，单击【确定】按钮即可。

8. 定时同步

如果感觉每使用一次就同步一次比较麻烦，可以设置定时同步。

（1）在快盘文件夹右侧功能区，单击【定时同步】按钮。

（2）在“定时同步”对话框中，根据需要进行设置，如图 5-20 所示。

（3）单击【确定】按钮。

图 5-19 选择同步

9. 签到送礼

单击【签到送礼】按钮，将打开“每日签到”对话框，如图 5-21 所示，可进行一次抽奖，奖品为储存空间，每天一小点，只增不减。

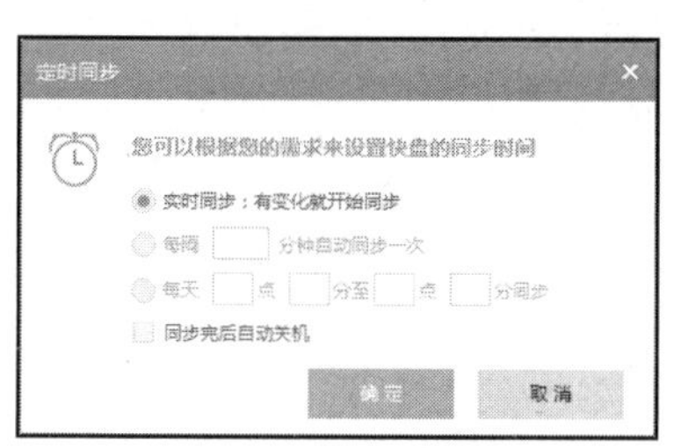

图 5-20 定时同步

图 5-21 每日签到

10. 备份中心

（1）在快盘文件夹右侧功能区，单击【备份中心】按钮。

（2）在弹出的“备份中心”对话框中，在左侧功能区可选择“闪电扫描”和“备份相机照片”两个功能，如图 5-22 所示。闪电扫描，可以对 NTFS 格式的硬盘进行扫描，主要针对于 Office 文档。备份相机照片，可以在设备连接到电脑时自动进行照片备份。

11. 文件分析

通过文件分析功能可以更方便地对快盘本地文件进行整理。

（1）在快盘文件夹右侧功能区中，单击【文件分析】按钮。

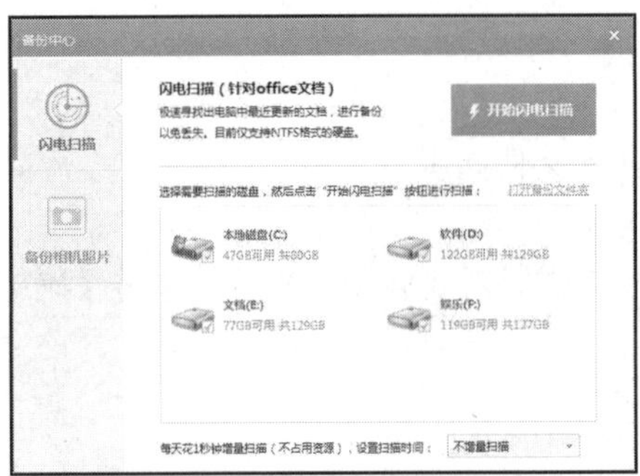

图 5-22　备份中心

（2）在弹出的“文件分析”对话框中，单击【开始分析】按钮。

（3）文件分析包括“文件分类”“较大文件”和“重复文件”三个子功能，如图 5-23 所示。

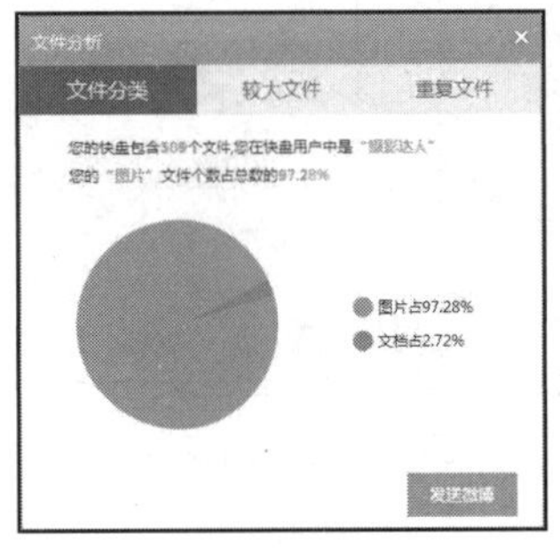

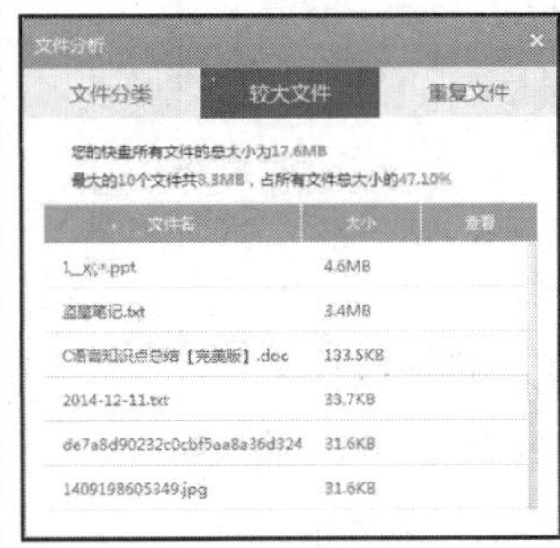

图 5-23　文件分析

思考与练习

1. 金山快盘的主要作用有哪些？
2. 下载和安装金山快盘。
3. 使用金山快盘进行文件备份。
4. 锁定并打开金山快盘。

5.3　Foxmail 客户端电子邮件管理工具

任务导入

过去人们之间的交流和沟通一般是通过书信、电话、电报等方式进行，在网络技术飞速发展的今天，网络通信以其即时性的特点开创了新型的交流方式。电子邮件作为 Internet 的基本服务，已被大多数人所接受。当使用 Web Mail

方式收发电子邮件时，需先通过 HTTP 方式登录服务商网站，输入用户名和密码，在 Web 页面中处理邮件信息。如果用户拥有多个不同的邮箱地址，又希望统一管理这些邮箱中的邮件信息，而且拥有基本固定的上网环境，就需要使用电子邮件客户端程序实现这些功能。

邮件管理工具是指能够收发电子邮件并能对电子邮件进行有效管理的工具软件。Foxmail 是一个著名的中文版客户端电子邮件管理工具，支持全部的 Internet 电子邮件功能，使用它可以实现多账户、多用户电子邮件的管理。

本任务学习 Foxmail 的安装和使用方法。

学习目标

（1）了解邮件收发的基本知识。

（2）会使用客户端电子邮件管理工具收发邮件。

（3）会使用客户端电子邮件管理工具管理多账户邮件。

任务实施

1. 安装 Foxmail

Foxmail 邮件客户端软件是中国最著名的软件产品之一，中文版使用人数超过 400 万，英文版的用户遍布 20 多个国家，列名“十大国产软件”。

（1）在很多软件网站中均提供 Foxmail 软件的免费下载服务，可使用搜索引擎从 Internet 中下载 Foxmail 的安装程序，或者直接在 Foxmail 官网“http://www.foxmail.com”下载，如图 5-24 所示。

（2）双击已下载到本地硬盘中的 Foxmail 安装程序，启动安装向导。

（3）确认选中“安装须同意 Foxmail7.2 的用户许可协议”项，单击【快速安装】。也可以单击“自定义安装”更改安装位置，如图 5-25 所示，然后再单击【立即安装】按钮。

（4）等待安装完成后，单击【完成】按钮完成安装。

图 5-24　下载 Foxmail 安装程序

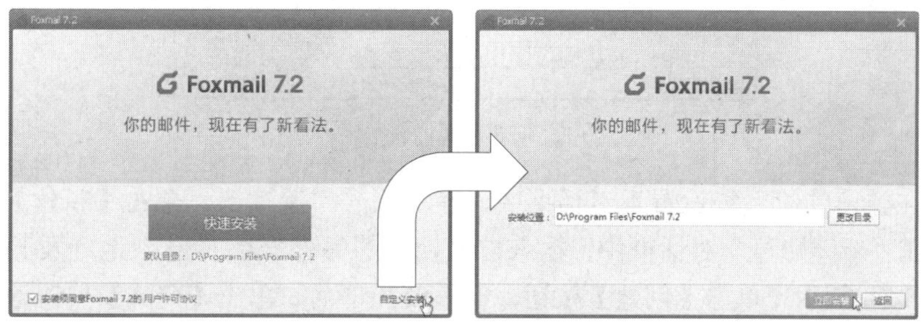

图 5-25　安装 Foxmail

2. 启动 Foxmail

正确安装 Foxmail 电子邮箱客户端后，软件会将快捷方式图标自动添加到桌面。

（1）双击桌面上的 Foxmail 快捷方式图标，将启动 Foxmail 电子邮箱客户端。

（2）在弹出的对话框中，单击【新建账号】按钮，如图 5-26 所示。

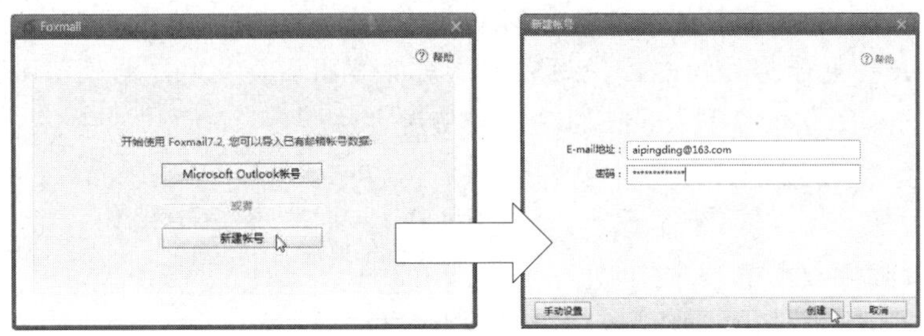

图 5-26 “新建账号”对话框

（3）在弹出的【新建账号】对话框中，输入 E-mail 地址和密码，单击【创建】按钮。

（4）在提示“设置成功”窗口中，单击【完成】按钮，弹出 Foxmail 电子邮箱客户端主界面，如图 5-27 所示。

图 5-27 Foxmail 主界面

3. 添加账户

（1）启动 Foxmail 电子邮箱客户端后，在其主窗口中，单击主界面右上方的【菜单】按钮≡。

（2）在弹出的下拉菜单选项中，选择“账号管理”命令，如图 5-28 所示。

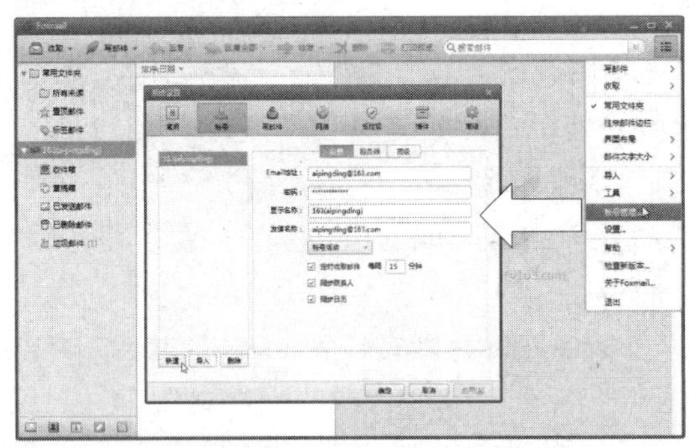

图 5-28 账号管理

（3）在弹出的“系统设置”对话框中，在“账号”选项卡，单击【新建】按钮。

（4）在“新建账号”对话框中，输入自己拥有的另外一个 E-mail 地址及其相应的密码，如图 5-29 所示，单击【创建】按钮，经系统验证后，单击【完成】按钮返回到“系统设置”对话框，最后单击【确定】按钮。

同样地，可以添加自己拥有的所有邮箱账户。

4. 收取电子邮件

在 Foxmail 中收取电子邮件十分简单，可以在主界面中直接单击【收取】按钮，收取当前用户所有账户中的邮件，也可直接按【F4】键收取邮件，如图 5-30 所示。

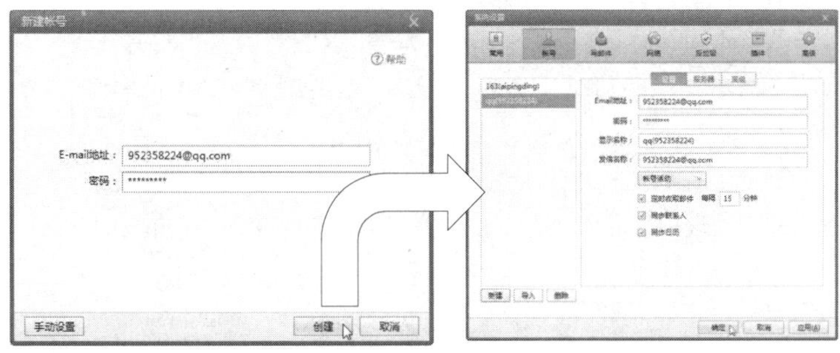

图 5-29 添加账号

图 5-30 收取邮件

邮件收取结束后，单击账户下的【收件箱】即可看到邮件。还未阅读的邮件前有蓝色圆形图标。单击一个邮件，邮件的内容即显示在右方的“邮件预览框”中。双击邮件，将打开新的邮件阅读窗口，便于阅读内容较多的邮件。

单击 Foxmail 中的【菜单】按钮，在下拉列表中可以选择“界面布局”命令改变文件内容窗口的位置，以便按不同的显示方式阅读邮件，如图 5-31 所示。

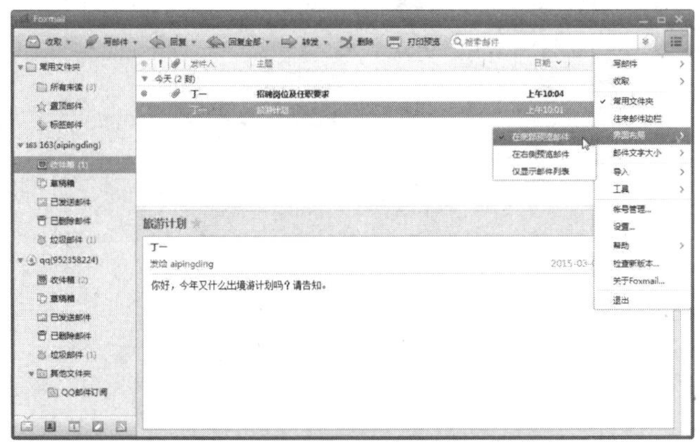

图 5-31 改变阅读邮件显示方式

如果需要处理附件，可在附件窗口中用鼠标指向附件，右击，在快捷菜单中执行“打开”或“另存为”命令，可以查看或将文件保存到某一文件夹，如图 5-32 所示。

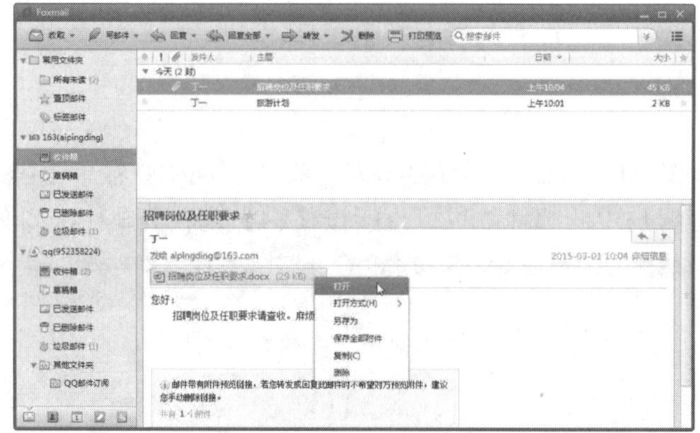

图 5-32　处理附件若希望在单独的窗口中阅读邮件，可双击邮件名称。

5. 发送电子邮件

（1）在 Foxmail 程序主界面上，单击工具栏中的【写邮件】按钮，打开“写邮件”邮件编辑器窗口。

（2）在“收件人”一栏中，填写收信人的 E-mail 地址。

如果你曾经与对方联系过，单击收件人一栏最后的“⊕”按钮，如图 5-33 所示，将打开“选择地址”对话框，双击对方的名字，则会在“收件人”一栏中自动填上对方地址，单击【确定】按钮返回到“写邮件”编辑器窗口。

（3）“主题”相当于一篇文章的题目，可以让收信人大致了解邮件可能的内容，也可以方便收信人管理邮件，不一定要填写。

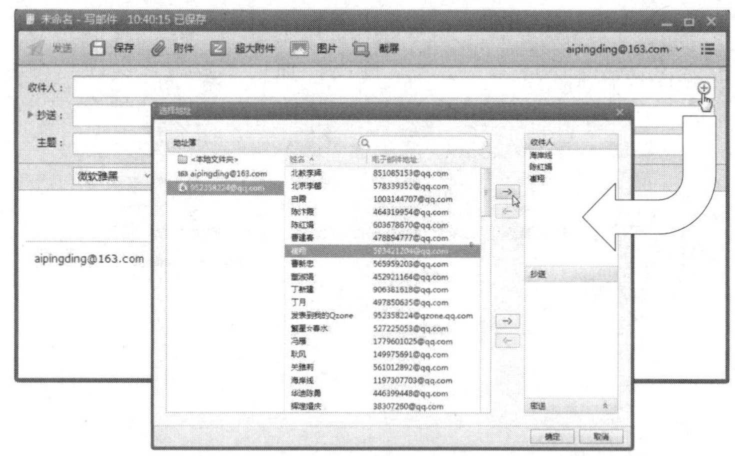

图 5-33　“选择地址”对话框

（4）如果需在“抄送”栏中填入另一个或多个电子邮件地址，可在将邮件发给收件人的同时，抄送邮件副本到抄送栏中的地址。注意，若存在多个抄送对象，应使用分号“;”将这些邮件地址分隔开。

（5）写好信后，单击工具栏中的【发送】按钮即可立即发送邮件，如图 5-34 所示。

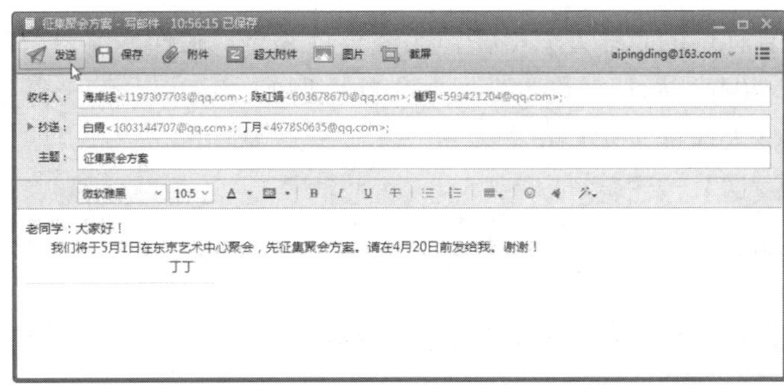

图 5-34　撰写新邮件

注意

单击 Foxmail 主界面工具栏上的【写邮件】按钮右边的“▼”按钮，在下拉菜单中可以选择“不使用模板”“HTML 邮件”“英文邮件”或“发起会议”，也可选择“模板管理”进行模板的管理。

在发送邮件时，系统会自动记录联系人信，这样可以方便以后发送邮件。该联系人的信息保存在联系人中，联系人在主界面左下第二个图标。

6. 向邮件中添加附件

如果需要将本机上的文件传送给某人，可以附件的形式传送。方法为：

（1）单击“写邮件”窗口工具栏中的【附件】按钮，如图 5-35 所示。

（2）在弹出的“打开”对话框中，选择希望作为附件的文件（如果有多个文件，可按住 Ctrl 键逐个选择），单击【打开】按钮将文件添加到邮件的附件栏中。

（3）添加完毕后，单击工具栏中【发送】按钮，将邮件及附件发送出去。

图 5-35　向邮件中添加附件

7. 转发电子邮件

收到电子邮件后，有时需要将邮件转发给第三人。方法为：

（1）选中或打开邮件。

（2）单击工具栏上的【转发】按钮，系统将打开“写邮件”窗口，并自动在原邮件主题前面添加“转发:”标记，作为转发邮件的主题。

（3）填写收件人地址及邮件正文。

（4）单击【发送】按钮。

8. 回复电子邮件

收到电子邮件后，有时需要对邮件涉及的问题予以答复。方法为：

（1）选中或打开邮件。

（2）单击工具栏上【回复】按钮。系统自动将原发件人添加到收件人栏中，并将原邮件的主题前面添加“回复:”标记，作为回复邮件的主题。

（3）填写相应的回复信息。

（4）单击【发送】按钮。

9. 新建联系人

有时会经常联系某些人，这时可以将常用的收件人邮箱账号添加到联系人地址簿中。其操作方法为：

（1）单击主界面左下角的【联系人】按钮，打开地址簿窗口。

（2）单击【新建联系人】按钮，弹出“联系人”对话框，如图 5-36 所示。

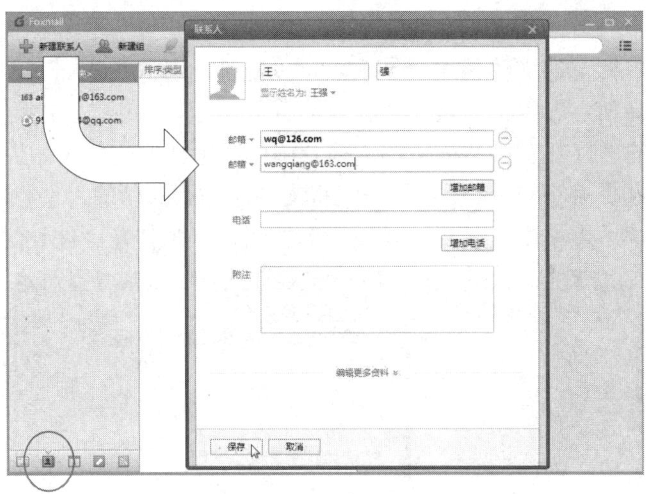

图 5-36 “联系人”对话框

（3）输入“姓”“名”“邮箱”。如果对方有多个邮箱，可以单击【增加邮箱】按钮进行添加，其中一个设为默认（字体为加粗显示）。当发邮件选择这个联系人时，邮件会发送默认的 E-mail 地址。

（4）如果需要填写联系人更详细的信息，可以单击【编辑更多资料】按钮。

（5）最后单击【保存】按钮。

10. 新建组

组是地址簿中具有同一性质联系人的集合，通过创建可以将相同属性的联系人归类。例如，可以建立一个名为“同学”的组，然后把地址簿中的同学的卡片添加进去。

（1）在联系人界面，单击【新建组】按钮，如图 5-37 所示。

（2）在“联系人”窗口中，在输入框输入组名。

（3）单击【添加成员】按钮，在“选择地址”对话框中选择需要添加的联系人，单击“添加”按钮 → 进行添加。

（4）添加完成后，单击【确定】按钮返回“联系人”窗口。

（5）单击【保存】按钮完成新建组。

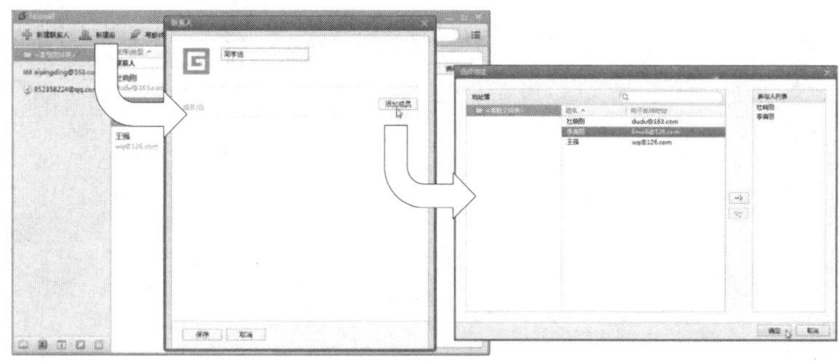

图 5-37 新建组

11. 恢复误删邮件

在使用 Foxmail 时，有时会将邮件误删除，这时可以利用恢复误删邮件功能来解决问题。在 Foxmail 中，清除邮件时并没有真正将其清除，而仅仅只是打上了一个删除标记，只有在执行了“压缩”操作后，系统才会真正将它们删除。

一般来讲，删除过的邮件会自动添加到“已删除邮件”中。

（1）在“已删除邮件”中右击已删邮件。

（2）在快捷菜单中执行“移动到→转到其他文件夹”命令，如图 5-38 所示。

（3）在打开的“选择文件夹”对话框中，选择需转移到的位置，单击【确定】按钮即可。

12. 使用阅读收条

在使用电子邮件的过程中往往会出现这样的情况，一封非常重要的邮件发出去了，对方却没有回音，令人十分纳闷和烦恼。现在可以利用电子邮件程序的阅读收条功能来设置，当对方打开邮件时，会自动弹出提示信息，让其回复是否收到邮件，这样问题就轻易解决了。

在“写邮件”窗口中，单击【菜单】按钮，在下拉列表中单击“阅读收条”，如图 5-39 所示，使其为选中状态即可。

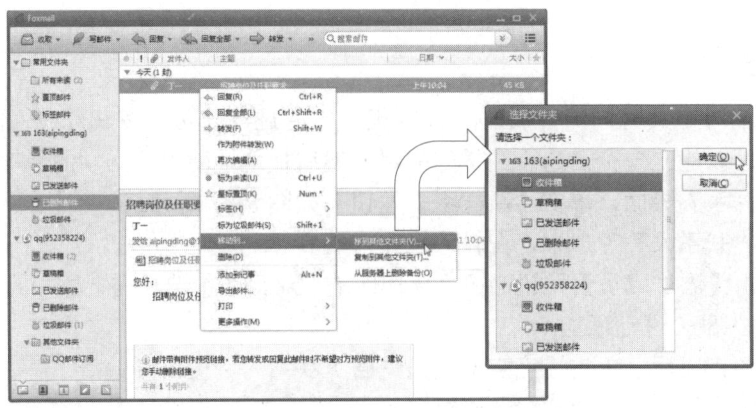

图 5-38　从“废件箱”中恢复邮件

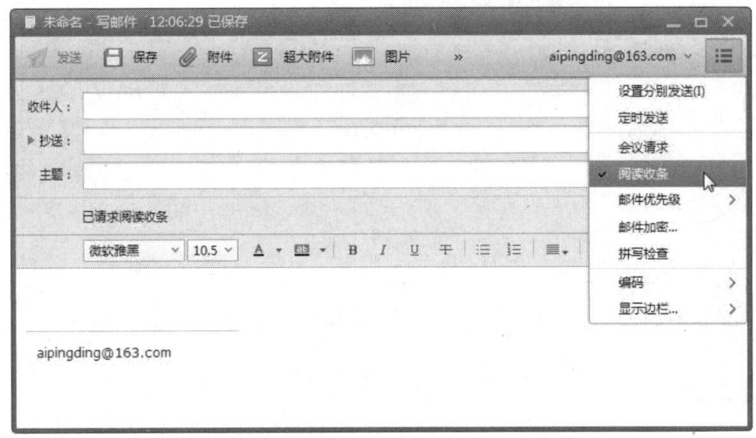

图 5-39　阅读收条

如果要对每封邮件都设置阅读收条，方法为：

（1）在 Foxmail 主界面中，单击右上角的【菜单】按钮下拉列表中的“账号管理”命令，如图 5-40 所示。

（2）在“系统设置”对话框中，执行“账号→高级”命令。

（3）选中“发邮件都请求阅读收条”项。

（4）单击【确定】按钮。

13. 设置定时发送

日常工作中，我们会遇到这样的困惑：某个特定时间段，要给一位很重要的客户发送一封 E-mail，时间过早或者太晚都不能满足对方的要求。而你恰好在那个时间段内有别的安排，不能守在电脑旁边，这时我们可以通过设置邮件定时发送来解决这个问题。

（1）在“写邮件”窗口中，单击右上角的【菜单】按钮，在下拉列表中选择“定时发送”命令，如图 5-41 所示。

（2）此时，在窗口中增加“定时”项，将其中的日期和时间修改为需要的日期和时间即可。

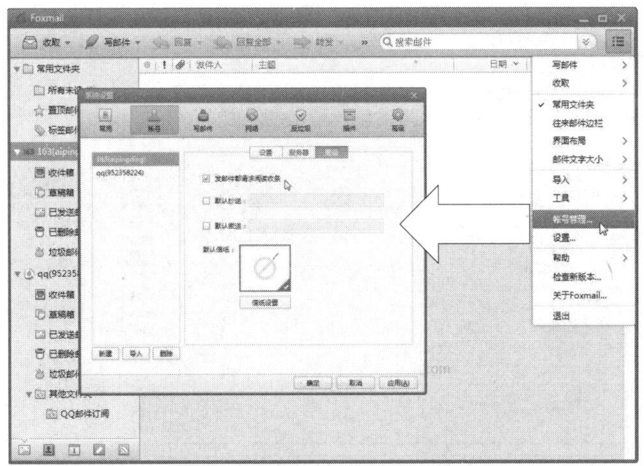

图 5-40 设置默认请求阅读收条

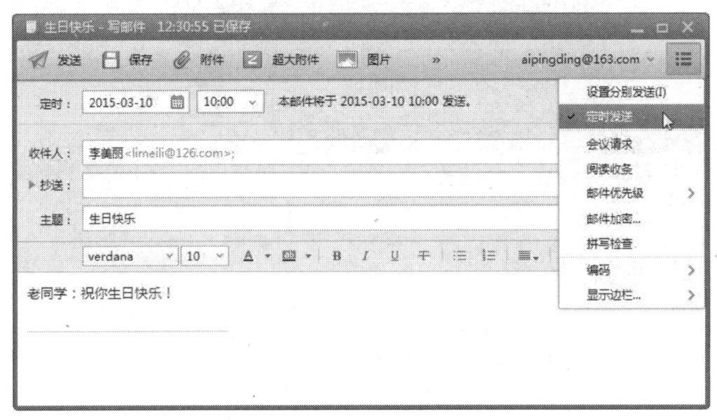

图5-41 定时发送

14. 使用邮件模板

若需要发送固定格式的邮件给用户，我们可以利用邮件模板功能来简化工作。

（1）在 Foxmail 主窗口，单击“菜单”按钮，执行“工具→模板管理”命令。

（2）在弹出的“模板管理”窗口中，如图 5-42 所示，单击【新建】按钮，为新建的模板起个名字。

（3）在窗口下面选择“新邮件”“回复”“转发”默认模板。

（4）单击“插入宏”下拉菜单，从中选择需要的标签，也可以输入需要插入的文本。

（5）单击【保存】按钮。

15. 邮件加密

在写邮件时对邮件进行加密处理，那么收件人在查看该邮件时需要输入密码才能查看。

（1）在“写邮件”窗口，单击“菜单”项，选择下拉列表中的“邮件加密”命令，如图 5-43 所示。

（2）在“邮件加密”对话框中，输入密码后，单击【确定】按钮。

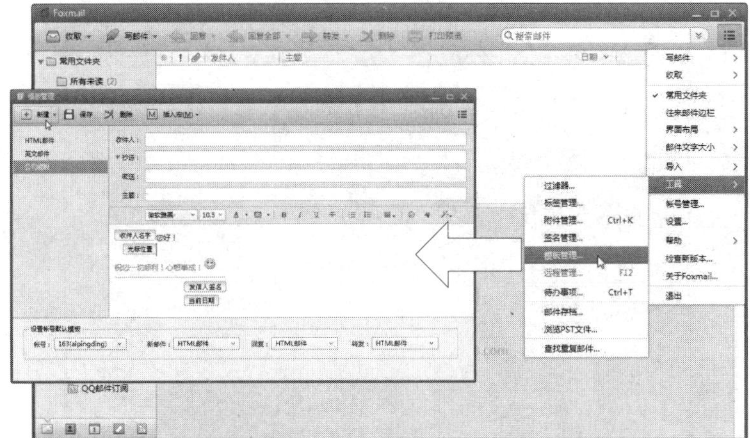

图 5-42 “模板管理”窗口

图 5-43 设置邮件密码

思考与练习

1. 使用 Foxmail 电子邮件客户端软件收发电子邮件与使用 Web Mail 方式到邮箱网页上收发电子邮件相比，有何优势?
2. 下载并安装 Foxmail，建立自己的邮箱账户。
3. 使用 Foxmail 收发电子邮件，并设置撰写模板。
4. 设置定时发送文件，以保证对方在生日当天收到祝福。

第6章 云办公

随着办公软件的普及和发展，越来越多的人们开始利用办公软件进行办公，而传统的办公软件往往存在使用复杂、跨平台能力弱、协同能力弱等缺点。如今的商业运作讲究团队协作，想要随时随地高效快速地进行办公，云办公软件是必不可少的。

广义上的云办公是指将政企办公完全建立在云计算技术基础上，从而实现降低办公成本、提高办公效率、低碳减排。

狭义上的云办公指以“办公文档”为中心，为政企提供文档编辑、存储、协作、沟通、移动办公、工作流程等云端 SaaS 服务（Software-as-a-Service 软件即服务）。云办公作为 IT 业界的发展方向，正在逐渐形成其独特的产业链与生态圈，并有别于传统办公软件市场。

本章主要介绍坚果云、百度云网盘客户端、360 云盘等的安装和使用方法。

6.1 坚果云

任务导入

我们在使用电脑进行办公时，经常需要把浏览到的资料保存下来以便随时使用，但有时会因存储问题，一些资料不能及时查阅。这时，若使用云盘进行文件存储，就可以随时随地编辑使用文件。

坚果云是上海亦存网络科技有限公司研发的，以便捷、安全可靠为核心目标的云存储产品，使用它可以随时随地访问自己的文件，轻松地将文件分享给其他用户。

坚果云提供随着用户使用时间的增加而变大的存储空间，目前免费。开始时，用户每月可上传 1.5GB 数据。坚果云也提供付费服务，包括面向个人的专业版和面向企业的团队版。

本任务将介绍坚果云的安装和使用方法。

学习目标

（1）会下载和安装坚果云。

（2）会同步文件。

（3）会创建多人协同办公文件夹。

（4）会与其他人快速分享文件。

任务实施

1. 坚果云的主要功能

（1）全平台自动同步。在每个设备安装坚果云客户端并登录同一账号，坚果云会自动帮用户将指定文件夹同步到所有设备中，用户即可通过多个设备（电脑、手机、平板）随时随地访问自己的文件。同时，用户还在任何一个设备中创建、修改的文件，也会实时同步到其他设备。即使用户的其他电脑处于关机或无网络连接状态也没有关系，坚果云会在该关机连接网络后立即将文件同步到最新状态。

（2）邀请伙伴同步。用户可以邀请伙伴与自己同步同一个文件夹，伙伴可以将该同步文件夹同步到自己的电脑，也可通过网页访问，轻松实现文档统一管理、协同办公和集中备份的需求。除此之外，还可以对伙伴设置可读写、只读、只写等访问权限。

（3）文件时光机。坚果云会保存所有文件一个月的历史版本，这些版本按照时间依次排列。你可以通过网页将任何一个文件恢复到指定的时间。使用文件时光机，用户不需要再像以往那样，在修改文件时为不同版本起不同的文件名；此时，他们可以在一个文件里放心编辑文件，坚果云会保存所有历史记录。通过文件时光机，用户甚至可以找回误删除的文件，而不用担心文件丢失。

（4）智能增量同步。用户在修改任意文件时，坚果云会通过智能分析，找出当前的文件和上一个版本之间修改的部分，在同步时只上传两个版本的差异部分，从而大大加快文件的同步速度、降低流量消耗。对于某些类型的文件，如文档、数据库存档记录、邮件存档等，该技术最高能将同步速度提高上百倍。

（5）加密备份。为了保证用户的数据安全，坚果云使用 AES 加密技术和冗余备份技术，保证用户的数据高度隐私且永不丢失，即便电脑损坏，仍可从云存储找回。

（6）局域网同步加速。自动发现局域网内的设备，P2P 智能传输，同步更快速，并且不消耗流量。

（7）一键 URL 分享。使用坚果云，可以一键获得文件或文件夹的分享链接（URL），将它发送给你的朋友们，他们可通过该链接下载你上传的文件、文件夹，或直接在线浏览。

（8）多文件夹同步。更直观的文件夹分类，具有“选择性同步”功能，例如，公司的文件无需同步到家里，家里的文件也没无需同步到公司。

无需改变任何用户使用习惯，已有文件没必要挪动地方，不用再像其他网盘那样把所有要备份的文件移动到同一个文件夹。

2. 下载和安装坚果云

（1）进入坚果云官网“https://jianguoyun.com”，如图 6-1 所示，单击【下载客户端】按钮，进入下载页面，单击【免费下载】，即可下载该软件的安装程序。

图 6-1 下载坚果云安装程序

（2）双击下载完成的安装文件，弹出安装向导对话框，如图 6-2 所示，单击【下一步】按钮。

（3）在“选择安装文件夹”对话框中，选择安装位置后，单击【下一步】按钮。

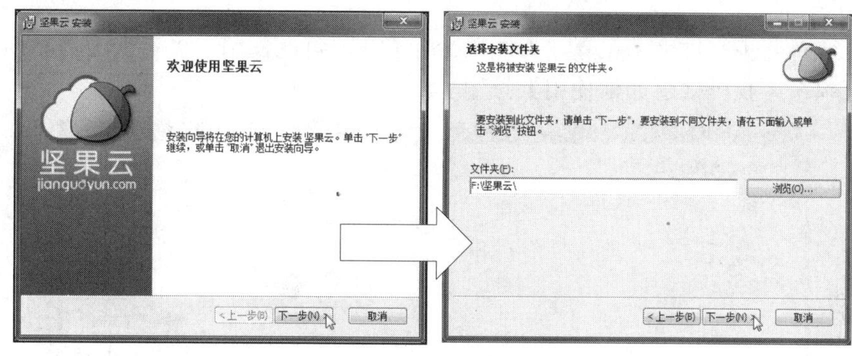

图 6-2 坚果云安装向导

（4）在“准备安装”窗口，提示安装过程将会重新启动桌面。单击“安装”按钮，如图 6-3 所示，等待安装完成后，单击【完成】按钮。

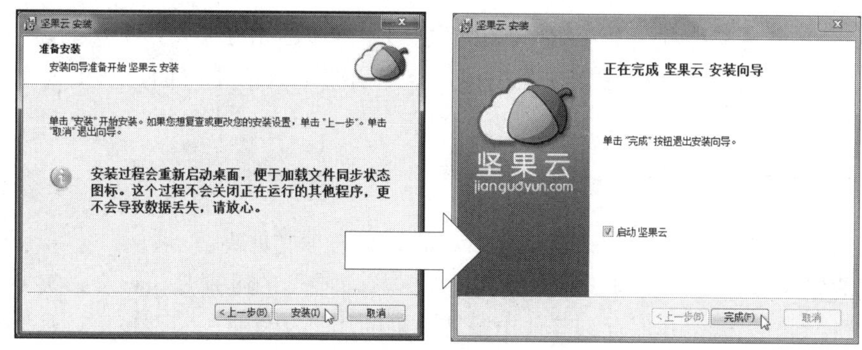

图 6-3 安装坚果云

3. 注册和登录

首次使用坚果云时，将弹出“欢迎使用坚果云”对话框。

（1）单击【注册】按钮，如图6-4所示。如果已有账号，可单击【登录】按钮进行登录。

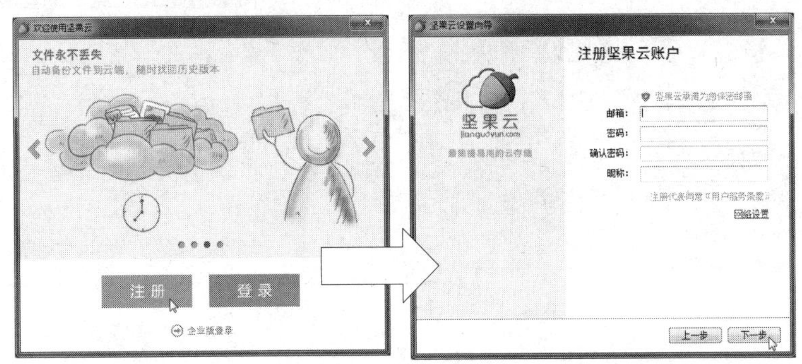

图6-4　注册坚果云账户

（2）在“坚果云设置向导”对话框中，在文本框中填写所需内容，单击【下一步】按钮。

（3）选择同步文件夹的位置，如图6-5所示。若首次使用，可单击【功能预览】按钮，也可单击【我已知道如何使用】按钮。

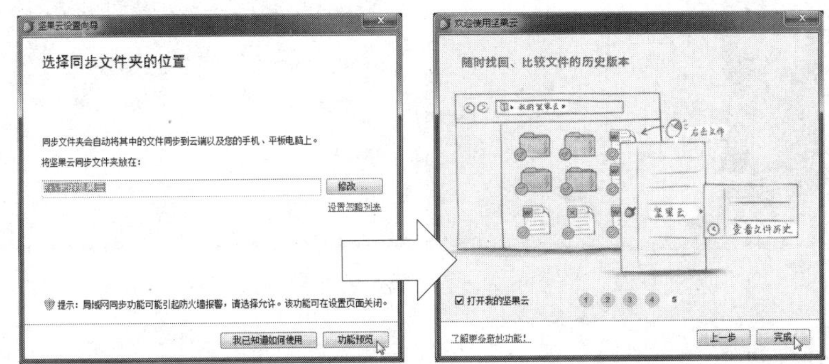

图6-5　选择位置

（4）若单击【功能预览】按钮，则在新窗口中连续单击【下一步】按钮。

（5）在最后的窗口单击【完成】按钮，将弹出坚果云的主界面，坚果云主界面如图6-6所示。

4. “我的坚果云”文件夹

安装坚果云客户端后，会自动创建“我的坚果云”文件夹。

“我的坚果云”文件夹与其他文件夹完全一样。唯一的区别是，该文件夹下的文件会自动上传到坚果云，并保存到其他电脑、手机的相同文件夹下。你也可以从坚果云网站访问该文件夹。

在该文件夹下，每个文件上都有一个表示同步状态的小图标，如图6-7所示。

图6-6 坚果云主界面

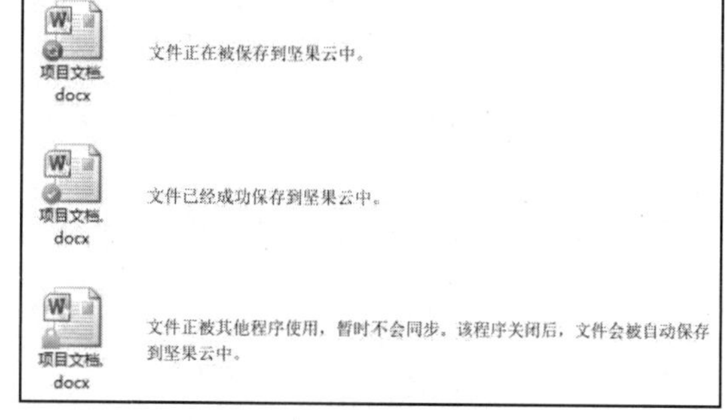

图6-7 文件同步状态图标

（1）蓝色小圈：表示文件正在被保存到坚果云中。

（2）绿色对勾：表示文件已经成功保存到坚果云中。

（3）黄色锁：表示文件正被其他程序使用，暂时不会同步。该程序关闭后，文件会被自动保存到坚果云中。

当文件被保存到坚果云后，坚果云将尽可能快速地将文件保存到其他电脑、手机上。

5. 坚果云状态栏图标

在操作系统的任务栏区域，可看到坚果云的图标，如图6-8所示。

（1）蓝色小圈：表示正在将文件同步到云端。

（2）绿色对勾：表示文件已被成功同步到云端。

（3）灰色：表示网络连接断开。

将鼠标放置在该图标上，可看到文件的同步状态，包括传输速度和预计剩余时间等。

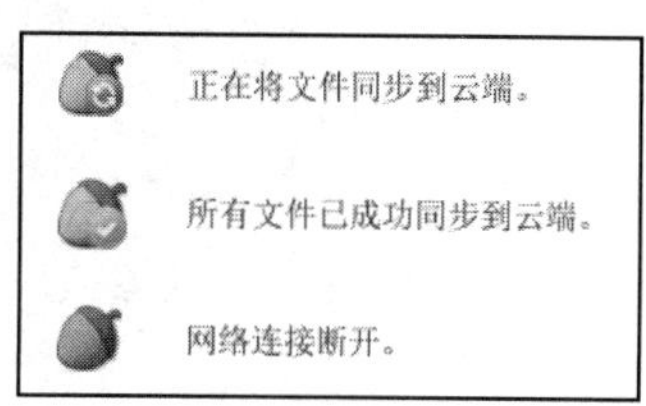

图6-8 坚果云状态图标

6. 同步文件

坚果云是一款非常易用的文件管理系统，可以全自动地帮助你共享文件、备份资料、随时随地移动办公。

“同步文件”就是让两个地方的文件保持一致。同步文件的方法很简单。

（1）在自己的电脑中，找到需要同步的文件，如图6-9所示。

（2）将该文件拖放在“我的坚果云”同步文件夹中。可以看到，文件上面出现了一个蓝色小圈，表示坚果云正在同步这个文件，稍等片刻，蓝色小圈变成了绿色对勾，说明这个文件已经同步完毕。

（3）打开坚果云网页，输入登录账号和密码后，可以看到这个文件已经存储在了服务器中，如图 6-10 所示。这样文件不仅得到了备份，而且你也可以随时随地通过网页或移动设备访问自己的文件。

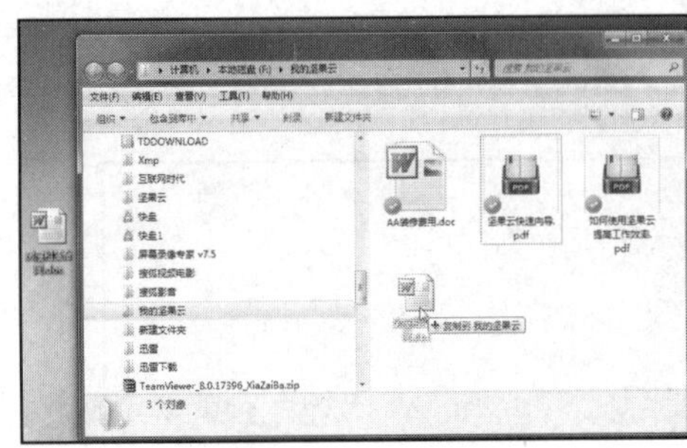

图 6-9　同步文件

图 6-10　在坚果云网页中查看文件

7. 利用快捷菜单创建多人同步文件夹

同事之间，需要频繁地交换、共享文件。通过 QQ 或邮件发送文件的方式，既浪费时间又容易造成文件版本不统一。坚果云可以在几个同事使用的设备上同步文件，任何人在其中创建、编辑文件，都会自动同步到其他人的电脑中，从而可以很方便地交换文件，无需手动发送，也不用担心版本不统一。

（1）右击需要与同事同步的文件夹。

（2）在快捷菜单中，单击“坚果云→邀请他人同步”命令，如图 6-11 所示。

（3）在“多人同步”设置向导中，确定要同步到文件夹后，单击【下一步】按钮，如图 6-12 所示。

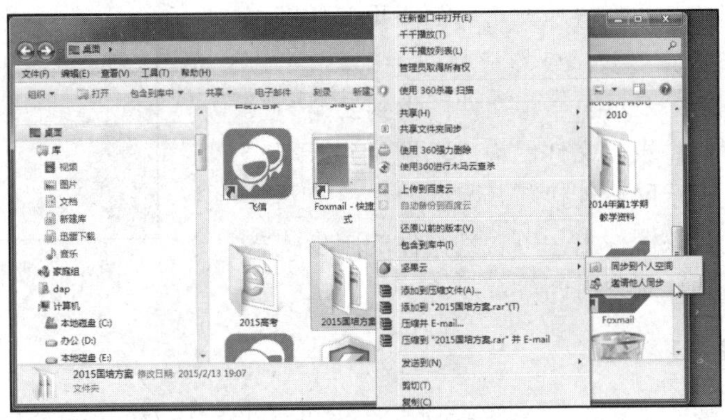

图 6-11　邀请他人同步

（4）在文本框中输入对方的账号，单击【添加】按钮。添加多人后，单击“下一步”按钮，坚果云会向你指定的同事发送邀请邮件。

（5）在提示“已向好友发送邮件通知”后，单击【完成】按钮。

（6）同事接受邀请后，即可将你电脑上的文件夹同步到他的电脑上，这时，你们就可以同时操作同一个文件夹了。

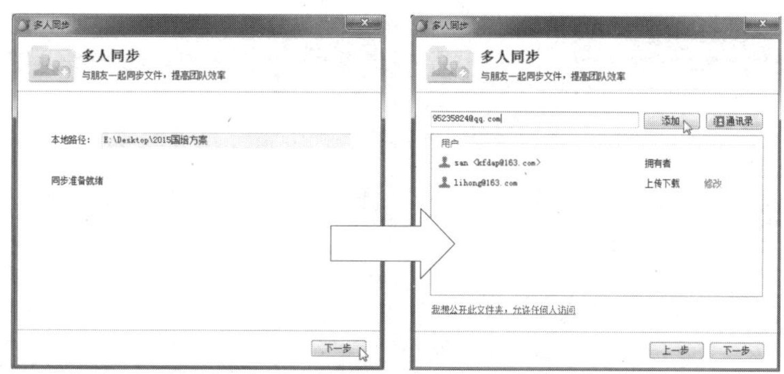

图 6-12 “多人同步”设置向导

8. 在坚果云网页创建多人同步文件夹

（1）在坚果云网页中，单击【创建同步文件夹】按钮，在下拉列表中选择“新建多人协同文件夹”项。

（2）在弹出的窗口中，输入文件夹名称以及可以访问此文件夹的成员，如图 6-13 所示，单击【确定】按钮即可。

9. 同时同步多个文件夹

坚果云可以同时同步电脑上的多个文件夹，即使它们在不同的磁盘分区也没有问题。你还可以分别设置每个同步文件夹的访问权限，以便灵活管理自己的文件。

图 6-13 在坚果云网页创建多人同步文件夹

（1）右击电脑上的任意文件夹，在快捷菜单中，执行“坚果云→同步到个人空间”命令，如图 6-14 所示，在“创建同步文件夹”对话框中，单击【确定】按钮，即可创建一个私有的同步文件夹。

（2）右键单击状态栏上的坚果云图标，在快捷菜单中，执行“同步文件夹→管理”命令，如图 6-15 所示。

（3）右键单击需要设置同步的文件夹，可以使用快捷菜单中的命令设置是否本地同步等。

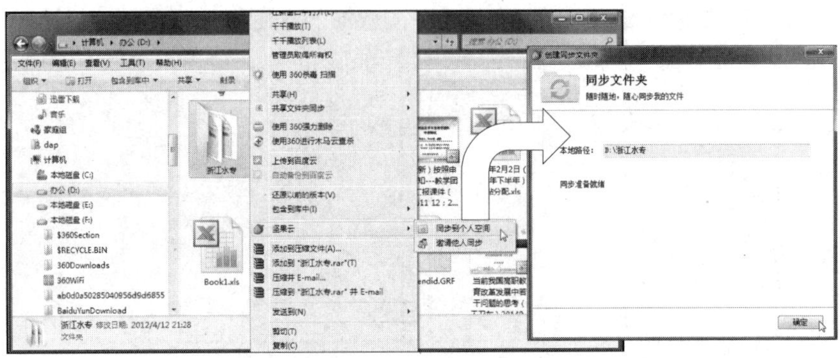

图 6-14　同步到个人空间

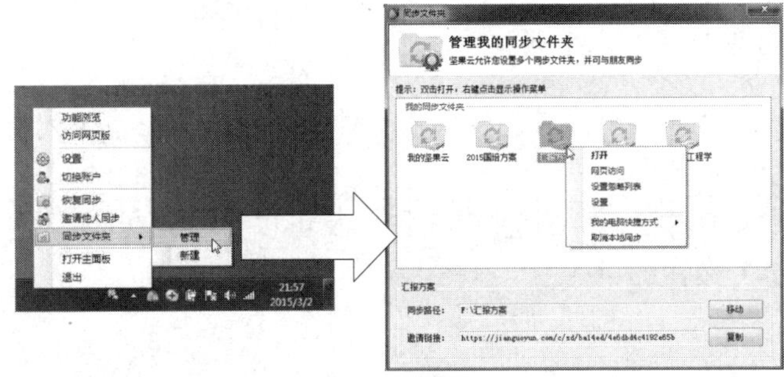

图 6-15　管理同步文件夹

10. 通过电子邮件发送文件

邮件是办公场合最常用的沟通方式，然而通过邮件发送文件费时费力，而且每次文件更新需要重新发送邮件。

坚果云可以通过电子邮件给同事发送文件。无需打开邮箱，无需上传附件，即便捷又安全。同事收到邮件后，可直接回复邮件，与你展开讨论，并且随时可看到文件的最新版本。

方法是：

（1）在被同步的文件或文件夹上，单击，在快捷菜单中，选择“坚果云→通过邮件发送”命令，如图 6-16 所示。

（2）在“邮件分享”对话框中，在“收件人”框中输入对方的 E-mail，也可以单击【通讯录】按钮添加联系人。

（3）在“正文”中输入你要说的话后，单击【发送】按钮。

11. 通过网页快速分享文件

你可以通过坚果云将一个文件或文件夹快速分享给同事、客户，供其通过网页查看访问。方法为：

（1）在被同步的文件或文件夹上右击，在快捷菜单中，选择“坚果云→获取访问链接”命令。

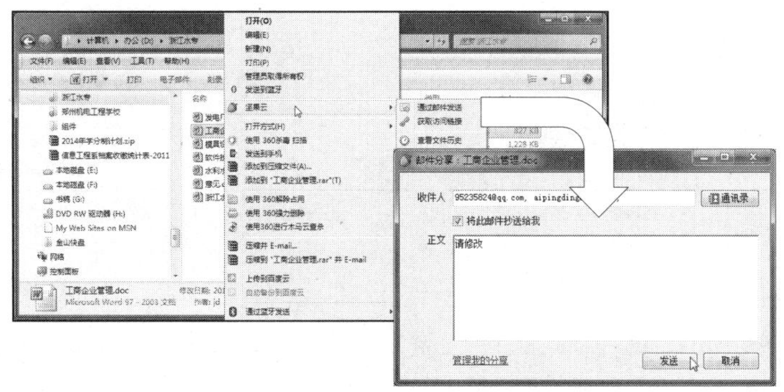

图 6-16 通过电子邮件发送文件

（2）在“分享”对话框中，如图 6-17 所示，单击【复制并关闭窗口】按钮。

（3）此时，你将生成的链接通过 QQ、微博发布出去，别人即可通过该链接访问你分享的文件或文件夹。

图 6-17 “分享”对话框中

12. 查看、比较文件历史版本

由于担心文件被改错，很多人在修改文件前，习惯将同一份文档保存好几个版本。这样不仅低效，而且容易弄错版本。

文件修改后，坚果云会自动帮你保存它的历史版本。你可以随时查看任何历史版本，甚至将历史版本与当前版本比较，以便查看差异。

在被同步的文件上右击，在快捷菜单中，选择“坚果云→查看文件历史”命令。在这里，你可以看到该文件在什么时间、被什么人修改过。你可以下载选中的文件版本，也可以比较选中的版本与最新版本之间的差异。

13. 平板、手机离线访问

随着平板电脑、智能手机的普及，移动办公已越来越普遍。工作不再局限于办公室，家里、出差时、上班路上可能随时开展工作。

坚果云可以自动将文件同步到你的平板、手机上，即使没有网络连接，也可以离线访问和修改文件，非常适合下班或出差前，快速把资料同步到移动设备上随时阅读。

（1）在移动设备上安装坚果云客户端后，登陆后即可看到被你同步的文件。

（2）选中经常需要离线访问的文件夹，单击【离线收藏】按钮。此后，每当你进入 Wi-Fi 网络，坚果云就会自动同步该文件夹，以备在离线时访问。

思考与练习

1. 同步一个本地文件夹。

2. 假设你是产品部门的经理，电脑上有一个叫做“产品信息”的文件夹，现在需要备份到坚果云的服务器中，并且要共享给同部门的其他同事，该如何操作？

6.2 百度云管家

任务导入

在使用云盘进行存储时，一些云盘往往不能满足用户工作、生活的各类需求。

百度云管家是百度公司推出的面向个人用户的云服务产品，可满足用户工作生活各类需求，已上线的产品包括网盘、个人主页、通讯录、相册、文章、记事本、短信、手机找回等功能。

本任务介绍百度云管家的安装和使用方法。

学习目标

（1）会安装百度云管家。

（2）会使用百度云管家上传、分享和下载文件。

（3）会对文件加密。

任务实施

1. 安装百度云管家

（1）用百度搜索“百度云管家下载”下载网址进行下载，也可以直接到官网“http://pan.baidu.com/download”下载百度云管家的安装程序，如图 6-18 所示。

（2）成功下载后，单击软件就可以安装了，系统默认的是自动安装（会把软件安装到 C 盘）。你也可以选择自定义安装，选择安装盘。

（3）下载后，打开百度云管家，登录百度账号，如图 6-19 所示。

2. 启动百度云管家

安装百度云管家后，软件会将快捷图标自动添加到桌面。双击该图标启动百度云管家，首次使用会出现登录界面，登录后进入主界面。百度云管家主界面如图 6-20 所示。

图 6-18　下载百度云管家

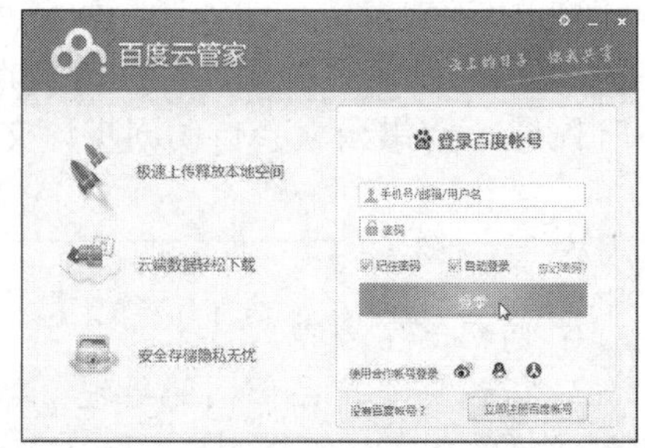

图 6-19　登录百度云管家

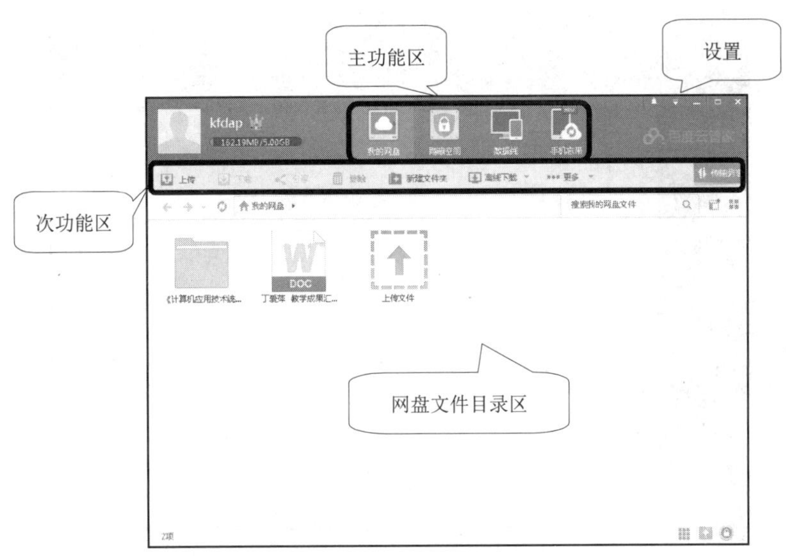

图 6-20　百度云管家主界面

3. 上传文件

上传文件的方法为：

（1）在百度云管家主界面的主功能区，单击【我的网盘】按钮。

（2）单击网盘文件目录区的【上传文件】按钮，如图 6-21 所示；或者单击次功能区上的【上传】按钮。

（3）在“请选择文件/文件夹”对话框中，选择需要上传的文件，单击【存入百度云】按钮，等待上传完成。

（4）单击主界面右方的【传输列表】按钮，可以查看文件传输列表，如图 6-22 所示。单击【收起】按钮返回主窗口。

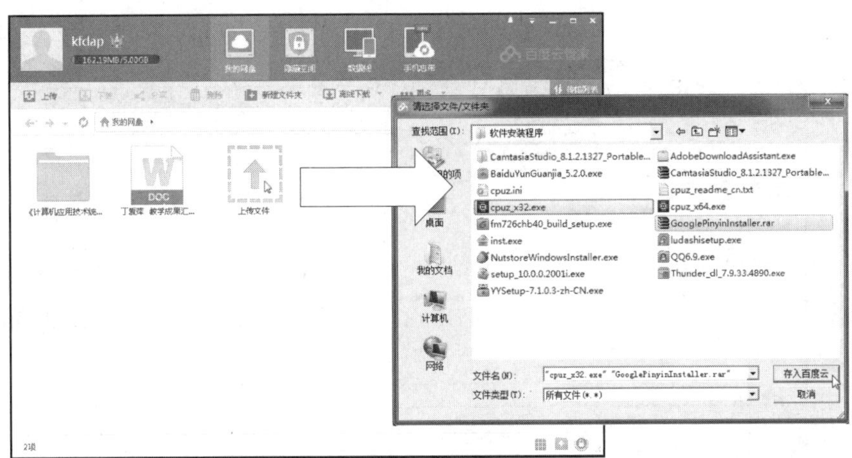

图 6-21　上传文件

图 6-22　文件传输列表

注意

当百度云管家启动后，在桌面会出现悬浮框，将文件拖曳至悬浮框或网盘文件目录，可将文件上传至网盘。

4. 分享文件

（1）在文件目录中找到需要分享的文件，打开右击，在快捷菜单中执行“分享”命令，如图 6-23 所示；或者单击次功能区的【分享】按钮。

（2）在弹出的“分享文件”对话框中，可以选择“公开分享”或“私密分享”。“公开分享”表示分享内容会对每个人开放，“私密分享”表示分享内容只对分享的人或有密码的开放。

图 6-23　分享文件

（3）单击【创建公开链接】按钮后，再单击【复制链接】按钮显示复制成功。这样就可以通过 QQ、微博等发布该链接。

5. 下载文件

（1）在文件目录选择需要下载的文件，单击次功能区中的【下载】按钮，如图 6-24 所示，或右击文件，在快捷菜单中单击【下载】命令。

（2）在“设置下载存储路径”对话框中，单击【浏览】按钮设置存储位置，然后单击【下载】按钮。

6. 隐藏空间

隐藏空间是在网盘的基础上专为用户打造的文件存储空间，可贴心保护私密文件。

（1）在主功能区选择“隐藏空间”功能，进入“隐藏空间”界面，如图 6-25 所示。

图 6-24 下载文件

图 6-25 进入“隐藏空间”界面

（2）单击【启用隐藏空间】按钮即可进入隐藏空间界面。首次启用隐藏空间时，需要创建安全密码，通过云管家访问隐藏空间需要输入密码方可进入。隐藏空间的基本操作和我的网盘相同，可执行上传、下载、删除、新建文件夹、重命名、移动等命令。

（3）在次功能区单击【添加】按钮，在“选择要移入的文件”对话框中，选中文件后单击【确定】按钮，如图 6-26 所示。移入隐藏空间的文件，暂时只支持在云管家浏览，不能在其他端（Android、iPhone、Web）查看，并且不能在其他端的图片时光轴和足迹功能中查看。

（4）如果删除隐藏空间的文件，文件删除后不会进入回收站，也就无法恢复。

（5）如果将分享的文件移入隐藏空间，会被取消分享。

（6）选中隐藏空间的文件后，可以通过“移出隐藏空间”命令将文件移出隐藏空间。

（7）通过“立即上锁”命令，可以立即锁上隐藏空间。

7. 数据线

在主功能区选择“数据线”功能，可以在同网络下登陆相同账号的百度云 Android 版本的手机与电脑之间传文件，如图 6-27 所示。

8. 手机忘带

在主功能区选择“手机忘带”功能，可以使用客户端查看手机通话记录，如图 6-28 所示。

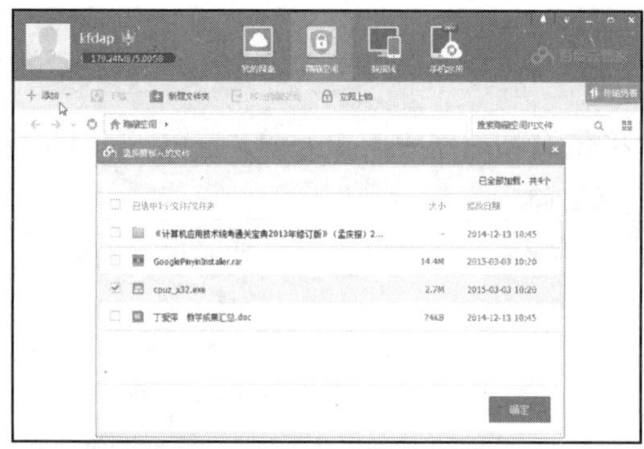
图 6-26　“选择要移入的文件”对话框

图 6-27　“数据线”功能

注意

使用该功能前，应该在手机百度云“发现—手机忘带”中开启该功能。

9. 锁定云管家

在“我的网盘”界面，单击右下角的【锁定云管家】按钮可以锁定云管家，如图 6-29 所示。锁定云管家后，再次打开云管家时需要输入密码。

10. 自动备份文件夹

通过百度云管家的自动备份文件夹功能，可以进行自动备份文件夹的添加和修改，可以选择备份本地的哪些文件夹，以及将这些文件夹备份到云端的路径。

（1）在“我的网盘”界面，单击右下角的【自动备份文件夹】按钮，如图 6-30 所示。

（2）单击【智能扫描】按钮，将自动把最近常用的文件夹列出，也可以手动选择要备份的文件夹。

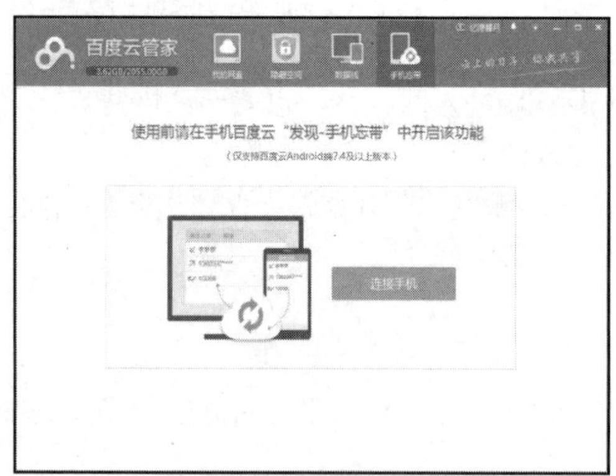

图 6-28　手机忘带

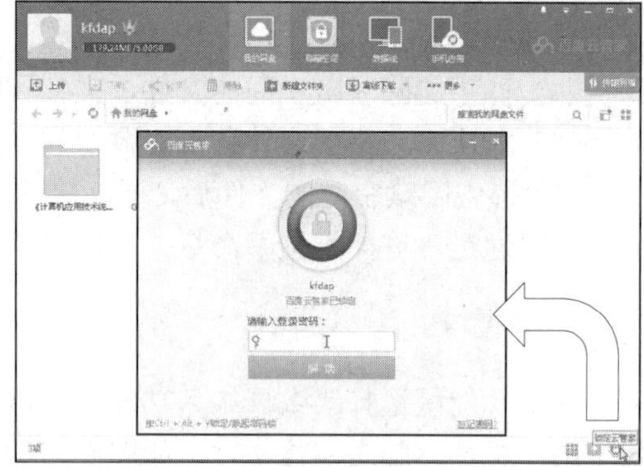
图 6-29　锁定云管家

（3）单击【备份到云端】按钮，选择备份到云端的路径。

注意

设置自动备份的文件夹后，如果你在本地该文件夹内的文件增加、修改时，会自动上传到云端。删除本地文件，云端不会删除。删除云端文件，也不会影响本地。

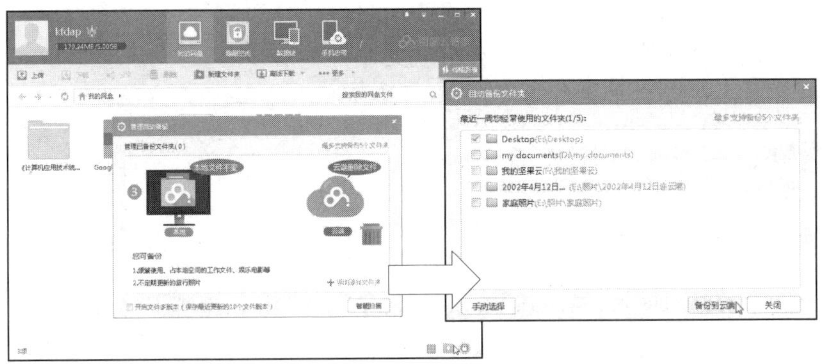

图 6-30　自动备份文件夹

思考与练习

1. 使用百度云管家上传并公开分享一个文件。
2. 将一个文件移入“隐藏空间”，再移出至“我的网盘”。
3. 锁定百度云管家。

6.3 360 云盘

任务导入

360 云盘是奇虎 360 科技的分享式云存储服务产品。为广大普通网民提供了存储容量大、免费、安全、便携、稳定的跨平台文件存储、备份、传递和共享服务。

360 云盘为每个用户提供了 18G 的免费初始容量空间，通过简单任务和抽奖可以扩容到 36G 甚至更多，足够存放 30000 份工作文档、6000 张珍贵照片或者 9000 多首流行歌曲，可满足日常所需。通过云盘网页版上传单个文件限制在 200MB 内，如果需要将更大文件上传到云盘，可以安装使用云盘客户端软件，支持上传的单个大小为 5G 以内的文件。

360 云盘除了提供最基本的文件上传下载服务外，还提供文件实时同步备份功能，只需将文件放到 360 云盘目录，360 云盘程序将自动上传这些文件至

360 云盘云存储服务中心；同时，在其他电脑登录云盘时，文件将自动同步下载到新电脑，实现多台电脑的文件同步。

本任务介绍 360 云盘的安装和使用方法。

学习目标

（1）会安装和注册 360 云盘。

（2）会使用 360 云盘上传、分享和下载文件。

（3）会将重要的文件放入保险箱。

任务实施

1. 申请使用 360 云盘

360 云盘除了有网页版、Windows 版外，还增加了 iPhone 版、Android 版的 360 云盘手机端。

360 云盘 iPhone 版已经正式登录 APPSTORE，iPhone 用户可以去 APPSTORE 下载。Android 用户也可以去 360 手机助手下载安装 360 云盘安卓版。

只要有 360 账号就可以登录使用云盘产品，登录时会有一步简单的激活流程，激活成功后就可使用。也可以在 360 云盘首页注册账户，直接使用。

下面以 Windows 版为例进行介绍。

2. 启动 360 云盘

在 360 安全卫士主界面中，单击 360 云盘即可启动并进入 360 云盘工作界面，如图 6-31 所示。

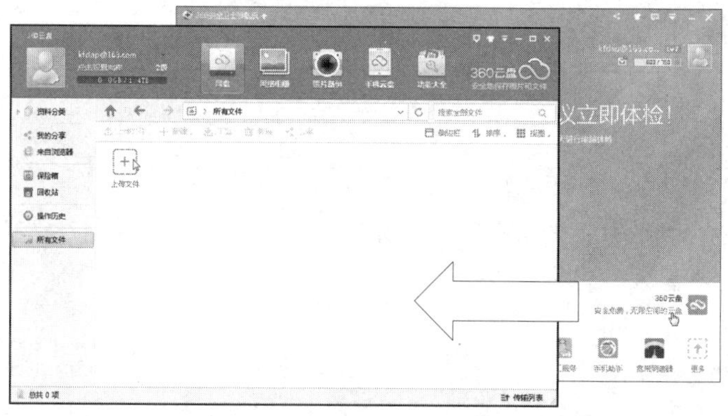

图 6-31　360 云盘工作界面

3. 上传文件

上传文件非常简单，在 360 云盘工作界面，单击“上传文件”，在打开的对话框中选择需要上传的文件即可。

也可以拖拽文件到云盘界面，还可以使用右键菜单的复制粘贴把文件传到云盘里。管理云盘文件与管理你电脑里的文件一样方便简单，双击就能打开。

4. 移动文件

为了管理的方便，我们可以将文件分类移动到文件夹中。

（1）单击【新建】按钮的下拉箭头，在下拉列表中单击“文件夹”即可建立一个新文件夹，修改文件夹名称（如“图片”）。

（2）拖动鼠标选中多个文件，如图 6-32 所示。

（3）右键单击选中的文件，在快捷菜单中单击“移动到”命令。

（4）在打开的对话框中，选择要移动到的文件夹，单击文件夹即可选中它。

（5）选择一个文件夹后，单击“确定”按钮，即可将文件移动到目标文件夹中。

图 6-32 在 360 云盘中移动文件

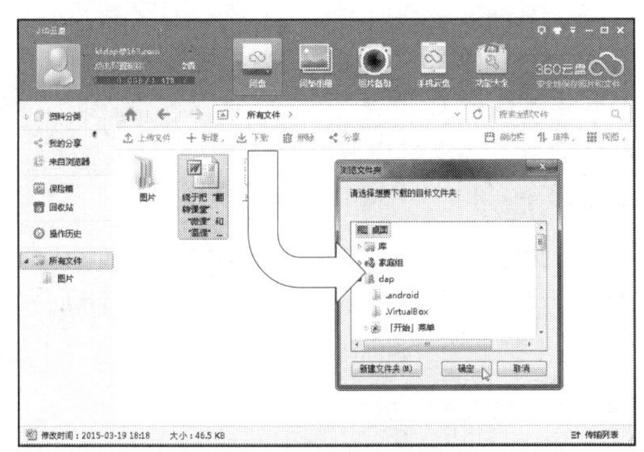

图 6-33 下载文件

5. 下载文件

我们上传文件的目的就是为了在将来下载它。

（1）选中要下载的文件或文件夹，如图 6-33 所示。

（2）单击工具栏上的【下载】按钮。

（3）在弹出的“浏览文件夹”中，选择要保存文件的位置，然后单击【确定】按钮。

6. 外链

外链是网盘的一个很重要的功能。外链就是一个链接，单击该链接就可以下载文件。为了让别人下载我们网盘中的内容，我们可以给文件设置一个外链。设置的方法如下：

（1）选中要分享的文件。

（2）单击工具栏上的【分享】按钮，如图 6-34 所示。

（3）在弹出的“分享”对话框中，可以看到编辑框中已经设置了分享地址和访问密码，单击【复制分享结果】按钮。

（4）将外链发给你的好友，他们即可通过该外链下载文件。

（5）关闭对话框，你会看到被分享的文件的图标发生了变化，下面有一个小手的标志。

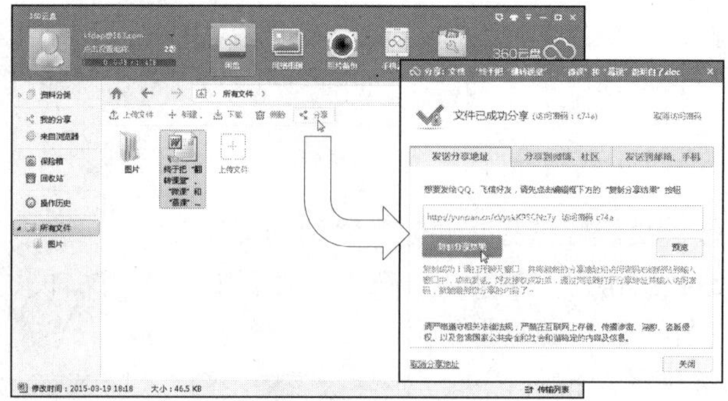

图 6-34　外链

7. 云盘回收站

在云盘客户端、网页等处进行的删除操作，360 云盘都将暂时将这些文件删除到云盘回收站。这样如果你进行了某些失误操作，想找回文件，就可以去云盘网页版回收站找回这些文件。方法为：

（1）单击左侧的“回收站”选项卡，如图 6-35 所示。

（2）单击右侧页面中【进入回收站】按钮，将弹出云盘网页版的回收站，在此可以看到已经删除的文件。

8. 保险箱

云盘在网盘中内置了保险箱，使保险箱文件独立于云盘文件系统，更多一重保护。

（1）单击左侧的“保险箱”选项卡，如图 6-36 所示。

（2）单击右侧页面中【启用保险箱】按钮，将弹出云盘网页版的保险箱。

（3）输入正确的密码才能打开保险箱，在打开的保险箱中可以上传文件，完毕后可单击【立即锁上保险箱】按钮。

图 6-35　云盘回收站

9. 功能大全

在 360 云盘的主界面，单击【功能大全】按钮，将列出 360 云盘提供的许多很实用的小工具，如图 6-37 所示。

图 6-36　保险箱

图 6-37　功能大全

每项工具名称下方都有功能说明，用户可以根据需要选用。

思考与练习

1. 使用 360 云盘上传并分享一个文件。
2. 将自己的私密文件放入“保险箱”。

第7章 图形图像处理工具

在计算机绚丽多彩的世界里，欣赏和处理漂亮的图形图像还需一些出色的图形图像工具。因此，涌现出了大批功能全面、各有特色的图形图像处理软件。

本章主要介绍目前最流行的美图秀秀、美图看看、抓图工具SnagIt、艾奇电子相册制作软件的安装和使用方法。

7.1 美图秀秀

任务导入

美图秀秀是一款简单易用的免费图片处理软件。美图秀秀独有的图片特效、美容、拼图、场景、边框、饰品等功能，加上每天更新的精选素材，可以让你快速制作出影楼级照片。

本任务介绍美图秀秀的安装和使用方法。

学习目标

（1）会安装美图秀秀。
（2）会对图片进行美化加工。
（3）会对照片进行瘦身瘦脸等美容处理。
（4）会给照片添加饰品、文字、边框等修饰。
（5）会使用场景制作出需要的专业级效果。

任务实施

1. 安装美图秀秀

（1）打开浏览器，登录美图秀秀官方网站“http://xiuxiu.meitu.com”进行下载，如

图 7-1 所示。

图 7-1　下载美图秀秀

（2）下载完成后会有安装提示，单击右下角的“立即安装美图秀秀”按钮，根据自己需求选择“美图秀秀”的安装位置，如图 7-2 所示。

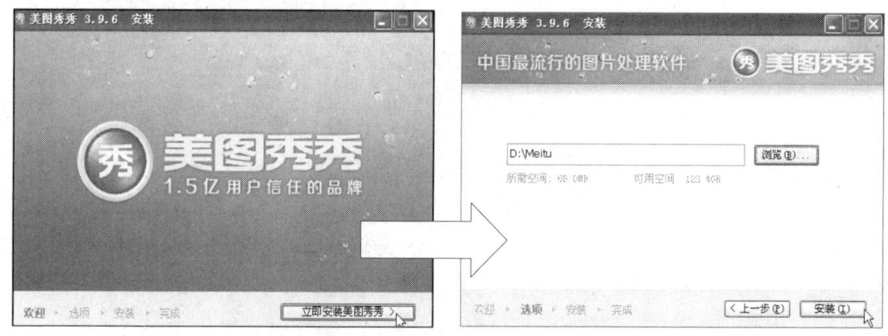

图 7-2　安装美图秀秀

（3）安装完成后，选中“立即运行美图秀秀”。

（4）单击【完成】按钮即可进入美图秀秀工作界面，如图 7-3 所示。

图 7-3　美图秀秀主界面

2. 美化图片

（1）在美图秀秀主界面中，单击【美化图片】按钮。

（2）在打开的“美化”选项卡中，单击【打开一张图片】按钮，如图 7-4 所示，选择需要美化加工的图片，然后就可以根据自己的爱好对图片进行一系列的美化加工。

图 7-4　打开一张图片

（3）图片的美化分为基础美化、高级美化和调色。

在“基础”标签中，进行基础美化，可以对图片的亮度、对比度、色彩饱和度、清晰度进行调整，让图片更加具有光泽色彩。基础美化还支持一键美化，使用【一键美化】按钮可以更方便快捷地对图片进行美化，如图 7-5 所示。

图 7-5　基础美化

在“高级”标签中，可以解决拍照时光线暗的问题，拖动“智能补光”滑块，如

图 7-6 所示，可以让图片不再因为光线不好而灰暗无光。“智能补光”右侧的箭头，可以撤销对图片微调所做的操作。

如图 7-6　高级美化

在“调色”标签中，拖动“调色”滑块，可以对图片的色彩进行调配，如图 7-7 所示，可以用自己喜爱的颜色，对图片进行色彩调整，让图片更具有色彩感。

图 7-7　调色

（4）美化功能还支持各种画笔功能，画笔的大小、透明度可以自己定义，画错了可以单击“橡皮擦”擦除。

3. 使用“涂鸦笔”

使用“涂鸦笔”中的画笔样式，可以对图片进行装饰。

（1）单击“涂鸦笔”，进入涂鸦窗口，如图 7-8 所示。

（2）在“画笔样式”标签中，选择一种样式。

（3）在“形状”标签中，选中箭头、心或五角星等图形。

（4）在“颜色”中选中某种颜色。

（5）在图片上拖动所添加的图形以添加形状。

图 7-8　涂鸦窗口

4. 各种画笔的作用

在“各种画笔”下，除了“涂鸦笔”外还有其他画笔，它们的作用主要是：

（1）消除笔：可以消除你不想要的小部分东西。

（2）抠图笔：可以按照自己的需要进行抠图，给图片更换背景、加特效。

（3）局部马赛克：可以模糊水印背景，不想让别人看到的图片上的景物都可以模糊掉。

（4）局部彩色笔：可以涂抹出你需要颜色的区域。

（5）局部变色笔：可以对头发、嘴唇、皮肤进行涂抹变色。

（6）背景虚化：可以涂抹出图片清晰的区域，可以涂抹虚化也可以圆形虚化。

（7）魔幻笔：拥有烟花棒、花瓣、四叶草等魔幻效果。

5. 图片美容

在美图秀秀的主界面中，单击“美容”选项卡，可以对皮肤、眼部、唇彩、头发、饰品等进行美化。下面以对某照片进行瘦脸瘦身为例，介绍操作方法：

（1）打开图片，在“美容”选项卡中，单击“瘦脸瘦身”，将弹出“瘦脸瘦身”对话框，如图 7-9 所示。

（2）单击【整体瘦身】按钮，调整“瘦身程度”大小。

（3）单击【局部瘦身】按钮，调整“瘦身笔大小”，用瘦身笔对人物手臂、腰、腿进行瘦身处理，然后单击“应用”。

（4）在“美化”菜单下，选择 50%的“人像→阿宝色”特效。

（5）选择“基础→锐化”特效即可。

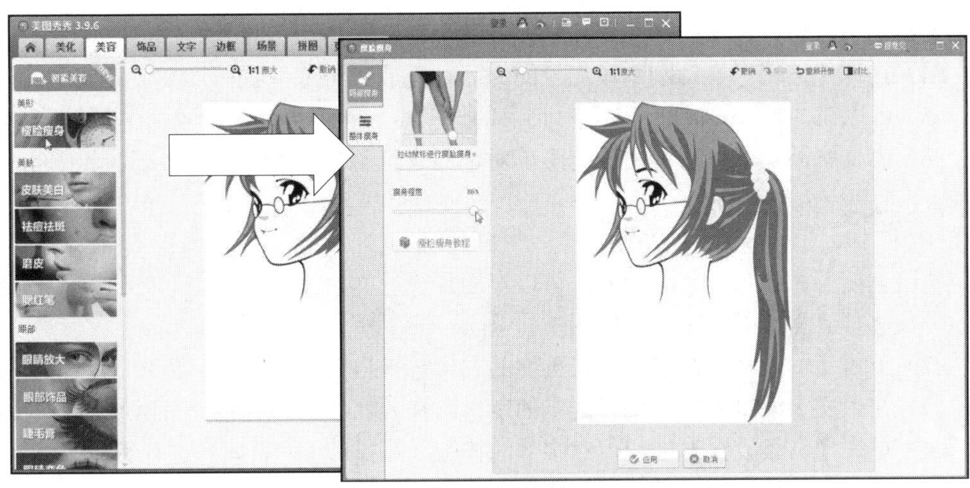

图 7-9　瘦脸瘦身

在“美容”选项卡中，还有许多非常实用的功能：

（1）皮肤美化，可以进行整体美白，也可以进行局部美白，也可以祛痘祛斑、对皮肤进行整体和局部的磨皮、给双腮打红笔。

（2）眼部美化，不仅可以对眼睛进行放大、变色、消除黑眼圈处理，也可以给眼睛添加睫毛、眉毛、眼影和美瞳，给睫毛涂抹睫毛膏。

（3）美图秀秀还可以给图片加纹身、腮红效果，给头发染色等。

6. 添加饰品

使用美图秀秀可以给图片添加饰品。

（1）选择“饰品”选项卡，如图 7-10 所示。

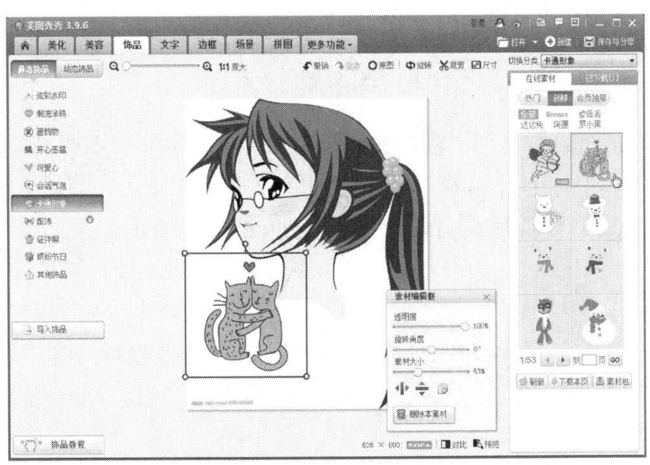

图 7-10　“饰品”选项卡

（2）单击想要添加的饰品类别，如“静态饰品”或“动态饰品”标签。

（3）在相应的选项下，选择自己添加饰品的类型（如“卡通形象”），然后在页面右侧的素材中单击想要添加的饰品，此时该饰品会自动添加到图片上。

（4）在图片编辑区拖动刚刚添加上的饰品，拖放到合适位置。

（5）可以在“素材编辑框”中，对饰品的透明度、旋转角度、素材大小等进行编辑。

（6）右击饰品框，可以利用快捷菜单对饰品进行删除或编辑。

7. 添加文字

使用美图秀秀的“文字”功能，可以对图片进行文字编辑。

（1）选择“文字”选项卡，如图 7-11 所示。

（2）单击【输入文字】按钮，在页面的右侧选择自己喜欢的文字特效。

（3）在“文字编辑框”中编辑文字的字体、样式、字号、旋转、透明度、颜色等。

（4）单击【高级设置】按钮，对字体的排版（横排/竖排）、阴影进行编辑。

（5）添加完毕后，单击【应用】按钮，将文字拖动到合适的位置。

（6）如果对编辑的文字不满意，可以单击右侧的【删除文字】按钮删除编辑的文本。

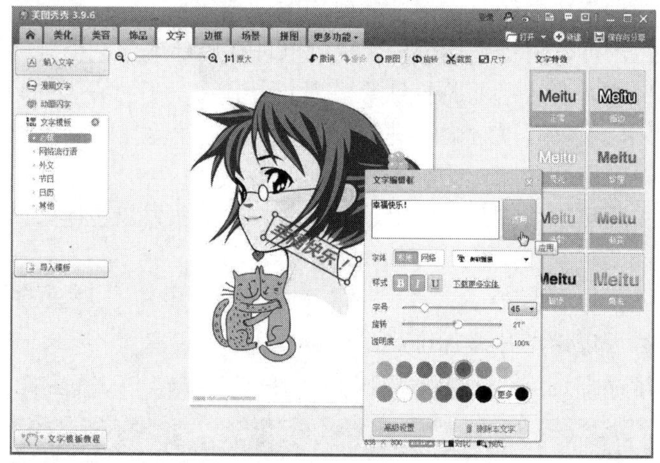

图 7-11　添加文字

在添加文字时，还可以使用“漫画文字”和“动画闪字”来添加漫画文字和动画文字。

在“文字模版”中，还可以添加心情、网络流行语、外文、节日、日历等文字模板，并且都可以在页面右侧对模板素材进行选择，如图 7-12 所示。

8. 添加边框

使用“边框”功能，可以为图片添加多种多样的漂亮边框，如“简单边框”“轻松边框”“文字边框”“撕边边框”“炫彩边框”“纹理边框”和“动画边框”。

（1）简单边框。

① 运行美图秀秀，按提示打开一幅图片。

② 单击标题栏上的“边框”选项卡切换至边框页面，如图 7-13 所示。

图 7-12 文字模板

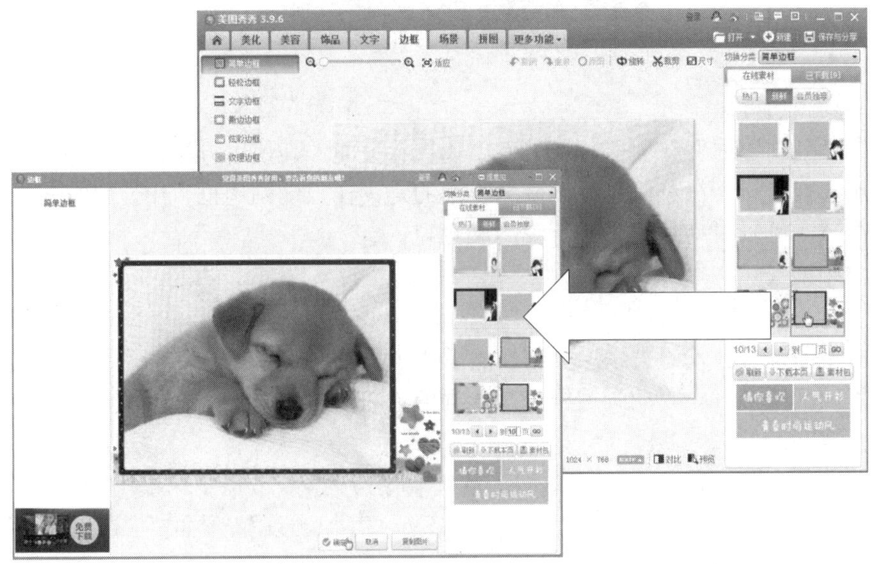

图 7-13 简单边框

③ 在页面左侧单击“简单边框”标签，页面右侧会出现很多边框素材以供选择，单击喜欢的边框即可。

④ 此时页面会自动跳转到“边框”页面，可以看到图片加上边框的效果。如果不满意，可以单击右侧的素材更换边框。效果满意后单击【确定】按钮。

⑤ 单击标题栏上的【保存与分享】按钮，在弹出的“保存与分享”对话框中，设置好保存的路径、名称等，单击【保存】按钮。

（2）文字边框。

① 打开一幅图片，单击标“边框”选项卡切换至边框页面。

② 在页面左侧单击“文字边框”标签，在页面右侧选择一个素材。

③ 在“文件边框”编辑页面，如图 7-14 所示，左侧会出现边框文字、日期、字体、颜色编辑框，可以根据自己的喜好对文字和文字的字体颜色进行编辑。

另外，在素材上面的“切换分类”中，还可以单击下拉框选择边框类型。

除了上述的边框效果外，美图秀秀还提供了“轻松边框”“撕边边框”“炫彩边框”“纹理边框”等，其使用方式与“文字边框”雷同，在此不再一一介绍。

图 7-14　文字边框

（3）动画边框。

单击“动画边框”选项卡，将进入“场景”页面，其使用方法与其他边框一样，也是在右侧选择素材，在左侧进行调整。不同的是，在“动画边框”中，可以对动画的速度进行调节，可以对动画场景进行编辑和预览。

9. 添加场景

单击“场景”进入场景添加页面，然后在页面左侧可以选择“静态场景”和“动画场景”（“动画场景”与“动画边框”是一样的），也可以添加“抠图背景”。

（1）静态场景。

静态场景内有“逼真场景”“拼图场景”“非主流场景”“可爱场景”“桌面场景”“宝宝场景”“明星场景”“节日场景”“日历场景”和“其他场景”。下面以“日历场景”为例。

① 打开一幅图片，单击“场景”选项卡切换至场景页面。

② 在页面左侧单击“静态场景”标签，选择“日历场景”。

③ 在页面右侧“在线素材”中选择“2015”“11”（表示 2015 年 11 月），选择一个素材，将进入“场景”窗口，如图 7-15 所示。

④ 在“场景调整”中，拖动选择框微调图片大小和位置。

⑤ 依次双击剩余的图片框，选择需要的图片，并调整图片大小和位置。

⑥ 单击【确定】按钮。

（2）动画场景。

美图秀秀的动画场景功能可以将多张照片加入到动态的场景之中，制作出不同效果的动画闪图。虽然“动画场景”制作出来的是动画效果，但制作过程非常简单。

① 在“场景”选项卡中，单击“动画场景”标签。

② 在右侧选择喜欢的场景后，将会打开“动画场景”编辑框。

图 7-15　静态场景

③ 在“编辑动画场景”中，单击“替换”可以替换场景中的图片，如图 7-16 所示。

图 7-16　动画场景

④ 当所有图片都调整好后，可单击【预览动画效果】按钮查看预览动画。

⑤ 拖动“速度调节”滑块来控制动画速度。

⑥ 效果满意后，单击【保存】按钮。

（3）抠图背景。

抠图背景内有“杂志背景”“风景背景”“可爱背景”“桌面背景”和“明星背景”，可以将图片中的主要角色变身于不同的背景中。

① 打开一幅图片。

② 选择“抠图”选项卡，单击“抠图换背景”标签，在下拉列表中选择某一背景类别，如“杂志背景”，如图 7-17 所示。

③ 单击【开始抠图】按钮，在弹出的“请选择一种抠图样式”对话框中进行选择，如“自由抠图”。

④ 在要抠图的区域上划线，并调节各个节点的位置以使抠出的图片更加完美，单击【完成抠图】按钮。

图 7-17　开始抠图

⑤ 在页面右侧选择抠图后图片的背景素材，即可完成抠图背景的添加，如图 7-18 所示。

图 7-18　抠图背景

10. 拼图

使用拼图功能，可以将几张喜欢的图片随意拼在一起，既简单又有个性。

（1）自由拼图。

① 单击“拼图”选项卡进入拼图页面，单击“自由拼图”选项卡。

② 单击【添加多张图片】按钮，在“打开多张图片”对话框中，按下【Ctrl】键选择想要拼图的多张图片，单击【打开】按钮。

③ 单击某张图片，在“图片设置”中调整图片的大小、透明度、旋转、边框样式，拖动图片移动到合适的位置，如图 7-19 所示。也可以单击页面上侧的“随机排版”，随机变换图片位置。

④ 在页面左侧换一个满意的背景。

⑤ 单击【确定】按钮。

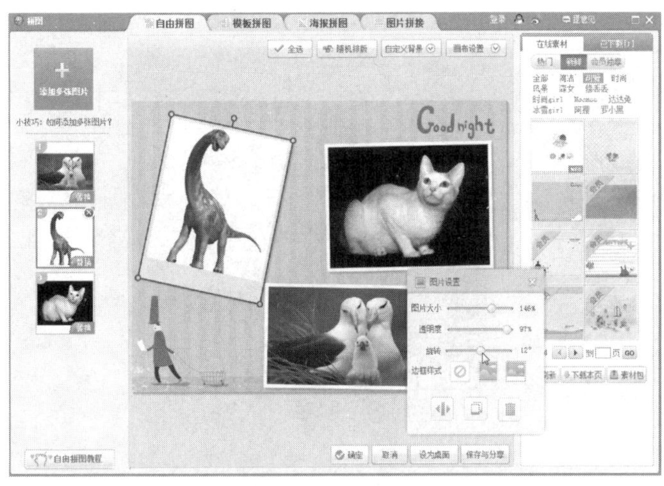

图-19　自由拼图

（2）模板拼图。

① 在“拼图”页面中，单击“模板拼图”选项卡进入模板拼图页面。

② 单击【添加多张图片】按钮，添加若干图片。

③ 在右侧选择一个喜欢的模板。

④ 拖动图片可以直接调换图片的位置，还可以对图片进行旋转、左右翻转、替换和删除操作，如图 7-20 所示。

图 7-20　模板拼图

⑤ 单击【随机效果】按钮可以一键设置拼图的边框、底纹、画布等效果，如图 7-21 所示。也可以单击【选择边框】、【选择底纹】、【画布设置】按钮，在相应的下拉列表中进行设置。

（3）海报拼图。

① 单击“海报拼图”选项卡，如图 7-22 所示。

② 选择要进行拼图的图片。

图 7-21　模板拼图的随机效果

③ 在右侧选择素材。

④ 选中图片，对图片大小进行调整，对图片进行旋转、翻转、替换和删除操作。

图 7-22　海报拼图

（4）图片拼接。

① 单击“图片拼接”选项卡。

② 单击左侧的“添加多张图片”，选择要拼接的多张图片。

③ 单击页面上面的【切换竖版】或【切换横版】按钮，可以对所选图片横竖版进行切换，如图 7-23 所示。

④ 单击【选择边框】按钮，拖动滑块可以设置边框的大小，单击“画布设置”中的某一颜色可以设置画布中的颜色。

⑤ 单击【修改尺寸】按钮，在“宽”和“高”的输入栏中输入尺寸数值，可以修改拼接的图片大小。

图 7-23　图片拼接

11. 九格切图

九格切图是将图片平均切割为九格，但还是一张图。美图秀秀的“九格切图”功能，可以将图片切成不同的形状，而且还有各种不同的特效供选择。

（1）单击“更多功能”选项卡，然后单击【九格切图】按钮，如图 7-24 所示。

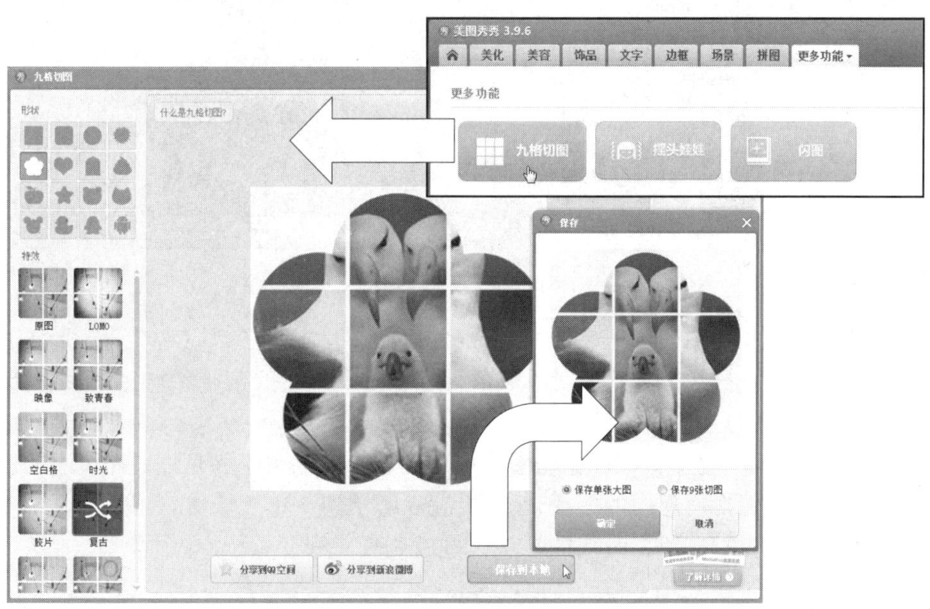

图 7-24　九格切图

（2）根据提示选择一幅图片，打开后即处理成默认的九格切图。

（3）在“形状”中，选择某一形状。鼠标拖动图片对图片的位置进行调整。

（4）在“特效”中，选择一个特效。

（5）单击【保存到本地】按钮，在“保存”对话框中，选择“保存单张大图”还是“保存 9 张切图”，最后单击【确定】按钮。

12. 摇头娃娃

在 QQ 群里经常可看到网友发的动感图片，其头部会一闪一闪的，这就是“摇头娃娃”。使用美图秀秀可以轻松制作自己的摇头娃娃。简单地说，“摇头娃娃”就是把人物头部抠下后套用在素材“身体”上。素材包括单人摇头娃娃和多人摇头娃娃在内的多套素材，而且处理后无需先保存就可以直接粘贴到 QQ 对话框中作为聊天表情，深得广大网友的好评。

（1）单击“更多功能”选项卡，然后单击【摇头娃娃】按钮。

（2）单击【打开一张图片】按钮，选择图片。

（3）单击【开始抠图】按钮，在“抠图”窗口中有 3 种抠图方法。选择“手动抠图”，拖动鼠标使起始点和终点闭合即可完成抠图。用鼠标拉动上面的每一个黑圆圈，可以调节未抠好的区域，如图 7-25 所示。

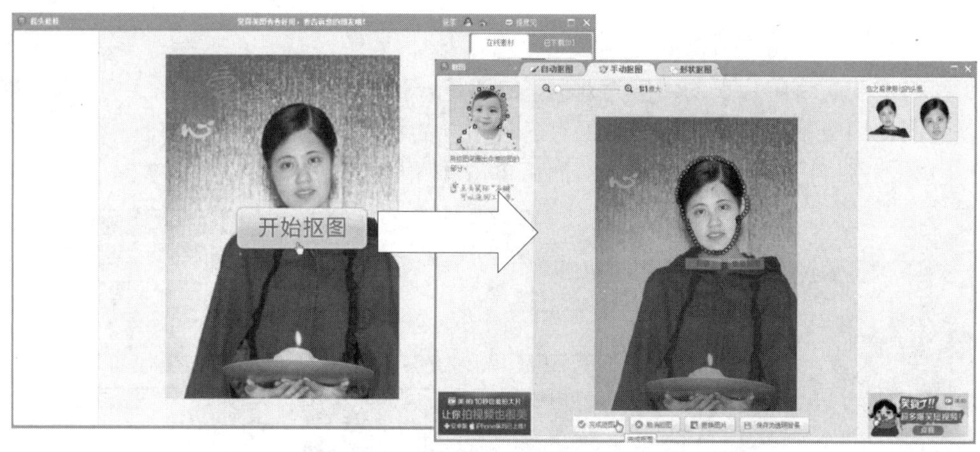

图 7-25　手动抠图

（4）单击【完成抠图】按钮完成抠图。

（5）在右侧的素材区中，选择“单人”标签“时尚”中的某一素材。如果选择“多人”，需要抠多个人的头像。

（6）单击【编辑头像】按钮，拖动图片可以调整头像的大小和角度。在页面的左侧，单击“替换”可以替换不想用的图片，如图 7-26 所示。

（7）单击“保存”按钮，时尚的摇头娃娃就制作完成了。

13. 闪图

闪图是给一张图片制作闪动效果或将多幅图片叠合在一起，造成人的视觉错觉，感官上是一幅图，事实是多幅图。

（1）单击“更多功能”选项卡，然后单击【闪图】按钮。

（2）单击【打开一张图片】按钮，选择图片。

（3）在页面的右侧，选择素材。

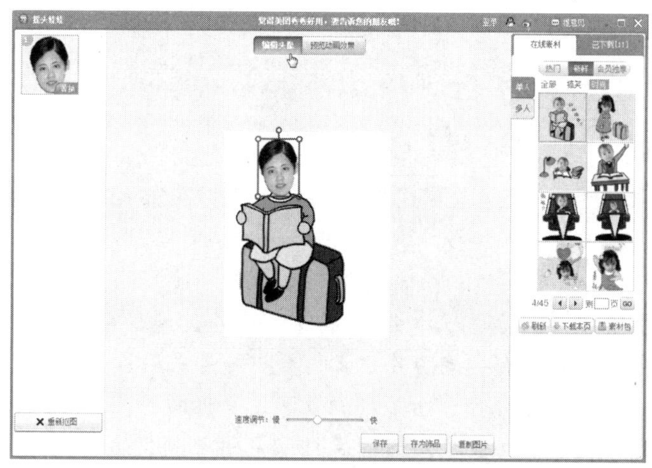

图 7-26　编辑头像

（4）在页面左侧，单击“自定义闪图”，如图 7-27 所示，然后添加图片。可以添加多张图片进行闪图的制作。

（5）单击【编辑闪图】按钮，调整图片显示位置。

（6）单击【修改闪图大小】按钮，在打开的对话框中可以设置图片大小。

（7）单击【保存】按钮。

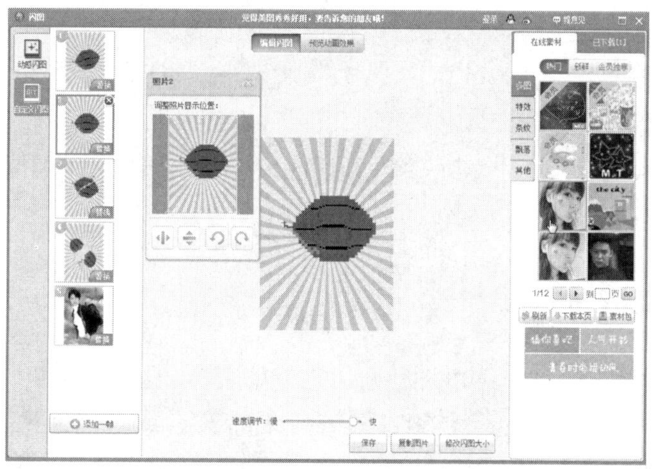

图 7-27　制作闪图

思考与练习

1. 下载和安装美图秀秀。
2. 对自己的照片进行美化。
3. 给图片添加饰品、文字、边框。
4. 用自己的照片制作日历。
5. 把自己的照片制作成摇头娃娃并作为 QQ 聊天的表情。

7.2 美图看看

任务导入

美图看看是由美图秀秀团队免费推出的，是目前最小最快的万能看图软件，可完美兼容所有主流图片格式。美图看看采用自主研发的图像引擎，专门针对数码照片优化，使大图片的浏览性能全面提升，用户好评度极高。

美图看看通过独家多线程运算技术使图片预览速度更快，即点即看。同时支持多达 43 种图像格式，并可直接预览 PDF 文档格式，直接转换图片格式、尺寸、重命名。美图看看还可以把图片分享到腾讯微博、新浪微博、人人网和 QQ 空间相册等，方便快捷。

本任务介绍美图看看的安装和使用方法。

学习目标

（1）会下载和安装美图看看。

（2）会快速浏览、查看图片。

（3）会批量编辑美化图片。

（4）会把图片分享到腾讯微博、新浪微博、人人网和 QQ 空间相册。

任务实施

1. 下载和安装美图看看

（1）进入美图看看官网“http://Kan.meitu.com”，单击“立即下载”，如图 7-28 所示。

图 7-28　下载美图看看

（2）选择好下载位置后，单击【保存】按钮。

（3）双击已经下载的安装程序中，在安装向导中单击【立即安装】按钮，如图 7-29 所示。

（4）在“选择安装位置”中，单击【浏览】按钮选择安装目标文件夹。

（5）单击【安装】按钮，将显示安装进度条，稍等片刻安装完毕，单击【完成】按钮即可。

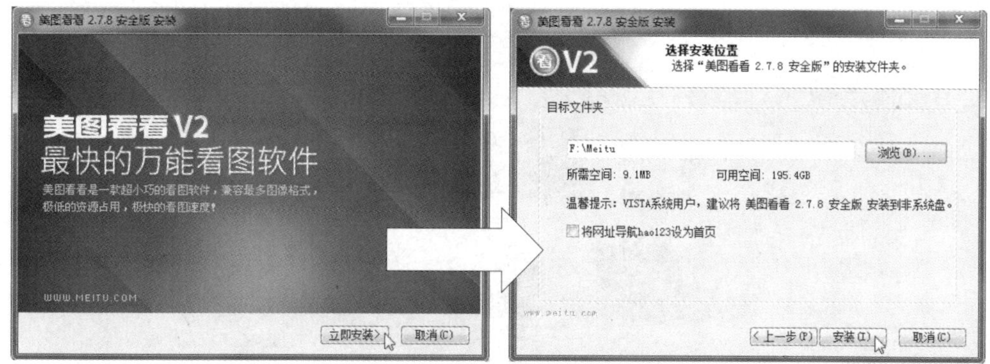

图 7-29　安装美图看看

2. 浏览图片

（1）双击运行“美图看看”，将打开“美图看看”主窗口，如图 7-30 所示。

（2）选择图片所在的位置，在右侧将显示出该位置的图片。

图 7-30　美图看看主窗口

（3）单击选择一张图片后，单击图片上方心形的【收藏】按钮“❤”，可以对图片进行收藏。

（4）拖动“缩略图尺寸”滑块，可以放大图片尺寸。

（5）单击窗口下面的【播放幻灯片】按钮，可以以幻灯片的形式看图片。

3. 改变图片浏览的顺序

在美图看看主界面中，单击右上角的“排序”下拉箭头，在下拉列表中，可以选择各种自己想要的排序方式，如图 7-31 所示，可以按照文件名称、文件大小、修改日期、图片类型等对图片进行排序。

图 7-31　排序方式

另外，在主界面右侧的空白处，右击，在快捷菜单的“排序方式”中对其排序进行设置。默认按照文件名称排列。

4. 穿透文件夹

美图看看的“穿透文件夹”功能，可以显示某路径下所有文件夹内的图片。

例如，在当前文件夹没有图片，但子文件夹下有图片，此时可以单击【穿透文件夹】按钮浏览和管理所有子文件夹中的图片，如图 7-32 所示。

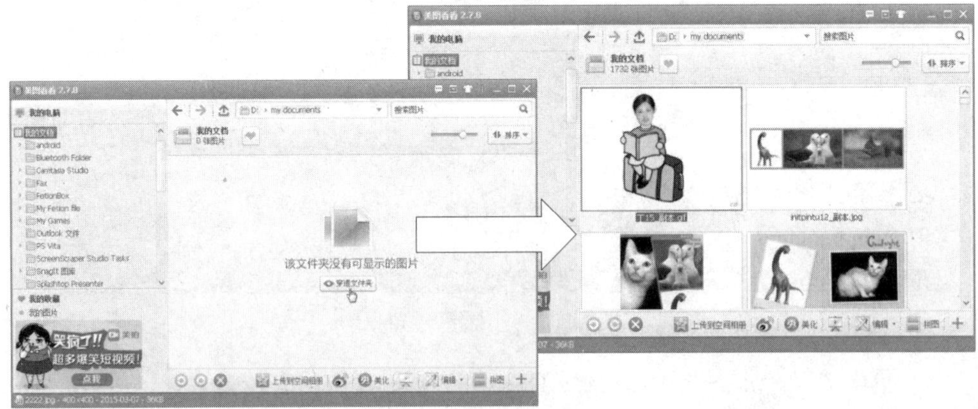

图 7-32　穿透文件夹

5. 旋转和删除图片

（1）选中图片。

（2）单击【向左旋转 90°】或【向右旋转 90°】按钮，可以对图片进行旋转，如图 7-33 所示。

（3）单击【删除】按钮即可删除图片。

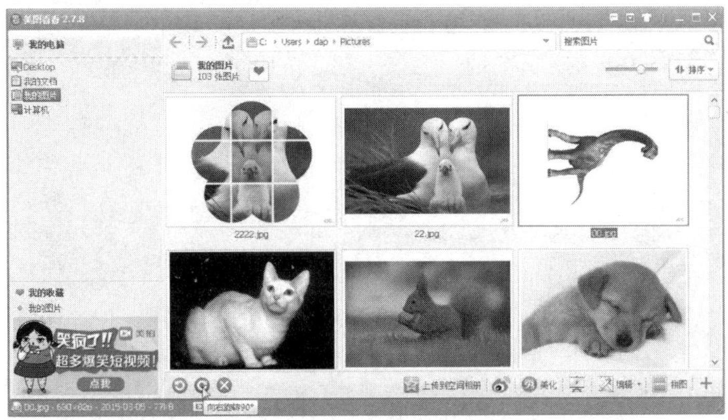

图 7-33 旋转图片

6. 自动保存旋转图片

（1）单击主窗口右上角“菜单”图标，在“工具”中选择“选项”命令，将打开“美图看看选项”对话框，如图 7-34 所示。

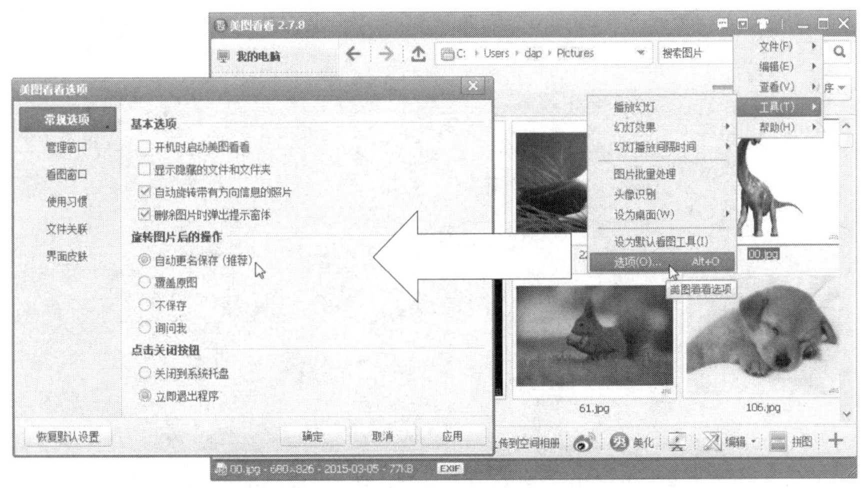

图 7-34 “美图看看选项”对话框

（2）选中“常规选项”选项卡，在“旋转图片后的操作”中，按照自己的习惯设置，推荐使用“自动更名保存”。

（3）单击【确定】按钮。

7. 美化图片

单击【美化】按钮，可以转换到“美图秀秀”的美化图片功能，如图 7-35 所示，然后使用美图秀秀对图片进行美化保存。

单击【拼图】按钮，可以切换到美图秀秀对图片进行拼图处理。

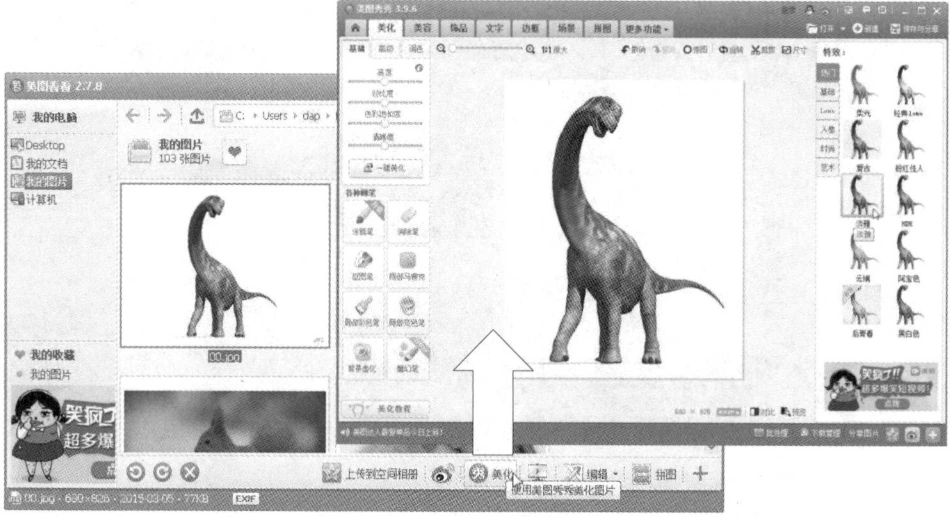

图 7-35 美化图片

8. 查看图片

在主窗口中，双击某一图片，将进入查看窗口，如图 7-36 所示。将鼠标移至窗口的下面，将显示常用工具栏。

图 7-36 查看窗口

放大镜按钮具有缩放图片功能。单击“+”放大图片，单击“-”缩小图片。也可以使用鼠标滚轮缩放图片。还可以使用小键盘中的加号键和减号键缩放图片，按【+】可放大图片，按【-】键可缩小图片。

9. 批量编辑图片

用数码相机拍照时，通常都是将效果调至最好，如此拍摄的照片虽然效果好但却不利于上传网络分享，此时就需要对图片尺寸进行调整。美图看看的批量编辑功能中就带有对图片尺寸的批量修改操作。

（1）在美图看看主界面中，选择要处理的图片，如图 7-37 所示。

（2）执行“编辑→批量修改尺寸”命令，进入批量编辑界面。

（3）在“编辑图片”对话框中，输入修改后的尺寸大小及保存路径。

（4）单击【确定】按钮。

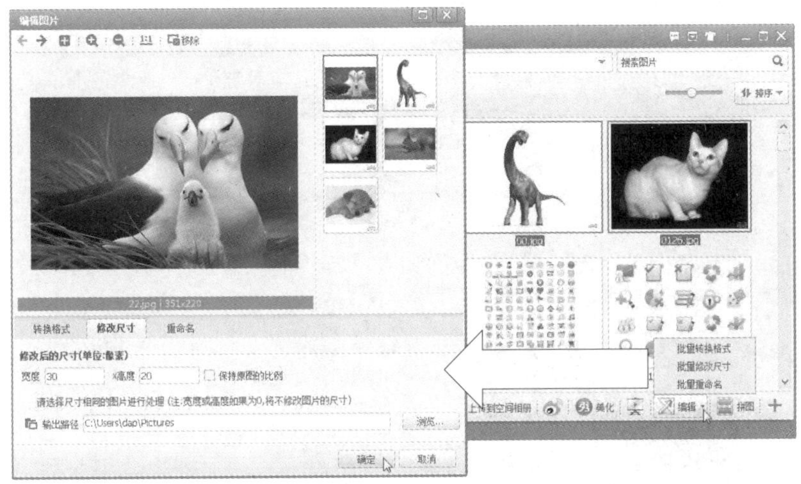

图 7-37　批量修改尺寸

如果某些论坛对图片有格式限制，可以在“转换格式”选项卡下批量转换。

如果想方便读者阅读，还可批量重命名这些图片，快速添加图片标题。

10. 将图片复制到 QQ 聊天窗口

在主窗口和看图窗口中，右击图片，在快捷菜单中单击“复制到 QQ”命令，如图 7-38 所示。切换到 QQ 聊天窗口，按【Ctrl+V】组合键直接粘贴。

11. 组件管理

使用美图看看的组件管理功能，可以关闭或开启部分功能。

（1）单击主窗口右下角的“组件管理”图标。

（2）在“组件管理”对话框中，根据自己的需要选择相关的组件，如图 7-39 所示。

（3）单击【确定】按钮。

图 7-38　复制到 QQ

图 7-39　组件管理

12. 将图片分享到新浪微博

（1）在主窗口中，选中图片后，右击，在快捷菜单中执行“分享到新浪微博”命令，或单击底部工具栏上的【将图片分享到新浪微博】按钮，如图 7-40 所示。

（2）在“登录新浪微博”对话框中，输入账号和密码，单击【登录】按钮登录后即可分享图片。

也可以在美图看看窗口，单击工具栏上的【分享】按钮将图片分享到新浪微博。

13. 将图片批量上传 QQ 空间

把图片上传至 QQ 空间分享，是我们和好友分享照片的主要方式之一。美图看看具有简单好用的批量上传 QQ 空间分享功能。

图 7-40　将图片分享到新浪微博

（1）在主界面选中要分享的图片，单击【上传到空间相册】按钮。
（2）以自己的 QQ 账号登录，进入上传分享界面。
（3）在该界面下，选择要上传到的相册目录。
（4）单击【上传】按钮完成上传分享。

14. 将美图看看设为默认看图工具

单击主窗口右上角的“菜单”图标，执行“工具→设为默认看图工具”命令。

思考与练习

1. 下载并安装美图看看。
2. 选择图片浏览看图，并快速缩放看图效果。
3. 利用美图看看对图片进行美化。
4. 将图片批量修改为统一的尺寸。
5. 将图片批量分享到新浪微博。
6. 将图片批量上传到 QQ 空间。

7.3　抓图工具 SnagIt

任务导入

我们在使用电脑进行操作时，有时希望将屏幕上的一部分抓取下来，用来制作软件用户使用手册、电子教学课件、教学视频等。这时我们可以使用专用的抓图工具来轻松地将屏幕上任何一部分抓取下来，包括活动用户区域、活动窗口、用户区域、桌面等。

SnagIt 是由 Techsmith 公司制作的功能强大的抓图工具。它具有屏幕、文本和视频捕获功能，可以捕获 Windows 屏幕、DOS 屏幕、RM 电影、游戏画面、菜单、窗口等。

本任务介绍抓图工具 SnagIt 的安装和使用方法。

学习目标

（1）会安装抓图工具 SnagIt。

（2）会抓取窗口、菜单等图像。

（3）会抓取屏幕视频等。

任务实施

1. SnagIt 的特点

SnagIt 是一个非常著名的屏幕、文本和视频捕获、编辑与转换软件。可以捕获 Windows 屏幕、DOS 屏幕，RM 电影、游戏画面，菜单、窗口、客户区窗口、最后一个激活的窗口或用鼠标定义的区域。图像可保存为 BMP、PCX、TIF、GIF 或 JPEG 格式，也可以存为视频动画。可以选择是否包括光标、添加水印。另外，还具有自动缩放、颜色减少、单色转换、抖动以及转换为灰度级的功能。

此外，SnagIt 在保存屏幕捕获的图像之前，还可以用其自带的编辑器编辑；也可选择自动将图片送至 SnagIt 虚拟打印机或 Windows 剪贴板中，或直接用 E-mail 发送。

SnagIt 是一个优秀的捕捉图形的软件，和其他捕捉屏幕软件相比，它有以下几个特点：

（1）捕捉的种类多。它不仅可以捕捉静止的图像，而且可以获得动态的图像和声音，另外还可以在选中的范围内只获取文本。

（2）捕捉范围极其灵活。它可以选择整个屏幕，某个静止或活动窗口，也可以自己随意选择捕捉内容。

（3）输出的类型多。它可以以文件的形式输出，也可以把捕捉的内容直接用 E-mail 发给朋友，另外可以编辑成册。

（4）具备简单的图形处理功能。利用它的过滤功能可以将图形的颜色进行简单处理，也可对图形进行放大或缩小。

2. 安装 SnagIt

以目前最常用的 SnagIt 8 为例，从网上下载安装程序，下载文件包括两部分：一个是安装英文主程序，二个是安装中文汉化包。

（1）运行 SnagIt.exe 文件进行安装，进入安装向导，单击【Next】按钮，如图 7-41 所示。

（2）进入安装许可协议界面，选择“I accept the license agreement”，单击【Next】按钮。

（3）填写用户名和公司信息，这两项可随意填写。

（4）单击【Next】按钮进入软件注册界面，选择“Licensed-I have a key”，然后填写序列号，序列号可在安装程序中获得；序列号必须正确填写，否则安装不成功。如果选择“30 day evaluation”，软件只能使用 30 天。

（5）单击【Next】按钮进入“安装类型”界面，有“Typical”（普通安装）和“Custom”（典型安装）两种模式，用户可根据需要选择，这里选择“Typical”（普通安装）。

（6）单击【Next】按钮，进入安装选项对话框，可根据需要自行选择，被选中的项前会打上对勾。

（7）选好后单击【Next】按钮开始安装。安装完成后，进入安装完成对话框，单击【Finish】按钮，完成安装，如图 7-42 所示。

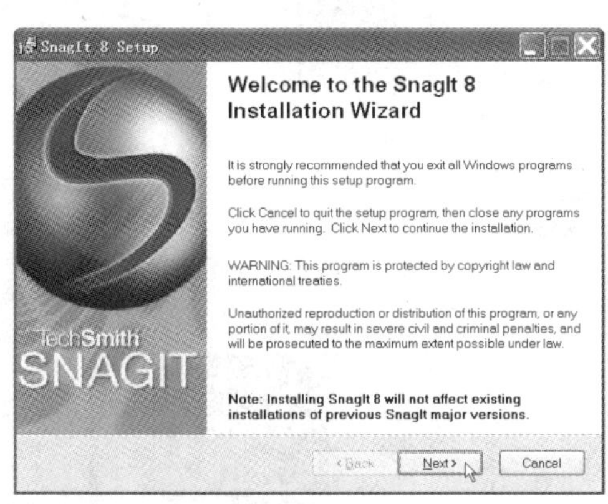

图 7-41　安装向导

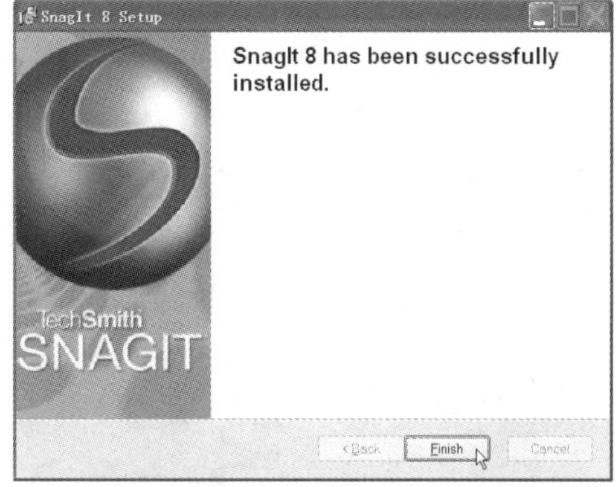

图 7-42　安装完成

（8）在英文版安装结束后，还需安装汉化包对软件进行汉化。汉化包的安装比较简单，一直单击【下一步】按钮即可。

注意

在汉化前要关闭开启的 SnagIt 程序，汉化包要和英文版安装在同一目录下。

3. *启动* SnagIt

双击桌面上的 SnagIt 快捷方式图标，或执行“开始程序 SnagIt”进行启动。启动后界面如图 7-43 所示。

SnagIt 界面左边是快速启动和相关任务栏，右边是像 Windows 资源管理器一样的界面，相关的功能以文件夹按钮样式呈现。抓图时只需单击相应方案，就可实现不同的截屏效果。

窗口下方提供了一个菜单式捕获配置设置，单击菜单即可设置相关功能的输入和输出细节，如图 7-44 所示。

单击 SnagIt 左侧相关任务版面中的【打开一键单击】按钮，屏幕的上方就会自动出现这个面板，然后自动隐藏在屏幕上方，当用鼠标扫过它时，又会自动显示。一键单击面板可以直接选择方案捕获，如图 7-45 所示。

图 7-43 “SnagIt”主界面

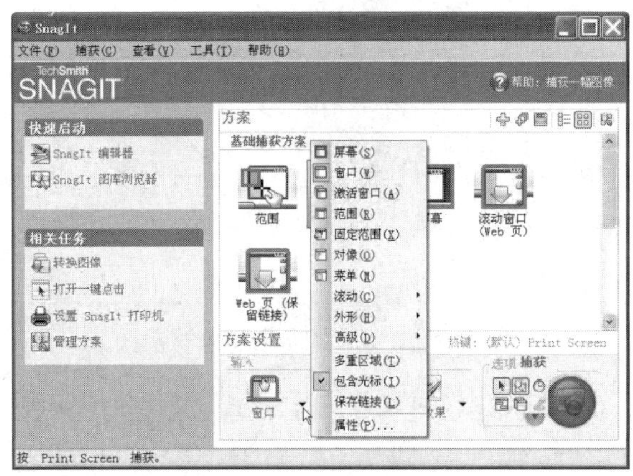

图 7-44 菜单式捕获设置

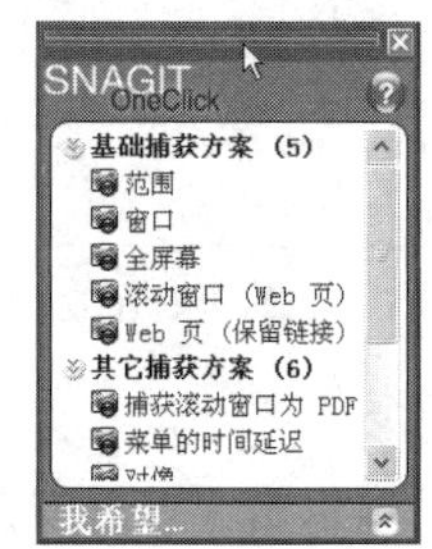

图 7-45 一键单击面板

4. 捕获窗口

（1）在 SnagIt 主界面中，选择“方案”中的“窗口”选项，或者执行“捕获→输入→窗口”项。

（2）把要捕获的对象切换到前台。

（3）按下 SnagIt 主界面右下方的捕获按钮，或按下捕获热键，默认是“Print Screen”。

（4）在要捕获的窗口中，可以看到鼠标变成了小手形状，移动鼠标小手到要捕获的窗口上，选中的窗口被红框包围，单击鼠标左键，所选窗口就会被 SnagIt 捕获。如果在捕获的过程中要取消本次捕获，可按【Esc】键或鼠标右击 。

（5）捕获后，图像可在 SnagIt 的“捕获预览”窗口中进行查看，如图 7-46 所示。单击【完成】按钮即可将图像输出到指定位置。

5. 捕获菜单

（1）执行“捕获→输入→属性”命令，将弹出“输入属性”对话框，如图 7-47 所示，选择“菜单”选项卡，进入对菜单捕获选项的设置。

图 7-46 “捕获预览”窗口

（2）在捕获菜单时，能够设定捕获时间延迟。执行“捕获→计时器设置”命令，将弹出“计时器设置”对话框，选择“延时/计划”选项卡，选中“开启延时/计划捕获”项，进行设置延时捕获或计划捕获设置，如图 7-48 所示。

（3）单击【捕获】按钮在设定的时间内将菜单捕获。

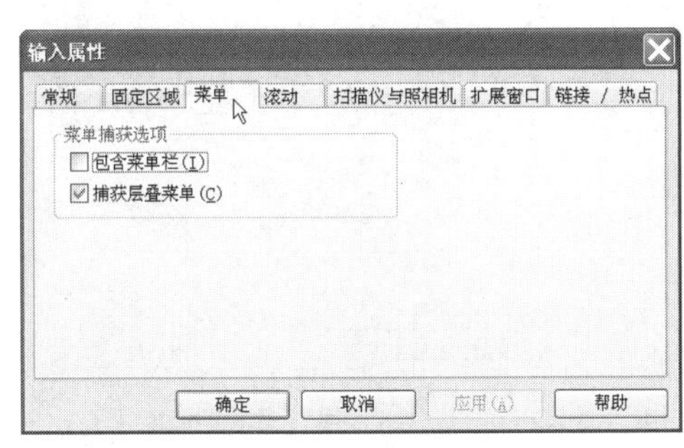

图 7-47 “输入属性”对话框

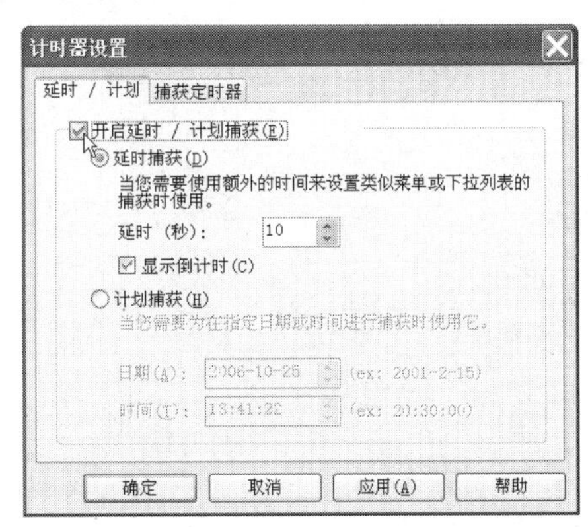

图 7-48 “计时器设置”对话框

6. 捕获视频

（1）在主界面中，单击“方案”中的【录制屏幕视频】按钮。

（2）按下热键。

（3）用鼠标左键拖拉的方式选择 SnagIt 要捕获的视频范围，松开鼠标左键，进入“SnagIt 视频捕获”对话框，如图 7-49 所示。

（4）单击【开始】按钮进入录制阶段。

（5）终止捕获时按下【Print Screen】键，这时再次进入“SnagIt 视频捕获”对话框，如图 7-50 所示，单击【停止】按钮，SnagIt 自动将录制的内容放在预览窗口中。

（6）单击【播放】按钮即可调用系统中所安装的 AVI 播放器进行播放，如果满意就保存为 AVI 文件。

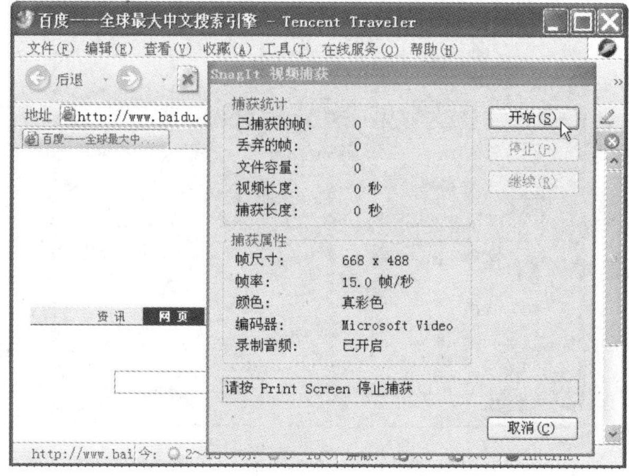

图 7-49 “SnagIt 视频捕获”对话框

如果在“输入”设置中选中了“包括光标”和“包含音频”命令，那么录制的视频中将会出现光标的变化和从话筒输入的声音。

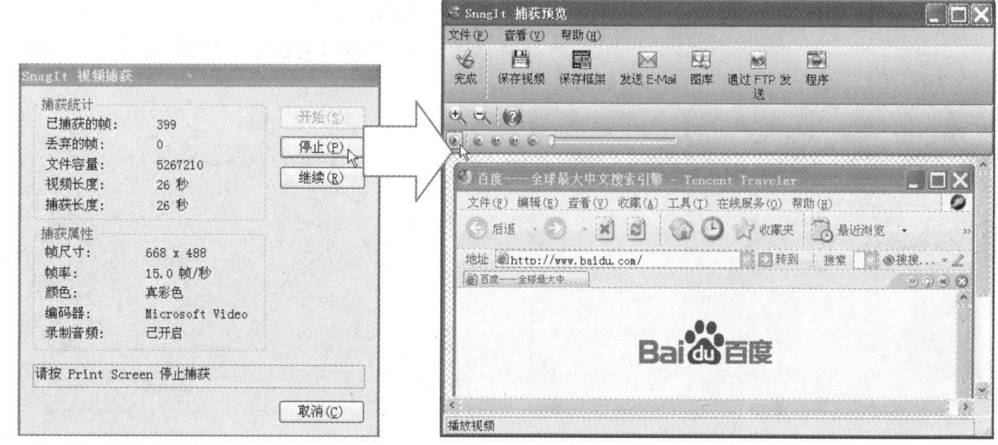

图 7-50 终止视频捕获

7. 捕获网页图片

利用 SnagIt 的捕捉 Web 页图像功能，可以将网页上的图片全部捕获，操作步骤为：

（1）单击 SnagIt 界面中的【来自 web 页的图像】按钮，弹出“输入 SnagIt Web 捕获地址”对话框，如图 7-51 所示。

（2）把要获取图片所在的 Web 页地址填入框内，单击【确定】按钮，SnagIt 就开始从指定网页上下载图片，完成后 SnagIt 将自动打开预览窗口。

8. 批量转换图片格式

（1）在 SnagIt 主界面中，执行“相关任务→转换图像”命令，将弹出“选择文件”

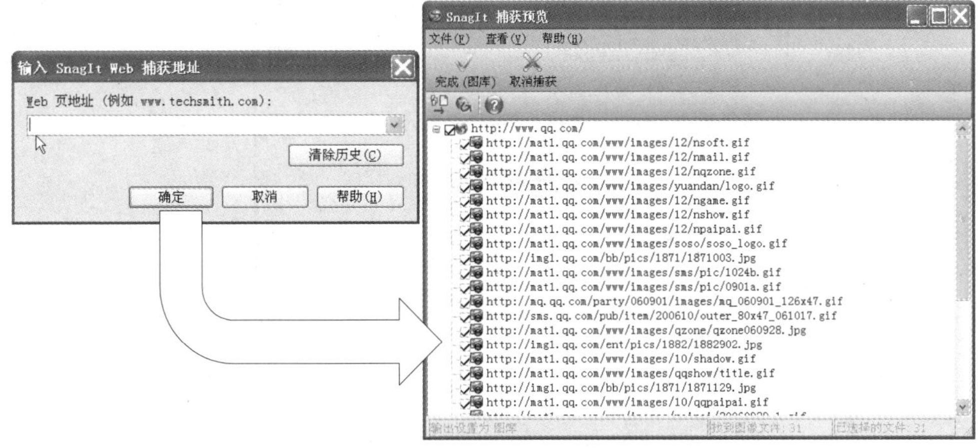

图 7-51　“输入 SnagIt Web 捕获地址”对话框

对话框，如图 7-52 所示。

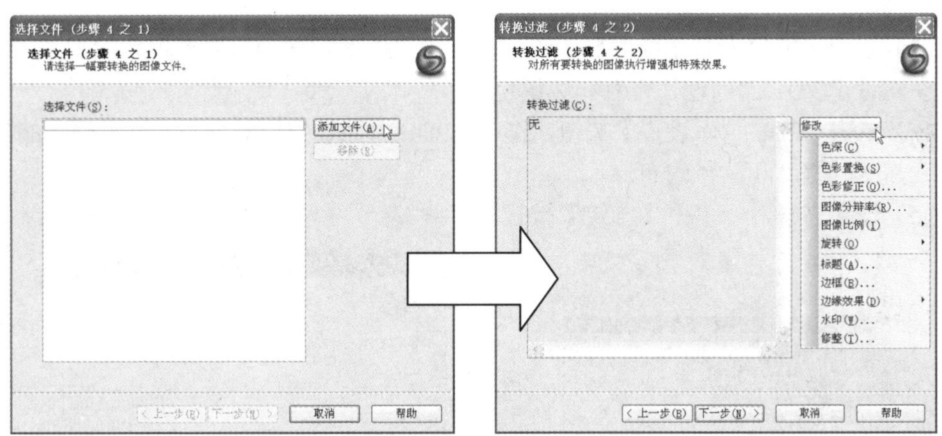

图 7-52　“添加文件”对话框

（2）单击【添加文件】按钮，添加要转换的文件。

（3）单击【下一步】按钮进入“转换过滤”对话框，在此对要转换的图像设置增强和特殊效果，单击【修改】下拉箭头，在下拉菜单中选择相应的命令对图像进行修改。

（4）单击【下一步】按钮，进入“输出选项”对话框，如图 7-53 所示，选择图片输出的位置和输出的文件格式。在文件格式中，可以看到 SnagIt 支持 PDF、IBM、JPEG 等多种图片格式。

（5）单击【确定】按钮完成批量转换任务。

9. 以 PDF 格式输出图片

（1）在 SnagIt 编辑器中，执行“文件→另存为”命令，将弹出“另存为”对话框。

（2）选择保存位置，并输入文件名，在保存“文件类型”中选择“Adobe PDF(*.pdf)”，如图 7-54 所示，单击【保存】按钮即可将图片存成 PDF 格式。

图 7-53　“输出选项”对话框

（3）单击主窗口中的【选项】按钮，进入“文件格式选项”对话框，如图 7-55 所示，在此设定 PDF 的标题、作者和关键字。

（4）单击【PDF 页面设置】按钮，进入“PDF 页面设置”对话框，设置输出的页面大小、高度、宽度和具体的布局。

（5）设置完毕后，单击【确定】按钮。

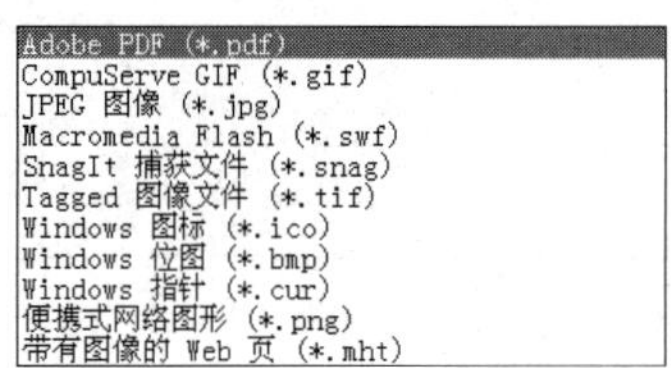

图 7-54　保存 PDF 类型

图 7-55　“文件格式选项”对话框

10. 设置 SnagIt 输入参数

（1）执行“捕获→输入→属性”命令，将弹出“输入属性”对话框，如图 7-56 所示。

（2）在“常规”选项卡中，设置超出捕获范围的区域背景色、剪贴板文本宽度。

（3）在“固定区域”“菜单”“滚动”等选项卡中，可以进行相应的设置。

（4）单击【确定】按钮。

11. 设置 SnagIt 输出参数

在“输出属性”对话框中，选择“图像文件”选项卡，可以对输出文件格式、文件名、文件夹进行设置，如图 7-57 所示。

在“打印”“发送 E-Mail”“图库浏览器”等选项卡中，可以进行相应的输出参数设置。

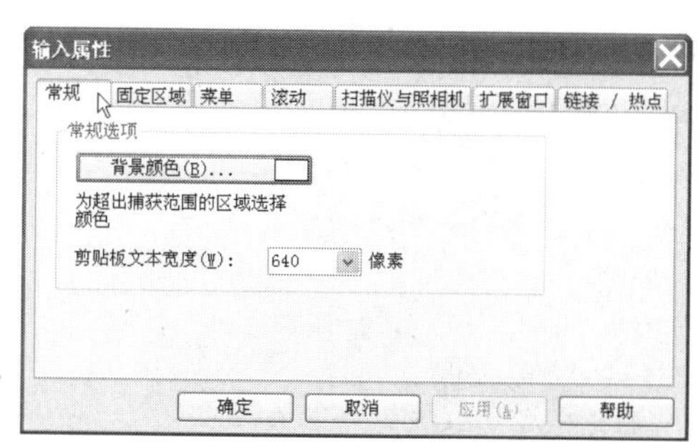

图 7-56　“输入属性”对话框的“常规”选项卡

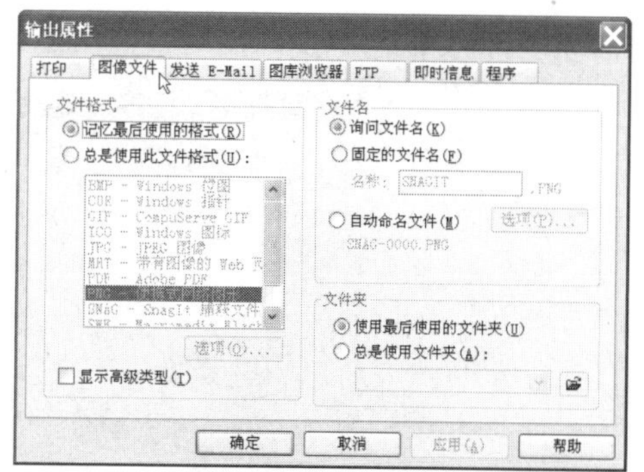

图 7-57　“输出属性”对话框的“图像文件”选项卡

12. 设置 SnagIt 程序参数

在 SnagIt 界面中，单击“工具→程序参数设置”项，将弹出“程序参数设置”对话框。

在“热键”选项卡中，可以设置捕获热键，SnagIt 默认的全局捕获热键是“Print Screen”，如图 7-58 所示。

在“程序选项”选项卡中，可以设置 SnagIt 的一些常规选项，如图 7-59 所示。

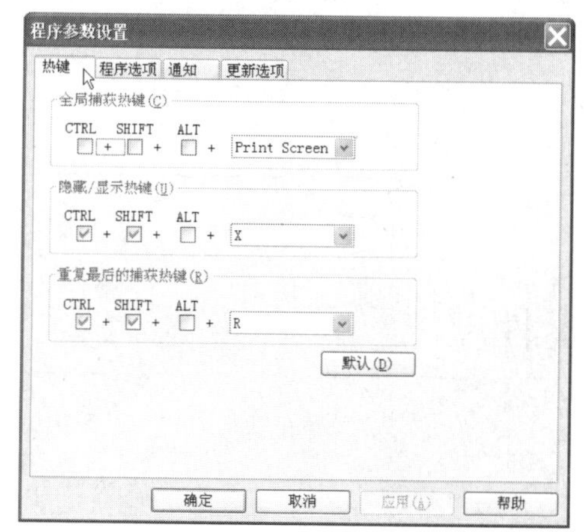

图 7-58　“程序参数设置”中的“热键”选项卡

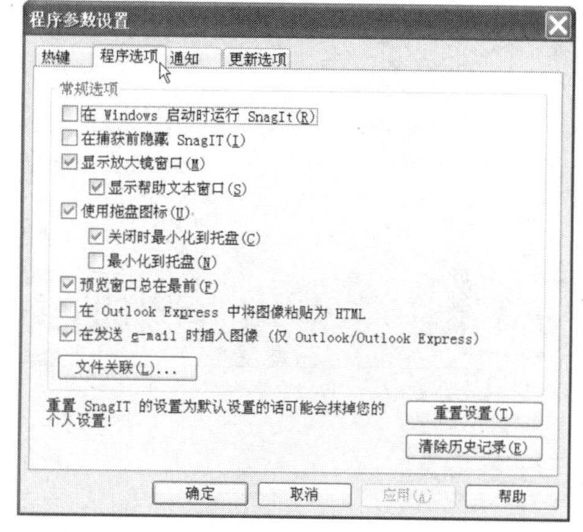

图 7-59　“程序参数设置”中的“程序选项”选项卡

13. SnagIt 编辑器

在 SnagIt 界面中，单击“快速启动”区下的“SnagIt 编辑器”，可打开“SnagIt 编辑器”窗口，如图 7-60 所示。

窗口左侧是“绘图工具”栏，单击其中的某个工具按钮，然后在中央的画布上拖动即可画出直线、曲线、多边形、矩形、圆等图形，常用于添加注解文字或位图。

窗口右侧是任务栏，可以为图像添加水印、设置标题、处理颜色等，用户可根据自己需要进行设置。

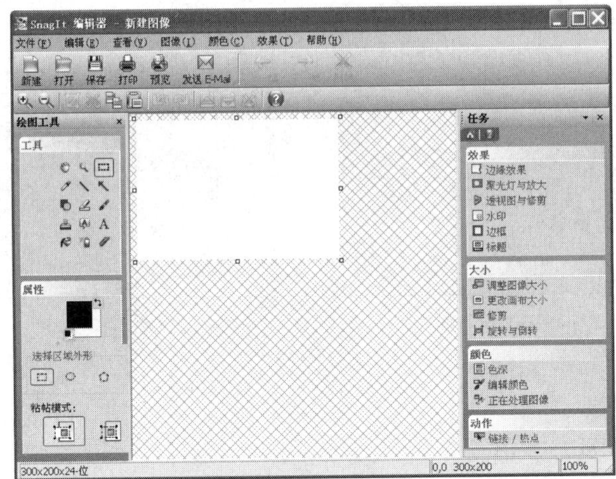

图 7-60 “SnagIt 编辑器”窗口

思考与练习

1. SnagIt 的捕获方式有几种？捕获游戏画面应采用哪种捕获方式？如何实现？
2. 使用 SnagIt 捕获一个活动窗口，再捕获显示这个窗口的预览窗口，然后输出到 Word 文档中。
3. 使用 SnagIt 捕获一个完整的网页图像。
4. 使用 SnagIt 捕获一个网页上的图片。

7.4 艾奇电子相册制作软件

任务导入

时间长了，积累的数码照片就多了，除了使用图像管理软件对本机上的照片进行有效的管理外，如果能将自己的照片制作成专题相册或者电子读物等可执行文件，然后发布到网络上与他人分享不是更好么？

艾奇电子相册制作软件是一款可以把照片配上音乐、加上炫酷的过渡效果，轻松制作成各种视频格式的电子相册的免费工具软件。用户只需简单地单击几个按钮，几分钟之内就可以把上百张数码照片转换为各种视频格式的电子相册。视频相册可以在电脑上用播放器收看，也可以刻录成 DVD、VCD 光盘，放到视频网站和朋友分享，或者传输到手机、平板电脑等移动设备收看。

本任务介绍艾奇电子相册制作工具的安装和使用方法。

学习目标

（1）会下载和安装电子杂志制作工具。
（2）会将图像文件制作为专题相册。
（3）会为相册添加背景音乐、特效等。
（4）会对添加到图片进行编辑。
（5）会设置输出格式和输出目录。

任务实施

1. 下载和安装艾奇视频电子相册制软件

（1）在艾奇软件网站“http://www.aiqisoft.com”，找到艾奇视频电子相册制软件的下载页面，如图 7-61 所示。

（2）单击【立即下载】按钮，将安装文件保存到本地盘上。

（3）下载完成后，双击安装文件，在安装向导指引下开始安装。

（4）安装完成后，在桌面生成快捷方式图标，双击即可启动运行该软件。

图 7-61　下载艾奇视频电子相册制软件

2. 制作电子相册

（1）启动软件。双击桌面上的快捷方式图标启动该软件，将进入程序主界面。

（2）添加图片和视频。

① 单击主界面上的【添加图片】按钮，如图 7-62 所示。

② 在“添加图片”对话框中，选择制作电子相册所需要的图片文件，单击【打开】按钮。

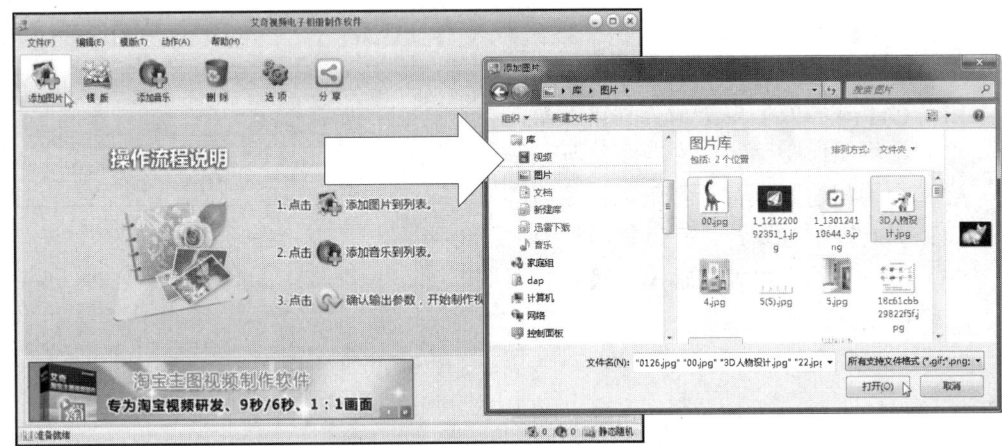

图 7-62　添加图片

③ 图片文件自动导入到软件列表中，如图 7-63 所示。同时，添加的图片可以进行简单编辑，如在图片中加上一些文字或点缀图片等，设置图片过渡效果，加上边框等，从而制作出个性十足的电子相册。在列表中单击图片左上角铅笔图标即可对其进行各种编辑。此时，单击“知道了”按钮关闭提示框。

图 7-63　导入软件列表

④ 图片文件导入后，以缩略图形式在列表中显示。单击并拖拽列表内的缩略图可以对图片进行排序。

（3）添加音乐文件。

① 单击工具栏中的【添加音乐】按钮。

② 在“打开”对话框中，如图 7-64 所示，选择一个或多个 MP3 等常见格式的音乐歌曲文件，单击【打开】按钮，将其作为制作电子相册的背景音乐。

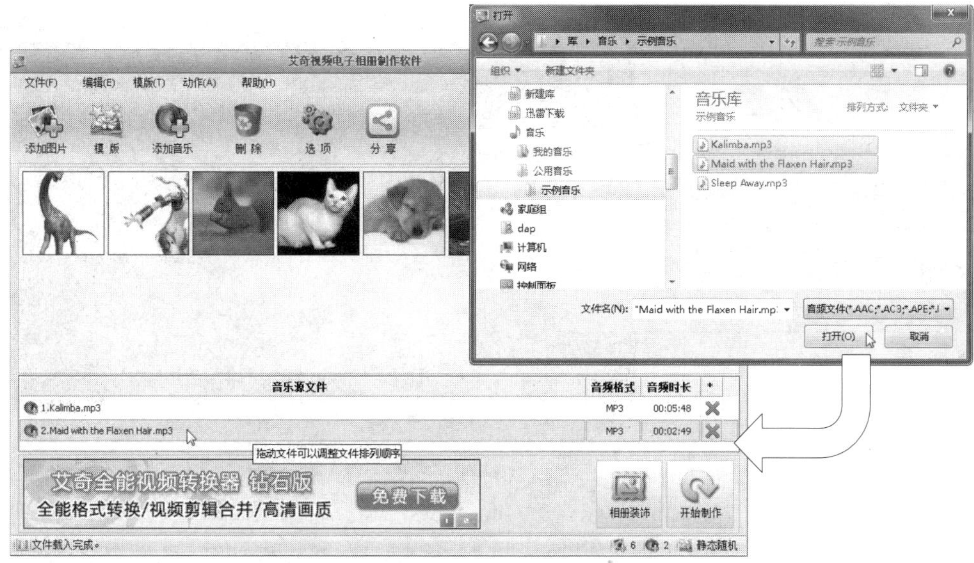

图 7-64　添加音乐

（4）开始制作电子相册。

① 单击【开始制作】按钮，将弹出“输出设置”对话框。

② 在对话框中，根据自己的需要，设置输出视频的相关参数，如图 7-65 所示。

③ 单击【效果预览】按钮，可以预览制作效果。

④ 单击【开始制作】按钮。

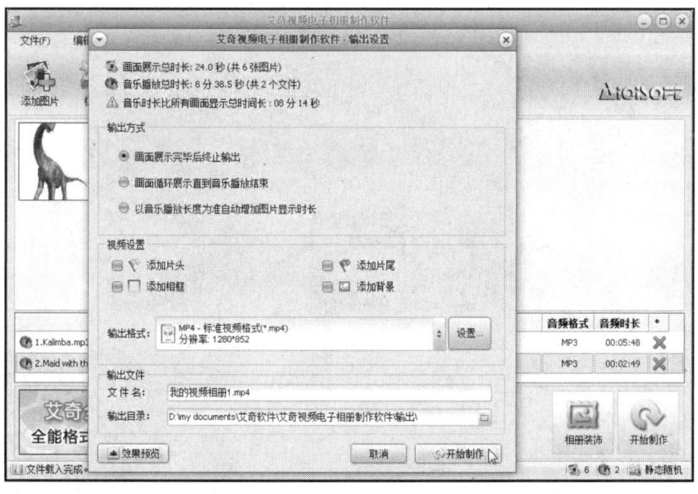

图 7-65　“输出设置”对话框

⑤ 如果列表中的图片分辨率不符合设定的输出视频分辨率，将弹出【选择处理图片方式】提示框，如图 7-66 所示，选择后单击【确定】按钮。

⑥ 稍等片刻后制作结束，并将视频文件保存到设定的输出位置。

图 7-66 “选择处理图片方式”提示框

3. 对图片进行编辑

在主界面中，鼠标指向添加到列表中的图片缩略图后，将会在图片上显示【编辑】按钮和【移除】按钮，如图 7-67 所示。单击“编辑”按钮，或者双击图片缩略图可以进入图片编辑界面。

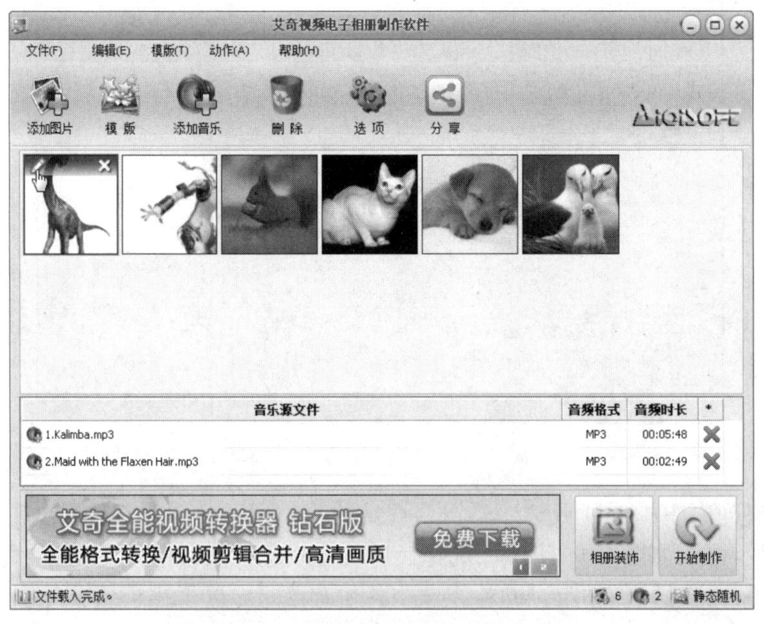

图 7-67 【编辑】按钮和【移除】按钮

（1）添加展示效果。

① 在“效果”选项卡中，如图 7-68 所示，可以根据自己的需求，分别调整图片的过渡效果、显示方式、展示时间、过渡时长等参数。默认的参数是“模版”所提供标准效果。

② 设置完一张图片的效果后，可以在右侧单击选定下一张要编辑的图片。

③ 单击“应用到所有”下拉箭头，在下拉列表中可以选择应用的单项效果。

图 7-68 “效果”选项卡

（2）添加旋转和滤镜效果。

① 在“滤镜”选项卡中，如图 7-69 所示，可以通过选中某项操作，对图片进行旋转、翻转设置。

② 在“滤镜效果”下拉菜单中，可以设置图片黑白、加亮、变暗等效果。

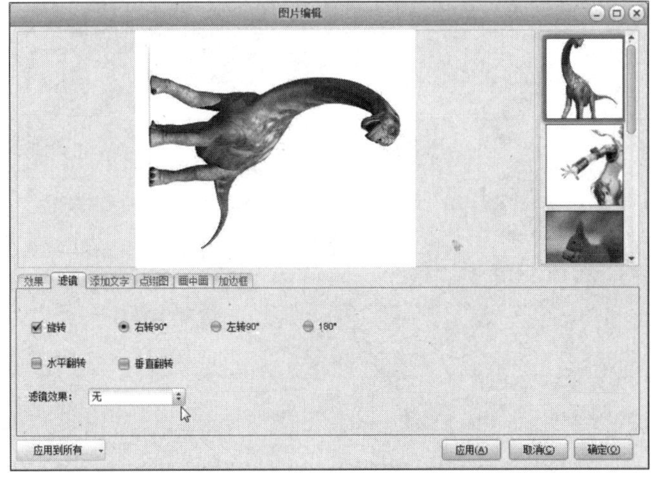

图 7-69 “滤镜”选项卡

（3）添加文字。

① 在“添加文字”选项卡中，如图 7-70 所示，在“文本”输入框输入文字后单击【添加文本】按钮，文字会出现在画面中，可以多次操作添加多行文字。

② 选中文本列表中的某行文字后，可以在右侧的各种选项中设置字体、字号、字形、颜色、描边等参数，在画面中用鼠标拖动可以调整位置。

③ 单击【应用】按钮。

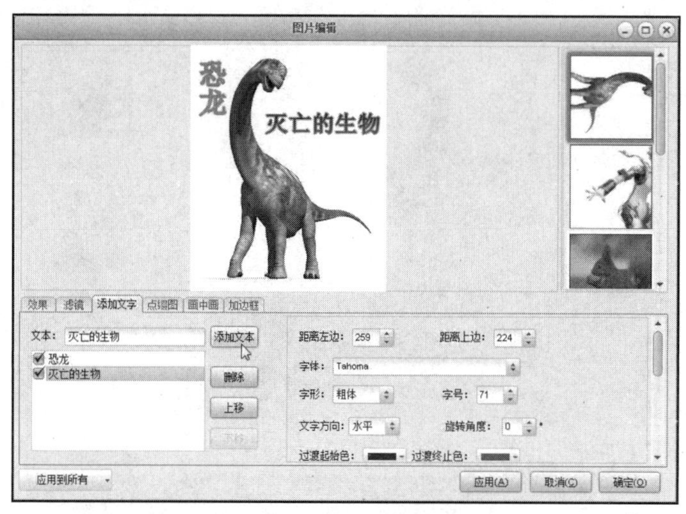

图 7-70 “添加文字”选项卡

（4）添加点缀物品。

① 选中“点缀图”选项卡。

② 在“图片”标签中，如图 7-71 所示，显示可以添加到点缀图的图案列表。单击某个图案可以给当前的图片添加一个或多个点缀图，鼠标拖拽点缀图的图案外框可以移动和缩放点缀图。

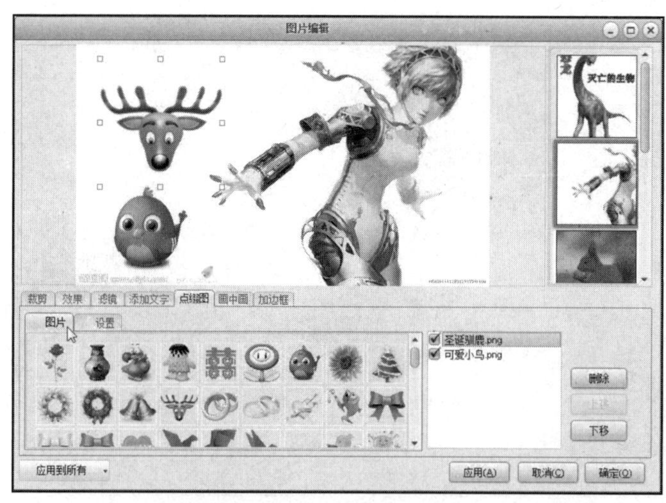

图 7-71 添加点缀物

③ 在“设置”标签中，如图 7-72 所示，可以设置当前选定点缀图的轮廓、边框、旋转角度和透明度等参数。

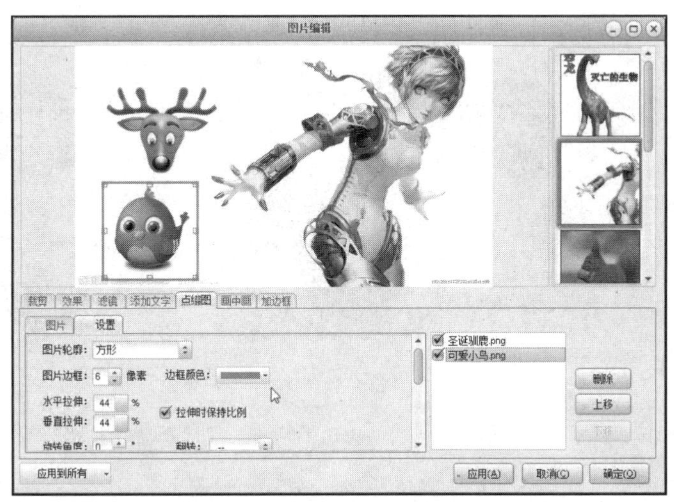

图 7-72　设置点缀物

（5）添加“画中画”效果。

在“画中画”选项卡中，如图 7-73 所示，可以在当前图片中嵌入其他图片，实现“画中画”效果。

① 单击“导入图片”按钮，选中要嵌入的图片。

② 用鼠标拖曳添加图片的外框，可以进行移动和缩放操作。

③ 在“设置”标签中，设置图片的轮廓、边框等参数，调整后可直接看到调整效果。

图 7-73　添加“画中画”效果

（6）添加边框。

① 在“加边框”选项卡中，如图 7-74 所示，在边框列表中，单击选择一个边框图来装饰当前图片。

② 如果需要更多边框，可以单击【更多边框】按钮，在官网下载更多边框进行安装。用户也可以选用自己的“.PNG”格式的透明边框图。

图 7-74　添加边框

注意

单击图片编辑界面底部的“应用到所有”下拉按钮，可以把以上所有针对某个图片的编辑操作，应用到列表内的所有图片上。例如，用户添加导入了 100 张图片，需要给所有图片添加上同样的文字，那么只需对某一张图片进行了“添加文字”设置，通过设置“应用到所有”效果，即把当前的设置自动复制到其他 99 张图片上，无须逐一操作。

4. 模版设置

（1）单击工具栏上的【模版】按钮，进入“模版设置”界面，如图 7-75 所示。

（2）在右侧菜单中，单击某一相册模板可以为当前导入的图片配置一种展示效果，在左侧可以预览展示效果的动态示意动画。

（3）单击【确定】按钮后，将弹出提出框，单击【是】按钮即可。

5. 相册装饰

单击【相册装饰】按钮，弹出“相册装饰”对话框，可以对整个相册视频进行一系列的美化和完善操作，如添加图形片头、片尾、背景图、相框等。

（1）添加相册片头。在要制作的视频相册前面，我们可以加上一个静态的图片作为视频片头。还可以对片头图片进行编辑，如在图片中加入一些文字、点缀图或其他图片。

图 7-75　使用模板

① 在“相册片头”选项卡中，如图 7-76 所示，选中“添加片头”项，单击【浏览】按钮，选择一个图片作为片头背景。

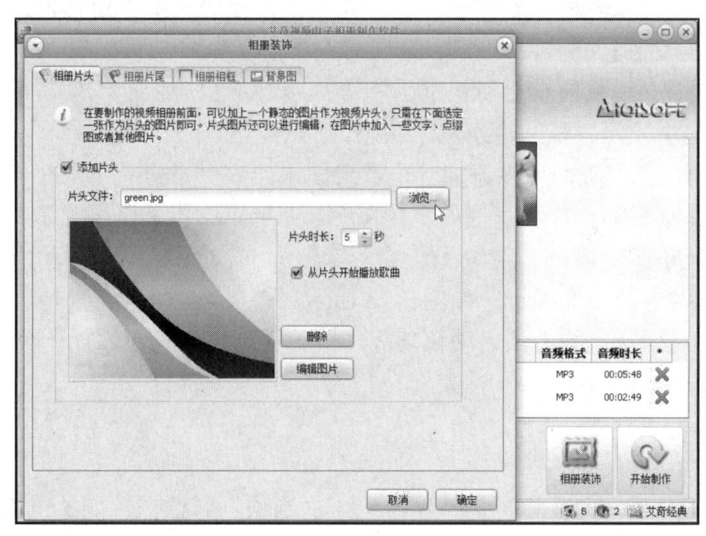

图 7-76　“相册片头”选项卡

② 在“片头时长”中，设定片头的展示时间。

③ 如果勾选了“从片头开始播放歌曲”项，那么相册如果添加了音乐文件，会从片头开始播放。如果不勾选该项，会在展示完片头后，进入正片阶段再播放音乐。

④ 单击【编辑图片】按钮，进入“片头图片编辑”界面，给片头背景图片添加文字、装饰图、边框等。

添加相册片尾的操作与片头类似，不再赘述。

（2）设置相册相框。此处设置的相框是针整个相册视频加的外框装饰，是贯穿除片头片尾之外的所有电子相册展示内容。

① 选择“相册相框”选项卡，如图 7-77 所示。

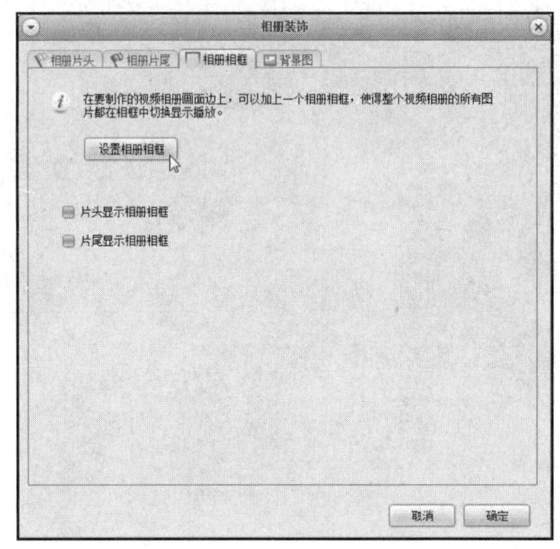

图 7-77　“相册相框”选项卡

② 单击【设置相册相框】按钮，将打开“设置相册相框”对话框，选定一个相框图案后，单击【应用】按钮。

③ 如果选中“片头显示相册相框”和“片尾显示相册相框”项，可以设置相框图案在片头、片尾中显示，默认为不选中状态。

（3）添加背景图。我们可以添加一个背景图来作为一个衬托出现在相册展示图片的背景上。对于那些竖幅图片和宽幅的视频文件，在展示中不能全屏显示时，上下左右出现的黑边会被背景图覆盖。

① 选择“背景图”选项卡，如图 7-78 所示。

② 勾选“启用背景图”项启动该功能，单击【浏览】按钮添加一个背景图文件。

③ 单击【确定】按钮。

6. 选项

（1）单击工具栏上的【选项】按钮，进入“选项”对话框，如图 7-79 所示，可以对软件的一系列默认功能进行自由设置。

（2）在“制作结束后执行”下拉菜单中，默认选项为打开输出电子相册的目录。可以选择制作结束后关机、电脑休眠、关闭软件等操作，来用于无人职守时自动制作。

（3）在“默认输出方式”中，可以设置画面展示与音乐时间长度不匹配时的处理办法。

（4）在“输出目录”中，为默认的软件安装目录下自带的文件保存路径，用户可以更改为符合自己习惯的目录来存放制作的文件。

（5）最后单击【确定】按钮。

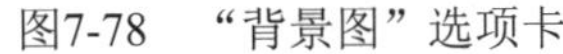
图7-78　“背景图”选项卡

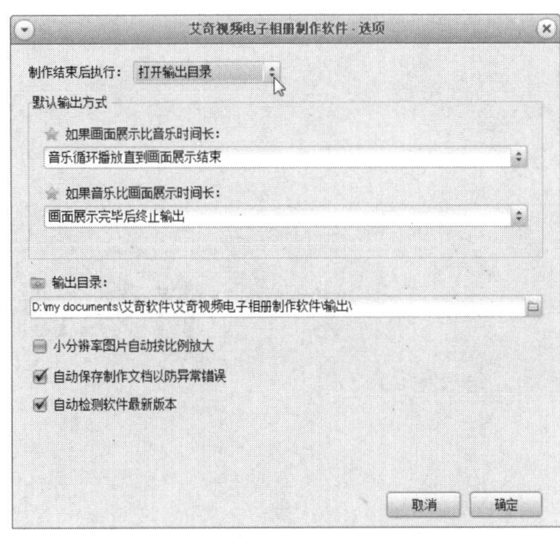

图7-79　“选项”对话框

7. 保存设置文档

在软件主界面中，执行“文件→保存设置文档”命令。

“保存设置文档”可以把用户当前导入列表的图片、音乐文件信息，图片编辑设置、输出格式设置、相册装饰设置等一系列设置保存成“.pad”格式的设置文档文件，方便用户下次制作同样相册时候直接打开，无须重新制作内容，但只限于本机使用。

注意

保存的“.pad”文档中不包含实体文件，如果用户本机的图片、音乐等文件已删除或移动过，再次导入“.pad”文件时会出现文件丢失。

8. 保存完整文档

在软件主界面中，执行“文件→保存完整文档”命令。

“保存完整文档”是把所有当前制作相册的实体文件和各种设置完整保存，原始文件删除或者移动后就不会出现导入丢失了。

“.pad”格式的完整文档可以在其他安装过艾奇电子相册软件的电脑上使用。

注意

保存完整文档会打包所有图片、音乐等实体文件，所以保存时间相对较长、文件较大。

思考与练习

1. 将旅游照片制作为电子相册。
2. 对自己制作的相册进行装饰美化。
3. 选取一些照片，制作具有动态效果和背景音乐的电子相册。

第 8 章 音频视频处理工具

多媒体技术的发展改变了计算机的使用领域，使计算机由办公室、实验室中的专用品变成了信息社会的普通工具，广泛应用于工业生产管理、学校教育、公共信息咨询、商业广告、军事指挥与训练，甚至家庭生活与娱乐等领域。随着网络技术应用的普及和处理能力的不断提高，人们可以自由地从网络中搜索各类视听文件，并可以在本地计算机中方便地使用这些文件。

目前，除了 Windows 提供的 Windows Media Player 媒体播放器外，还有很多专门用来播放、编辑、处理各种媒体文件的工具。

本章介绍常用的音频视频处理工具酷狗音乐播放器、音频剪辑软件 GoldWave、迅雷看看播放器、视频编辑专家、优酷等的使用方法。

8.1 酷 狗 音 乐

任务导入

酷狗音乐是目前国内使用人数较多的音乐播放器，它具有丰富的音乐资源，可以实现老歌、新歌、流行歌曲的快速搜索。酷狗音乐，可以方便、快捷、安全地实现音乐搜索查找，支持高音质音乐文件共享下载，还可以与朋友间相互传输影片、游戏、音乐、软件、图片。酷狗拥有完美的音乐播放功能，独创卡拉 OK 歌词显示，是拥有海量音乐库、手机铃声制作、MP3 格式转换等功能的一站式音乐服务。

本任务介绍酷狗音乐播放器的安装和使用方法。

学习目标

（1）会使用酷狗音乐播放器播放本地音乐和网上音乐。

（2）会使用酷狗音乐下载、管理音乐文件。

任务实施

1. 下载和安装酷狗音乐

（1）登录酷狗音乐官方网站“www.kugou.com”免费下载最新版本，如图 8-1 所示。

图 8-1　下载酷狗音乐

（2）下载后，双击安装文件，启动安装向导，在安装向导的指引下完成安装，如图 8-2 所示。

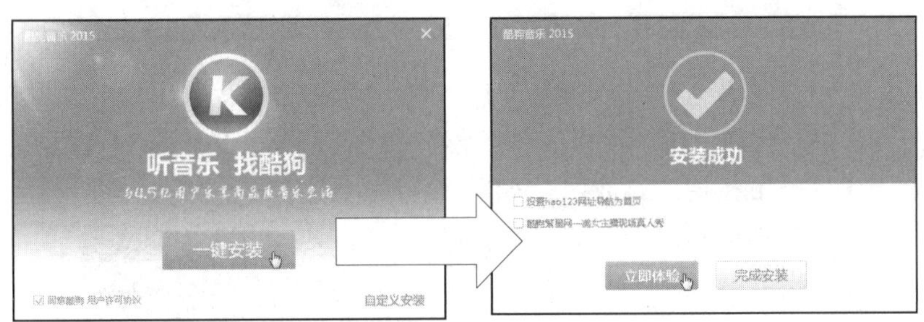

图 8-2　安装酷狗音乐

2. 启动酷狗音乐

安装结束后，系统将自动运行，弹出酷狗音乐主界面，如图 8-3 所示。

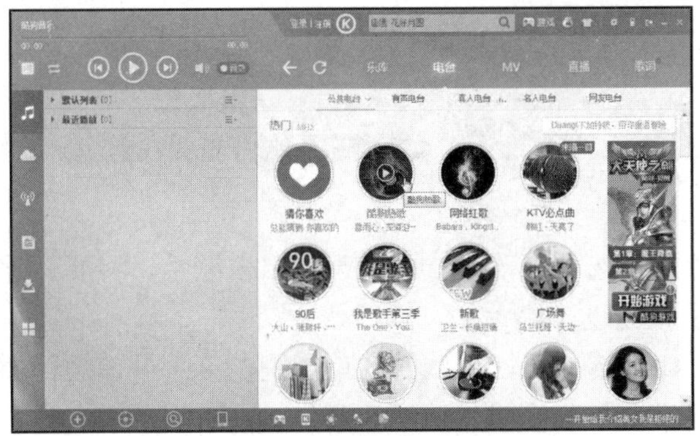

图 8-3　酷狗音乐主界面

单击主界面右上角的【隐藏音乐库】按钮，可以将右侧音乐库窗口隐藏掉。隐藏后，该按钮变为【显示音乐库】按钮，单击可以切换。

3. 播放音乐

收听感兴趣的音乐，主要有下面几种方法：

（1）在默认打开的“电台”选项卡中，在“热门”栏目下中，如果有自己感兴趣的音乐，可以直接单击【播放】按钮进行收听，如图 8-4 所示。

图 8-4 播放界面

（2）在“乐库”选项卡中，可以在“推荐”或“排行榜”中，选择自己喜欢的歌曲，可以直接单击【播放】按钮进行收听，如图 8-5 所示。

图 8-5 排行榜

（3）在“歌手”中，选择自己喜欢的歌手，单击歌手，将展开歌手的歌曲列表，可以直接单击【播放】按钮进行收听。

（4）在“歌单”中，选择自己喜欢的歌单类型，单击歌单的封面图，将展开歌单列表，可以直接单击【播放】按钮进行收听，如图 8-6 所示。

（5）在“搜索”框中，输入歌名、歌手，即可自动搜索相关歌曲，可以直接单击【播放】按钮进行收听。

（6）如果需要播放本地的歌曲，可以单击右侧的【更多】按钮，在弹出的工具栏中选择“本地管理”项，将弹出“本地歌曲管理”对话框，如图 8-7 所示，在打开的对话框中选择播放文件。

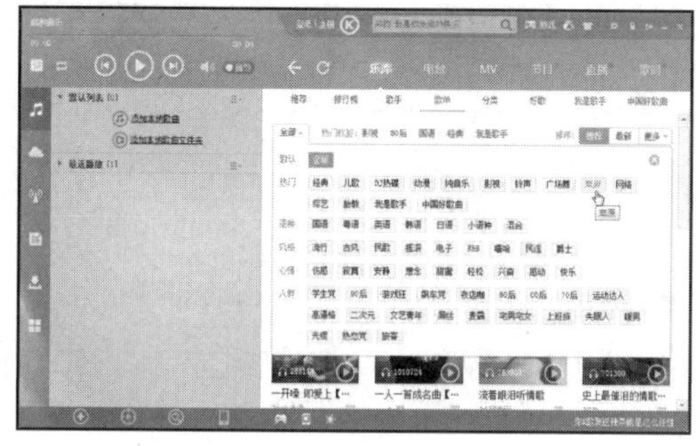

图 8-6 播放歌单中的歌曲

图 8-7 播放本地音乐文件

4. 查找歌词

（1）在主界面查找要播放的歌曲。

（2）单击【播放】按钮，该歌曲将显示在播放列表中。

（3）单击播放界面上面的【歌词】按钮，将会在右侧界面出现歌词，并且该歌词能够精准匹配正在播放的歌曲，同时歌词的背景搭配了高清写真，如图 8-8 所示。

5. 播放歌曲 MV

（1）查找要播放的歌曲，单击【播放】按钮，该歌曲将显示在播放列表中。

（2）单击播放列表中的【观看 MV】按钮，如图 8-9 所示，将会在右侧播放区出现歌曲的 MV 画面，可以进行观赏。

图 8-8 查看歌曲的歌词

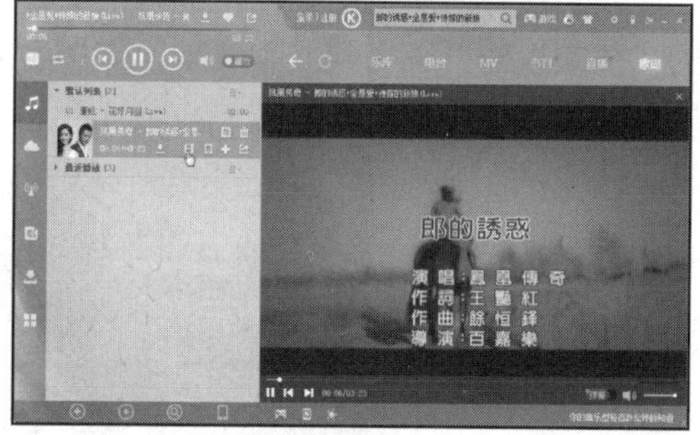

图 8-9 播放歌曲 MV

6. KTV 模式

我们可以使用 KTV 模式进行 K 歌。

（1）搜索到想唱的歌曲，然后单击“MV”这个标志，则进入 MV 播放状态。

（2）将鼠标置于右边框处，将弹出选项菜单，其中有原唱和伴唱，选择伴唱模式，如图 8-10 所示。

（3）唱得不好就停止一下，重来。如果唱得有感觉，就一直唱到歌曲结束，酷狗会一直帮你保存。

（4）播放录音，听听自己唱得怎么样，觉得好的话可以分享给朋友。如果觉得不好，也可以设置一下，再重新唱。建议买一个好的麦克风。

7. 更改播放模式

（1）在播放列表中，右键单击某歌曲。

（2）在快捷菜单中，选择“播放模式”，将弹出下级菜单。

（3）播放模式有单曲播放、单曲循环、顺序播放、列表循环、随机播放等，在此可以选择自己喜欢的播放模式，如图 8-11 所示。

图 8-10　KTV 模式

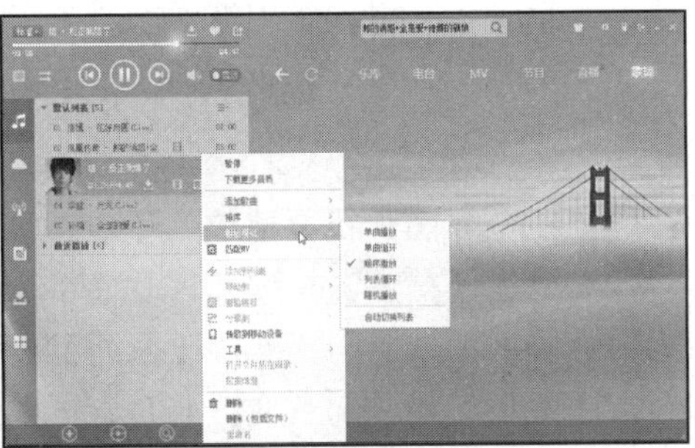

图 8-11　选择播放模式

8. 更改酷狗音乐的皮肤

（1）在主界面中，单击上端的【更换皮肤】按钮。

（2）在弹出的“皮肤与窗口调整”对话框中，会出现各种皮肤模板，单击自己喜欢的皮肤模板即可应用到酷狗音乐，如图 8-12 所示。

（3）单击【调色板】按钮，可以在调色板中选择一种颜色作为酷狗音乐的皮肤。

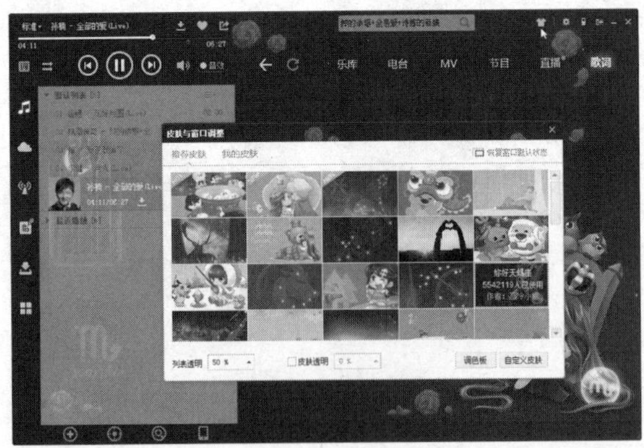

图 8-12　“皮肤与窗口调整”对话框

9. 下载音乐

把频道列表中所选音乐下载到本地设备中，有以下几个步骤：

（1）在需要下载的歌曲上，右击，如图 8-13 所示。

（2）在快捷菜单中，选择“下载更多音质”命令，将弹出“下载”对话框。

（3）选中需要的音质，在“下载到”中选择下载路径，单击【下载到电脑】按钮。

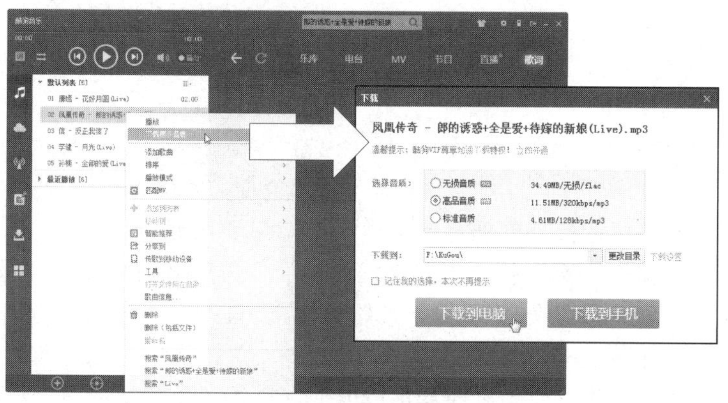

图 8-13　下载音乐

10. 歌曲体检工具

酷狗音乐的歌曲体检工具，具有智能重命名、自动删除歌曲等功能。

（1）在主界面的空白处，右击，在快捷菜单中执行“歌曲体检工具”命令，将弹出“歌曲体检工具”对话框，如图 8-14 所示。

（2）在“智能重命名”选项卡中，单击【开始检查】按钮可以检查歌曲中的命名是否有不准确的。检查完毕后，单击【一键重命名】按钮可以智能批量重命名歌曲。有多种命名方式可供我们使用，方便实用。

图 8-14　“歌曲体检工具”对话框

（3）在“歌曲去重”选项卡中，可以扫描并删除重复的歌曲，从而节省硬盘的使用空间。

（4）在“音质检测”选项卡中，可以自动检测歌曲的音质优劣。

11. 播放器设置

酷狗音乐还提供了播放器设置功能，为用户听歌提供了更多的便利。

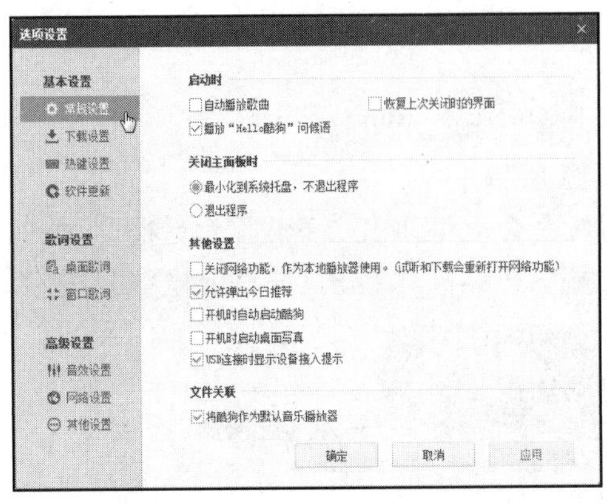

图 8-15　播放器设置

（1）在主界面上，右键单击空白区域，在快捷菜单中执行“设置”命令。

（2）在“选项设置”对话框中，可以进行与播放器有关的设置，如图 8-15 所示。

12. 使用遥控器

在主界面的右上角，有一个像“遥控器”的图标，单击便可快速切换到遥控器。这时的是默认遥控样式。酷狗音乐的“遥控器”有两种样式，一种是“魔方遥控器”，另一个是“条形遥控器”。单击“主菜单”中的“遥控器”项，可选择其中任意一个样式，如图 8-16 所示。

以“魔方遥控器”为例，打开“魔方遥控器”，将鼠标放在其上，可以显示隐藏的菜单按钮，其中有“音乐切换”“暂停、开始”“隐藏遥控器”“音量调节”“歌词显示”。根据自己的需要，在其上操作即可。

在播放音乐的过程中，使用遥控器可以方便地进行音乐播放的常规设置，免去将主界面切换出来进行音乐调节的烦琐操作。当然还可以双击“遥控器”来“隐藏/显示”酷狗播放的主界面。

如果需要将遥控器图标放在合适的位置，单击遥控器图标，拖动即可完成。

如果需要隐藏“遥控器”，单击主界面中的“遥控器”图标即可完成隐藏。

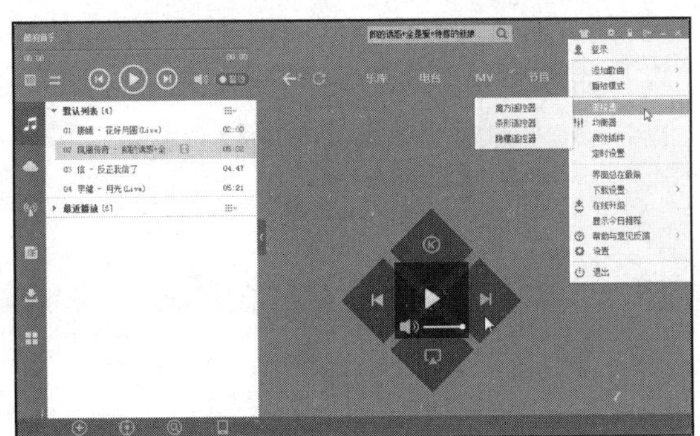

图 8-16　使用遥控器

13. 传歌到移动设备

（1）将移动设备（如手机）连接上电脑。

（2）在播放列表中，选择自己喜欢的音乐，点右边的【传歌到移动设备】按钮。

（3）在弹出的对话框中选择下载到手机即可。

14. 分享到微博

在使用酷狗音乐时，有时想把自己喜欢听的音乐分享到各种微博，和别人一起分享。

（1）在主界面，单击喜欢的歌曲旁边的【分享】按钮，如图 8-17 所示。

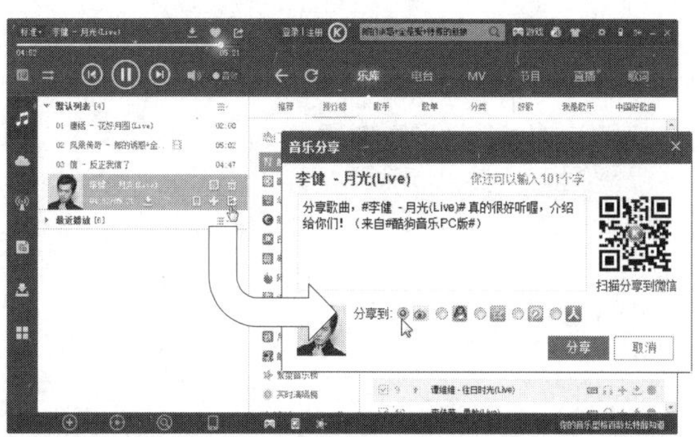

图 8-17 分享到微博

（2）在弹出的“音乐分享”对话框中，选中要分享到的微博或 QQ 等，单击【分享】按钮。

（3）登录你的微博后，单击【分享】按钮。成功后，会显示分享成功。

思考与练习

1. 利用酷狗音乐查找自己喜欢的歌曲并播放。
2. 将自己喜欢的歌曲下载到本地文件夹中。
3. 使用 KTV 模式进行 K 歌。
4. 将喜欢的歌曲传到手机上。
5. 将播放的歌曲分享到微博上。

8.2 计算机安全防护基础

任务导入

多媒体的快速发展让人们对声音的质量有了更高的要求，于是各种音频编辑软件应运而生。GoldWave 是一个集声音编辑、播放、录制和转换的音频工具，体积小巧，功能却不弱。可打开的音频文件相当多，包括 WAV、OGG、VOC、IFF、AIF、AFC、AU、SND、MP3、MAT、DWD、SMP、VOX、SDS、AVI、MOV 等音频文件格式，也可以从 CD、VCD、DVD 或其他视频文件中提取声音。GoldWave 内含丰富的音频处理特效，从一般特效如多普勒、回声、混响、降噪到高级的公式计算等。

本任务介绍利用 GoldWave 软件编辑音频文件的方法和技巧。

学习目标

（1）会使用音频编辑软件录制声音并保存。

（2）会对录制或下载的声音文件进行编辑。

任务实施

1. 安装与启动 GoldWave

GoldWave 的安装极为简单，只需要把压缩包解开即可。

双击 GoldWave 启动图标，就可以运行 GoldWave，其主窗口如图 8-18 所示。

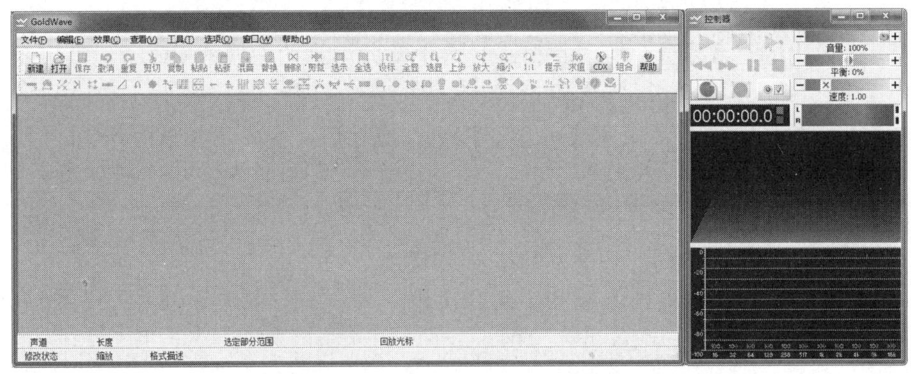

图 8-18　GoldWave 主窗口

刚进入 GoldWave 时，窗口是空白的，而且 GoldWave 窗口上的大多数按钮、菜单均不能使用，需要先建立一个新的声音文件或者打开一个声音文件。

2. 新建录音文件

（1）在 GoldWave 主窗口中，执行“文件→新建”命令，弹出“新建声音”对话框，如图 8-19 所示。

（2）在“新建声音”对话框中，可以直接设置声音的质量和大小。声音的质量设置包括声道数和采样速率，声音的长度以毫秒为最小单位。

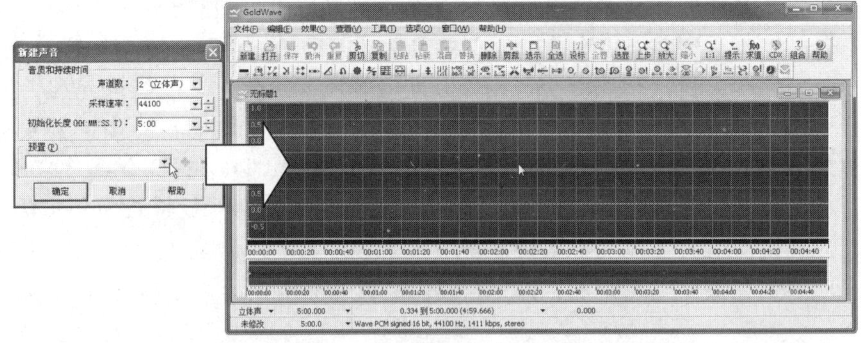

图 8-19　“新建声音”对话框

也可以单击“预置”下拉箭头，在弹出的下拉列表中直接选择已经设置好的参数类型，如“DVD 音质，5 分钟”选项，其声道数为 2，采样速率为 96000。

（3）设置好声音质量和声音长度后，单击【确认】按钮，进入新建的声音文件窗口。

（4）执行“选项→控制器属性”命令，弹出“控制属性”对话框，在此对话框中可以对控制器属性进行设置，其中主要包括播放设置、录音设置、视觉设置、设备设置、检测设置。

在“播放”选项卡中，如图 8-20 所示，主要设置控制器上的播放按钮的播放范围，以及快进/倒退按钮的快进和倒退速度。

在“录音”的选项卡中，如图 8-21 所示，主要设置控制属性上的录音选项、录音模式以及定时录音。

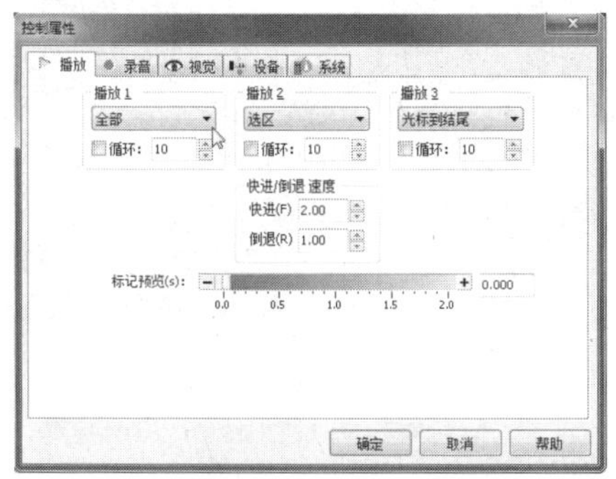

图 8-20　“播放”选项卡

图 8-21　“录音”选项卡

（5）单击【录音】按钮，开始录制声音文件，如图 8-22 所示。

此时，GoldWave 窗口中显示出波形文件的声音波形。如果是立体声，GoldWave 会分别显示两个声道的波形，绿色部分代表左声道，红色部分代表右声道。

（6）录制时间结束，或者单击【停止录音】按钮，将停止录音。单击【播放】按钮，GoldWave 就会播放这个波形文件。

（7）单击【保存】按钮，将打开“保存声音”对话框，输入文件名，选择所要保存的文件类型和声音音质，单击【确定】按钮，将所录制的声音文件保存。

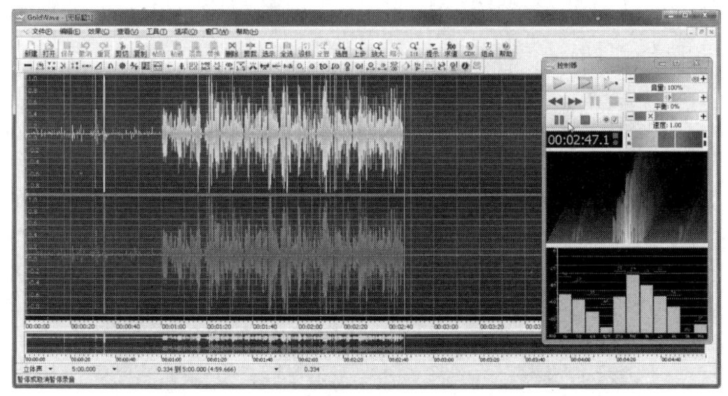

图 8-22　录制声音

3. 选择波形

因为在 GoldWave 中，所进行的操作都是针对选中的波形。所以，在处理波形之前，必须先选择需要处理的波形。选择波形的方法是：

（1）在波形图上，用鼠标左键确定所选波形的开始标记，如图 8-23 所示。鼠标所指为波形的开始，鼠标左边为颜色较淡并配黑色为底色的是未选中部分，鼠标右边为颜色较亮并配蓝色为底色的是选中部分。

（2）在波形图上用鼠标右键确定波形的结尾，如图 8-24 所示。在波形上右击，在弹出的菜单中选择“设置结束标记”命令。

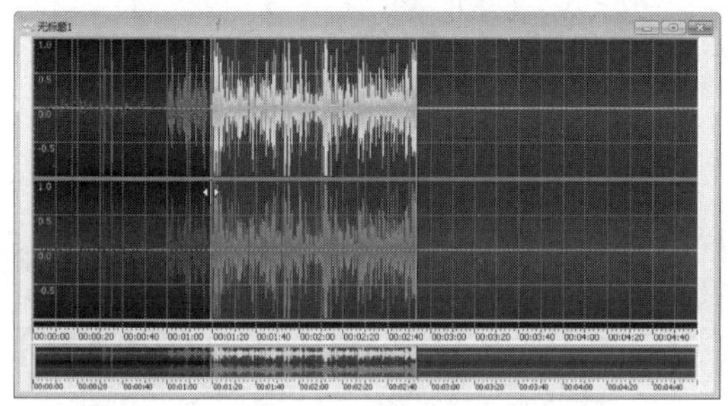

图 8-23　波形的开始　　图 8-24　选择波形

这样就选择了一段波形，选中的波形以较亮的颜色并配以蓝色底色显示；未选中的波形以较淡的颜色并配以黑色底色显示。现在，可以对这段波形进行各种各样的处理了。

4. 拷贝波形段

（1）选择波形段后，单击工具栏上的【复制】按钮，选中的波形即被复制。

（2）用鼠标选择需要粘贴波形的开始位置。

（3）单击【粘贴】按钮。粘贴位置后面的波形将顺势向后移。

5. 剪切波形段

剪切波形段是把一段波形剪切下来，保留在剪贴板中，然后再粘贴到某个位置。如图 8-25 所示，是选择剪切命令后的波形。

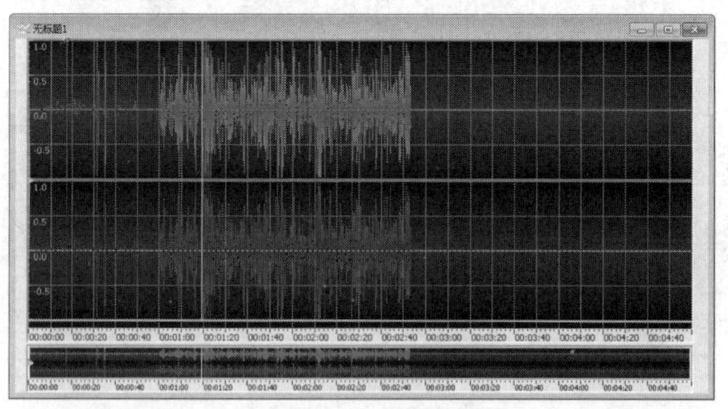

图 8-25　执行剪切

6. 删除波形段

删除波形段是直接把一段选中的波形删除，而不保留在剪贴板中。

7. 剪裁波形段

剪裁波形段类似于删除波形段，不同之处是，删除波形段是把选中的波形删除，而剪裁波形段是把未选中的波形删除，两者的作用可以说是相反的。

单击【剪裁】按钮后的波形，如图 8-26 所示。

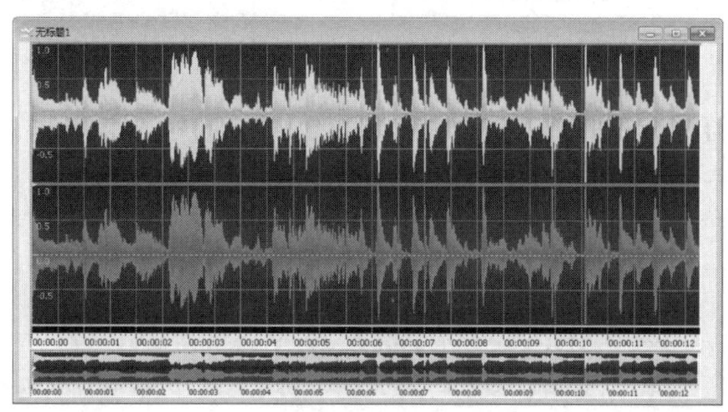

图8-26　剪裁波形

8. 粘贴的几种形式

刚才在拷贝中使用的粘贴是普通的粘贴命令，除此之外，在 GoldWave 工具栏的第一行中还有“粘新”以及“混音”这两个特殊的粘贴按钮。

（1）粘贴到新文件。

“粘新”是指自动创建一个和剪贴板中的波形段一样大小的新文件，并将所复制的波形段粘贴到新文件中。

（2）混音。“混音”是将复制的声音和当前所选的波形文件进行混合，可以利用混音制作演讲朗读的背景音乐。混音的步骤为：

① 录制一段朗诵，如图 8-27 所示为朗诵的波形。

② 打开背景文件，复制一段背景音乐。

③ 选择所录制的朗读文件。

④ 执行“混音”命令，弹出“混音”对话框。在“混音”对话框中，可以设置进行混音的起始时间（即背景音乐开始的时间），以及混音的音量（即背景音乐的音量大小）。

⑤ 设置完成后，单击【确认】按钮即可。混音后的波形如图 8-28 所示。

9. 对波形文件进行复杂处理

如果想对波形进行较复杂的操作，如偏移、改变播放时间、增加回声、声音渐弱、交换声音等，就必须使用 Goldwave 提供的声音效果命令。

单击 GoldWave 主窗口的“效果”菜单，弹出如图 8-29 所示下拉菜单，Goldwave 所提供的声音效果命令都在这里。

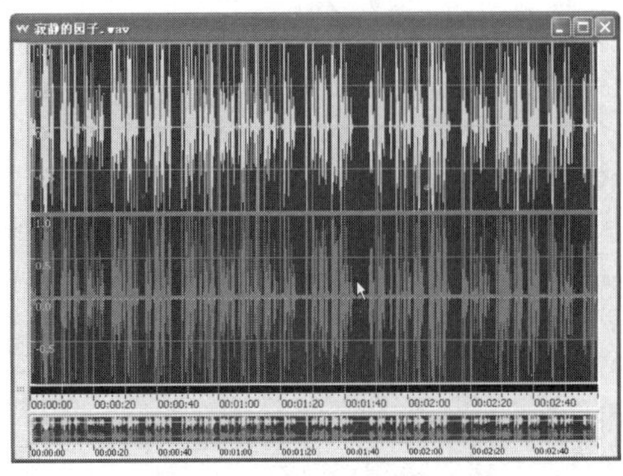

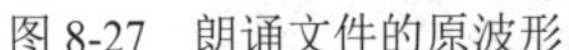

图 8-27　朗诵文件的原波形

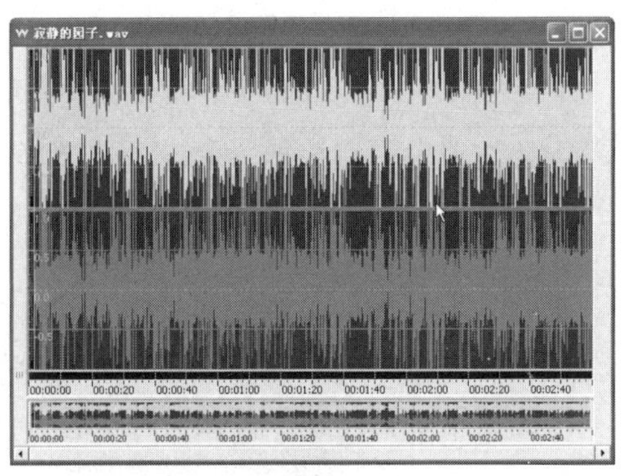

图 8-28　混音后的波形

效果菜单中所有命令的按钮均位于 GoldWave 工具栏的第二行。

10. 回声效果

回声，是指声音发出后经过一定的时间再返回被听到，就像在旷野中对高山呼喊一样，这种效果在很多影视剪辑、配音中被广泛采用。

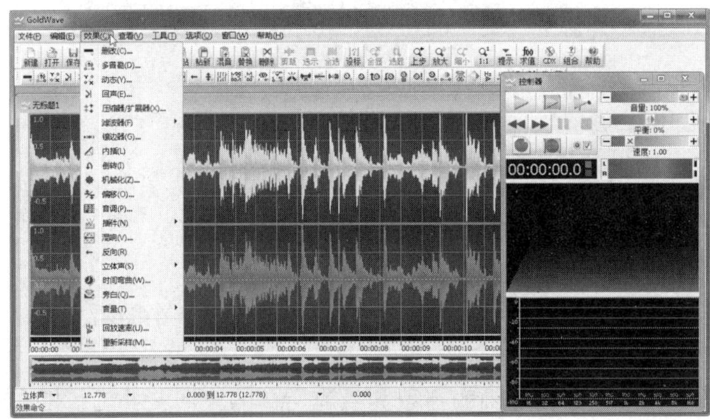

图 8-29　声音效果菜单

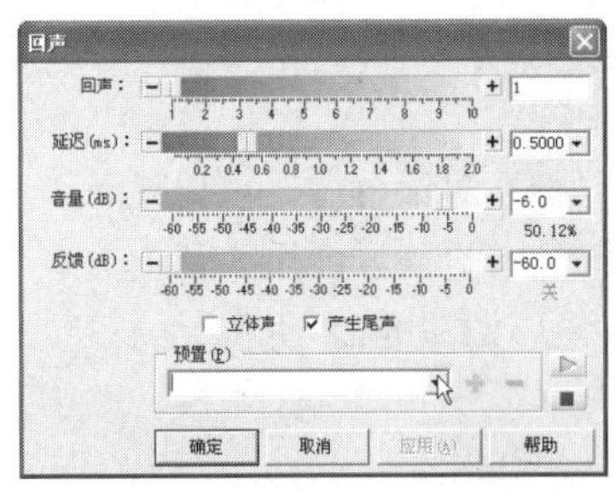

图 8-30　“回声”对话框

GoldWave 的回声效果制作方法十分简单：执行“效果→回声”命令，在弹出“回声”对话框中，设置延迟时间、音量大小即可，如图 8-30 所示。

延迟时间值越大，声音持续时间越长，回声反复的次数越多，效果就越明显。而音量控制的是返回声音的音量大小，这个值不宜过大，否则回声效果就显得不真实。选择混响效果后，能够使声音听上去更润泽、更具空间感，所以建议选中该项。

另外，在预置列表中，包含了很多软件中已经预设的回声设置效果，如机器人效果、混响效果、隧道混响效果、立体声回声效果等。

11. 压扩效果

在唱歌的录音中，往往录制出来的效果不那么令人满意，究其原因，很大程度上是因为唱歌时气息、力度的掌握不当造成的。有的语句发音过强、用力过大，几乎造成过载失真；而有的语句却“轻言细语”，造成信号微弱。如果对这些录音后的音频数据使用压缩效果器就会在很大程度上减少这种情况的发生。

压扩效果利用“高的压下来，低的提上去”的原理，对声音的力度起到均衡作用。

在 GoldWave 中，执行“效果→压缩器/扩展器”命令，弹出“压缩器/扩展器”对话框，如图 8-31 所示。

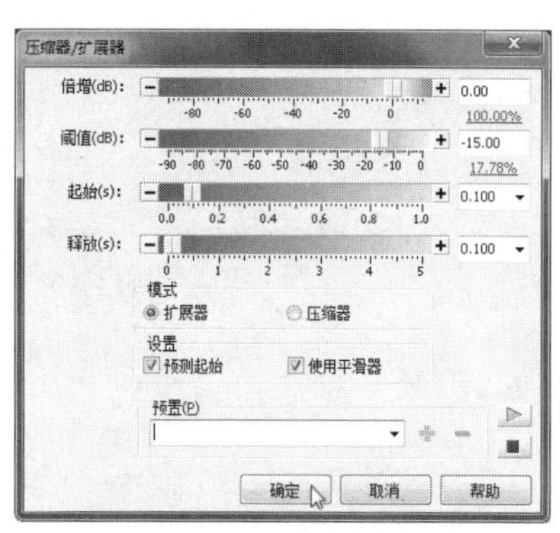

图 8-31 扩展/压缩效果设置

在它的三项参数中，最重要的是“阀值”的确定。它的取值就是压缩开始的临界点，高于这个值的部分被以比值（%）的比率进行压缩。而平滑度表示声音的润泽程度，其取值越大，声音过渡得越自然，但听上去感觉也越模糊；其取值越小，声音越生硬，但越清晰。所以在压缩过程中，应选择一个合适的平滑度，以获得最好的效果。

在“预置”列表中，包含了很多软件中已经预设的压扩设置效果，如减小峰值效果、衰减高声部分、嗓声门限效果等。

12. 镶边效果

使用镶边效果能在原来音色的基础上，给声音再加上一道独特的“边缘”，使其听上去更有趣、更具变化性。

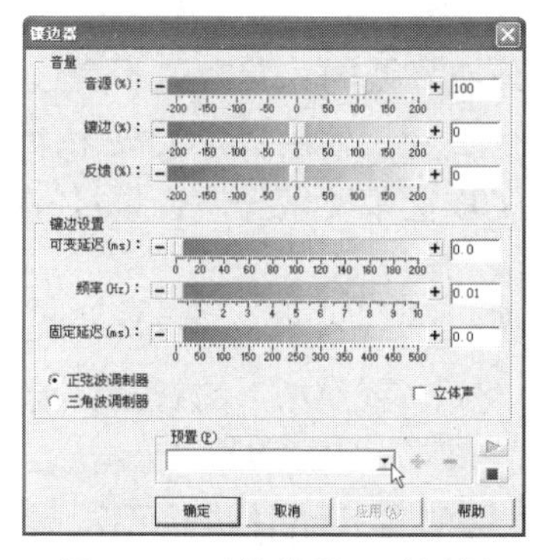

图 8-32 “镶边器”对话框

在 GoldWave 中执行“效果→镶边”命令，弹出“镶边器”对话框，如图 8-32 所示。

镶边的作用效果主要依靠反馈和频率两项参数决定。试着改变它们各自的不同取值，就可以得到很多意想不到的奇特效果。如果想要加强作用后的效果比例，将反馈音量增大就可以了。

13. 改变音调

由于音频文件属于模拟信号，要想改变它的音调是一件十分费劲的事情，而且改变后的效果不一定理想。GoldWave 能够合理地改善这个问题，只需要使用它提供的音调变化命令就能够轻松实现。

执行“效果→音调”命令，弹出“音调”对话框，如图 8-33 所示。其中，音阶表示音高变化到现在的 0.5～2.0 倍，是一种倍数的设置方式。半音表示音高变化的半音数，

12 个半音就是一个八度，所以用“＋12”或“－12”来升高或降低一个八度。它下方是半音的微调方式，100 个单位表示一个半音。

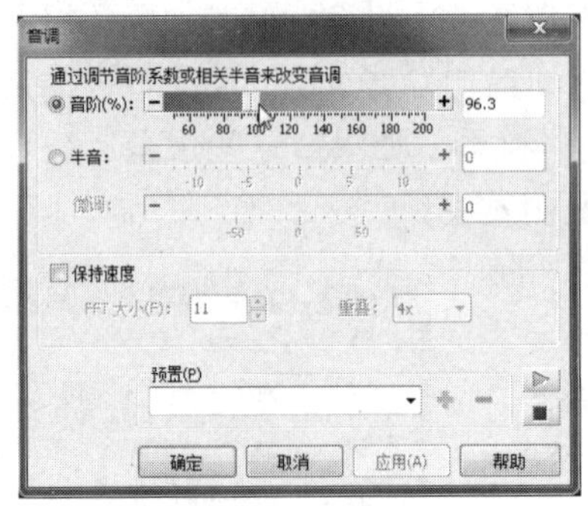

图 8-33　音调变化设置

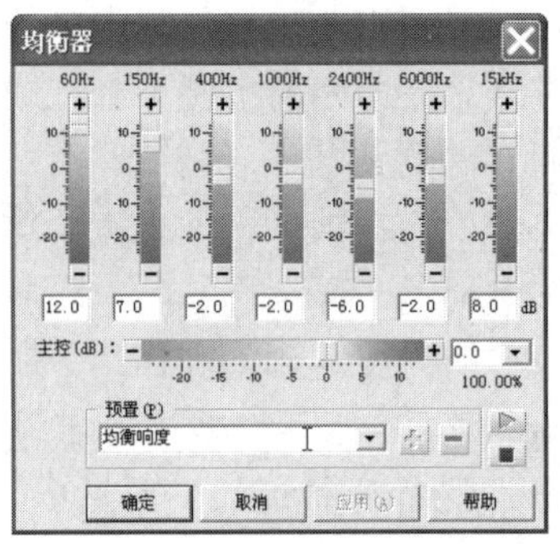

图 8-34　7 段参数均衡器调节

14. 均衡器

“均衡调节”命令也是音频编辑中一项十分重要的处理方法，它能够合理改善音频文件的频率结构，达到理想的声音效果。

执行“效果→滤波器→均衡器”命令，将打开“均衡器”对话框，如图 8-34 所示。最快捷的调节方法是：直接拖动代表不同频段的数字标识到一个指定大小的位置。

注意

声音每一段的增益不能过大，以免造成过载失真。

15. 音量效果

GoldWave 的“音量”效果子菜单中，包含了更改音量、淡出、淡入、匹配音量、最佳化音量、外形音量等命令，满足各种音量变化的需求。

“更改音量”命令是直接以百分比的形式对音量进行提升或降低的，其取值不宜过大。如果既不想出现过载，又想在最大范围内的提升音量，那么建议使用音量最大化命令，一般在歌曲刻录 CD 前都要做一次音量最大化的处理。

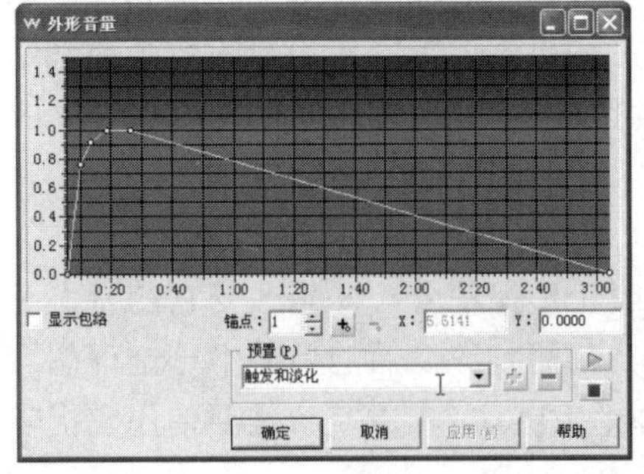

图 8-35　“外形音量”对话框

淡出淡入效果的制作也十分容易，直接选择相应命令并输入一个起始（或结束）的音量百分比即可，再听听效果，音量的变化显得十分自然。

如果想对不同位置的音频事件进行不同的音量变化，就必须使用音量定型线。选择“外形音量”命令，可以打开“外形音量”对话框，如图 8-35 所示，直接用鼠标添加、调整音量点的位置，最后单击【确认】按钮。

16. 使用表达式求值器

GoldWave 不但有完善的声音编辑功能，还有强大的声音生成功能，可以使用一些数学公式来生成各种各样的声音。

选定插入点后，单击工具栏上的【表达式求值器 f（x）】按钮，即可进入“表达式计算器”对话框，在此可以进行修改，如图 8-36 所示。也可以直接在“表达式”文本框中输入表达式来产生声音。例如，可以输入类似“wave（n）+wave（n-（1/T）*x）*y”这样的表达式。

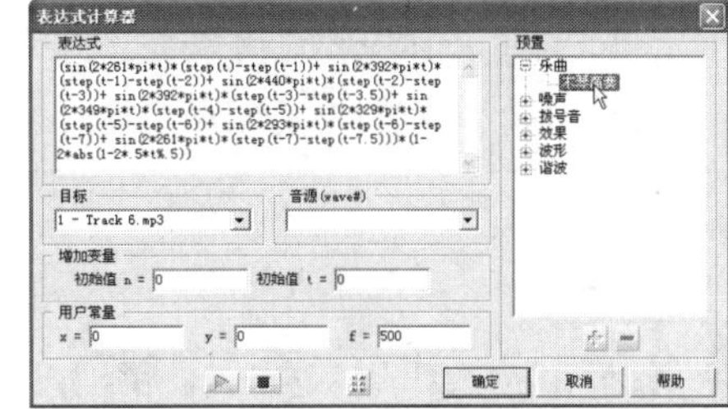

图 8-36　“表达式计算器”对话框

17. 其他实用功能

GoldWave 除了提供丰富的音频效果制作命令外，还有 CD 读取器、批量格式转换、多种媒体格式支持等非常实用的功能。

（1）CD 读取器。如果要编辑的音频素材在一张 CD 中，使用 GoldWave 能方便地抓取音频文件。方法是：

① 在光驱中插入一张 CD，执行“工具→CD 读取器”命令，弹出“CD 读取器”对话框，如图 8-37 所示。

② 选择好所要保存的曲目后，单击【保存】按钮，输入保存的文件名称和路径。

图 8-37　“CD 读取器”对话框

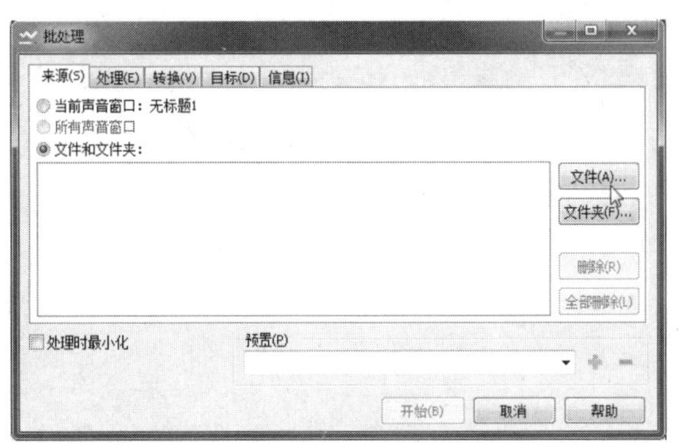

图 8-38　批处理

（2）批量格式转换。GoldWave 中的批量格式转换也是一个十分有用的功能，它能同时打开多个它所支持格式的文件，并转换为其他各种音频格式，运行速度快，转化效果好。

① 在 GoldWave 主窗口中，执行“文件→批处理”命令，弹出“批处理”对话框，如图 8-38 所示。

② 在该对话框中，添加要转换的多个文件，并选择转换后的格式和路径，然后单击【开始】按钮。批处理进行完毕后，就可以在刚才设置的路径下找到这些新生成的音频格式文件。

思考与练习

1. 录制自己的一段话，并选择一段音乐作为背景音乐。
2. 自己演唱一首歌曲，用编辑软件将自己的歌曲进行处理，尽量达到较好的效果。
3. 利用 GoldWave 读取并保存 CD 曲目。
4. 使用 GoldWave 对音频进行降噪处理并消除回声。

8.3 迅雷看看播放器

任务导入

随着网络的普及和网络技术的发展，网络电视孕育而生。迅雷看看播放器依托迅雷的强大资源支持，受到了用户的喜爱。迅雷看看播放器既可以在线观看在线视频，又可以支持本地资源播放，并且在视频格式上基本上支持所有格式的视频文件的播放。这样就方便了用户，再也不用装好几个播放器了。

迅雷看看播放器是一款即时流畅播放高清在线影片的客户端软件。选中某部片子，经过短时间的缓冲后即可流畅观看，一看到底。

本任务介绍迅雷看看播放器的安装和使用。

学习目标

（1）会使用迅雷看看播放器收看视频节目。
（2）会倍速播放视频。
（3）会调整播放画面的比例和效果。

任务实施

1. 安装迅雷看看播放器

（1）登录迅雷看看播放器官网“http://dl.xunlei.com/xmp.html”免费下载最新版本，如图 8-39 所示。

（2）双击安装文件，启动安装程序，在安装向导的指引下完成安装。

2. 启动迅雷看看播放器

安装结束后，系统将自动运行程序，弹出迅雷看看主界面，如图 8-40 所示。默认为“播放”选项卡。

图 8-39　下载迅雷看看播放器

图 8-40　迅雷看看播放器主界面

3. 播放节目

收看自己感兴趣的节目，主要有下面几种方法：

（1）在“播放”选项卡中，主界面的左侧，单击【在线媒体】按钮展开各栏目，查找自己感兴趣的视频，指向某视频名称后，将弹出视频简介窗口，单击【立即播放】按钮即可收看，如图 8-41 所示。

（2）在“片库”选项卡中，有各种类型的视频，如电影、电视剧、综艺、动漫、纪录片等。选择需要的节目，单击【立即播放】按钮即可进行收看，如图 8-42 所示。

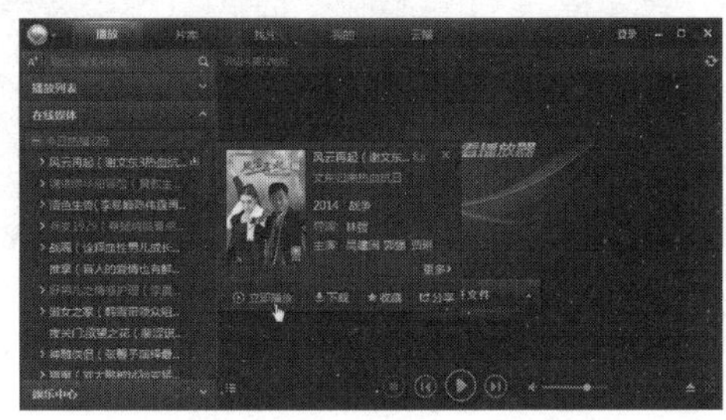

图 8-41　“播放”选项卡

图 8-42　“片库”选项卡

（3）在“找片”选项卡中，在搜索框中输入片名、主演或导演，单击【搜索】按钮即可自动搜索相关视频，找到后单击【立即播放】按钮即可观赏，如图 8-43 所示。

（4）如果需要播放本机的媒体资源，可以执行“打开文件→打开文件夹”命令，如图 8-44 所示，在弹出的“浏览文件夹”对话框中选择文件，然后单击【确定】按钮。

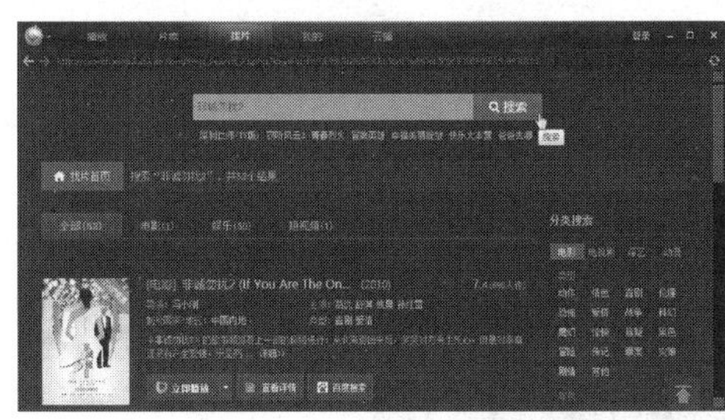

图 8-43　“找片”选项卡

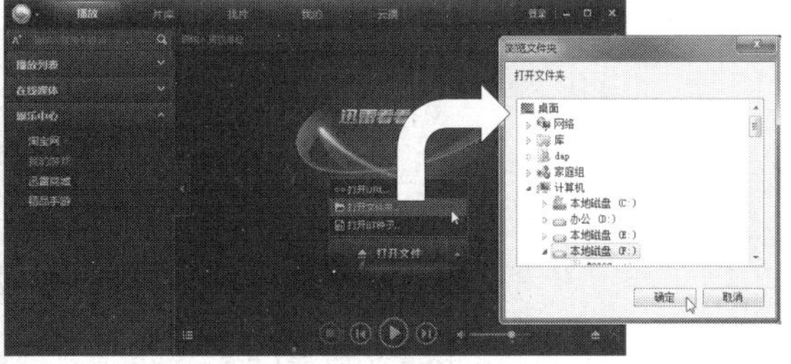

图 8-44　播放本机视频文件

（5）如果需要播放 Internet 上的媒体资源，则可以执行“打开文件→打开 URL”命令，在弹出的“打开 URL”对话框中输入 URL 地址，单击【确定】按钮，经过一段时间的缓冲，即可开始播放节目。

在播放节目时，单击播放界面上的【全屏】按钮可全屏播放节目。处于全屏播放时，按【Esc】键可返向原来的窗口。

4. 流畅播放视频

在播放视频时，有时拖动进度条会出现程序卡死状态，需要重新打开播放器才能继续使用。这时，我们可以更换视频的播放模式，如图 8-45 所示，单击【播放模式】按钮，在弹出列表中，把智能切换模式更换成其他的模式，如标清、流畅等。

5. 倍速播放

在播放中，播控条上有向左和向右的两个按钮，如图 8-46 所示，单击就可以显示变速播放（慢速或者快速）。单击一下则 1.1 倍播放，单击两下 1.2 倍播放，如此叠加。

图 8-45　更改播放模式

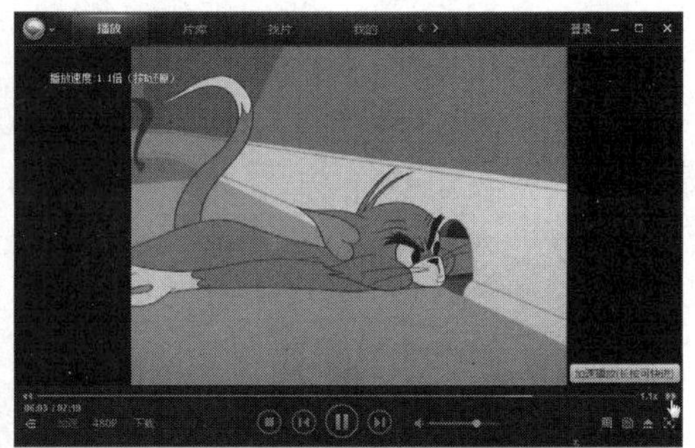

图 8-46　倍速播放

长按该按钮不放，则可以实现快进或快退。

6. 调整画面比例和效果

播放时单击右键，在快捷菜单中，执行“画面→4:3 或 16:9”命令，可以调整画面比例。

执行“画面→当前画面效果设置”命令，在弹出的对话框中调整画面的比例、亮度、对比度等，如图 8-47 所示。

图 8-47　画面效果设置

7. 截取视频

目前迅雷看看只支持截取部分主流格式（如 AVI、RMVB 等）的下载好的影片。

在迅雷看看播放器上播放影片的时候，右击，在快捷菜单中，选择“截取与转码”即可。

如果快捷菜单中的“截取与转码”命令为灰色，表示影片格式不支持。

8. 删除播放历史

（1）按下【Ctrl】或者【Shift】选中多个列表中的条目。

（2）在“播放列表”的顶部，单击删除图标，将弹出下拉列表，如图 8-48 所示，选择“清空播放历史”项，可删除播放历史；如果选择“删除无效条目”项，可以删除无效的栏目；如果选择“删除选中条目”项，可以删除已经选中的栏目。

（3）也可以右击列表，在快捷菜单中，选择相应命令完成删除或清空任务，如图 8-49 所示。

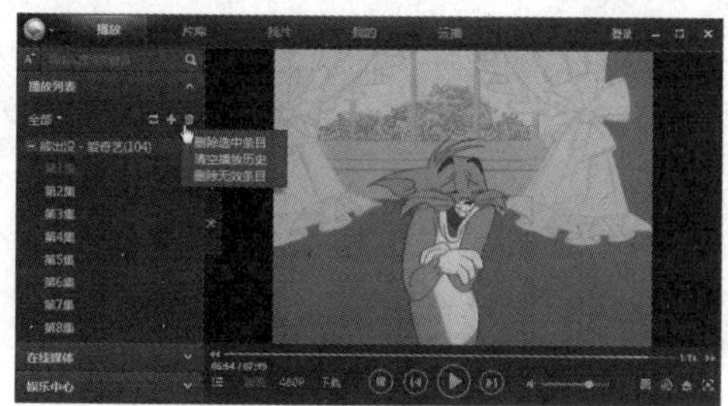

图 8-48　删除播放历史

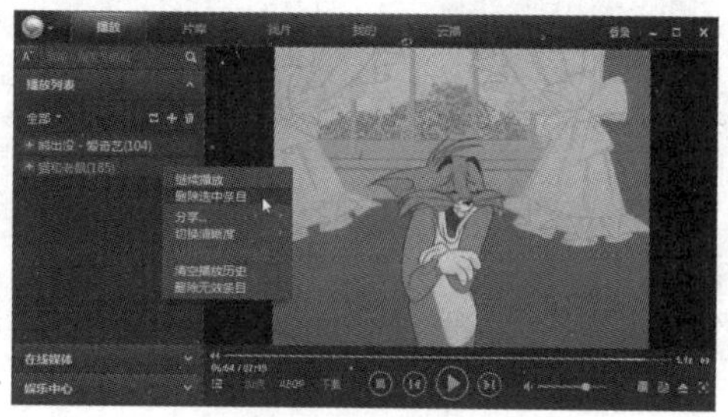

图 8-49　删除选中条目

9. 播放器设置

迅雷看看播放器还提供了播放器设置功能，为客户收看网络电视提供了更好的便利。

（1）在主界面上，右击空白区域，在快捷菜单中执行“设置”命令。

（2）在弹出的“系统设置”对话框中，可以进行与播放器相关的设置，如图 8-50 所示。

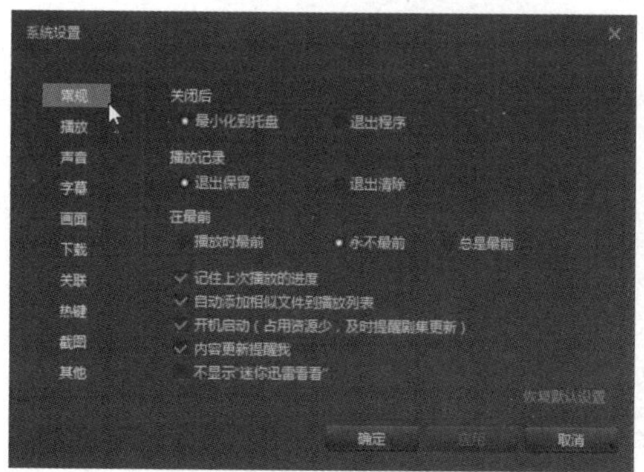

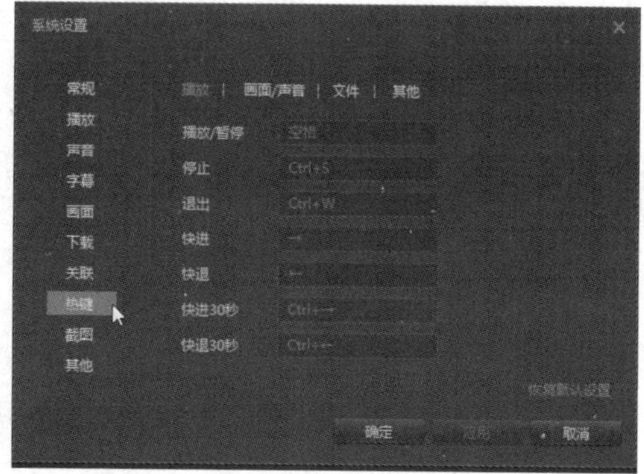

图 8-50　播放器设置

在“热键”选项卡中，可以根据自己的喜好设置热键。

10. 获得最新版本

打开浏览器，访问迅雷看看播放器官方网站“http://www.kankan.com/app/xmp.html”下载最新版本。

也可以单击播放器左上角的功能按钮“”，在下拉菜单中执行“帮助→检查更新”命令进行升级，如图 8-51 所示。

11. 定时关机

播放时，右击，在快捷菜单中执行“定时关机→播放完本集影片”命令，则会在影片播放完成后自动关机，如图 8-52 所示。

如果设置了“定时关机”命令，则可以自定义关机的时间。

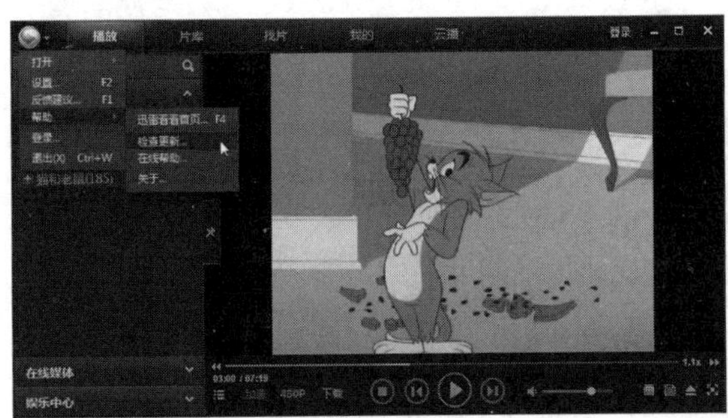

图 8-51　检查更新

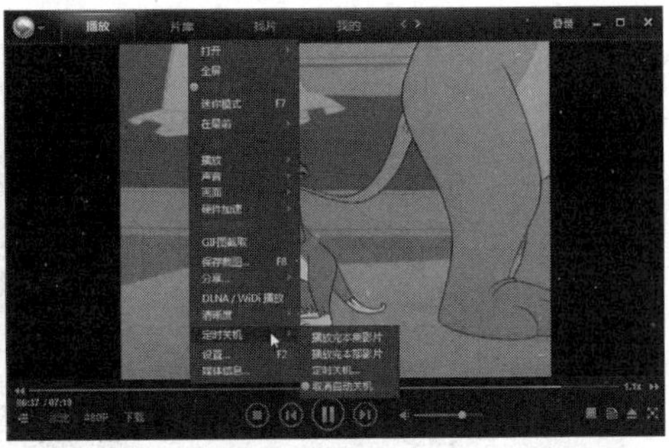

图 8-52　定时关机

思考与练习

1. 下载并安装迅雷看看播放器。
2. 快速查找并收看视频节目。
3. 倍速播放视频节目。
4. 根据自己的使用习惯调整画面的比例和效果。

8.4 视频编辑专家

任务导入

视频编辑专家是一款专业的视频编辑软件，包含视频格式转换、视频合并、视频分割、视频截取等功能，是视频爱好者必备的工具。

视频编辑专家不仅是对素材的合成，还包括了对原有素材的再加工，如图片间的转场特效、MTV 字幕同步、字幕特效、视频截取等，并最终生成通用视频格式。

本任务介绍视频编辑专家的安装和使用方法。

学习目标

（1）会使用视频编辑专家编辑和转换视频文件。

（2）会使用视频编辑专家进行视频的分割和截取。

（3）会使用视频编辑专家进行视频的合并和截图。

任务实施

1. 安装与启动视频编辑专家

视频编辑专家的安装极为简单，可以在“www.17rd.com”下载安装包，只需要把压缩包解压即可。

在桌面上双击视频编辑专家图标，启动视频编辑专家，其主界面如图 8-53 所示。.

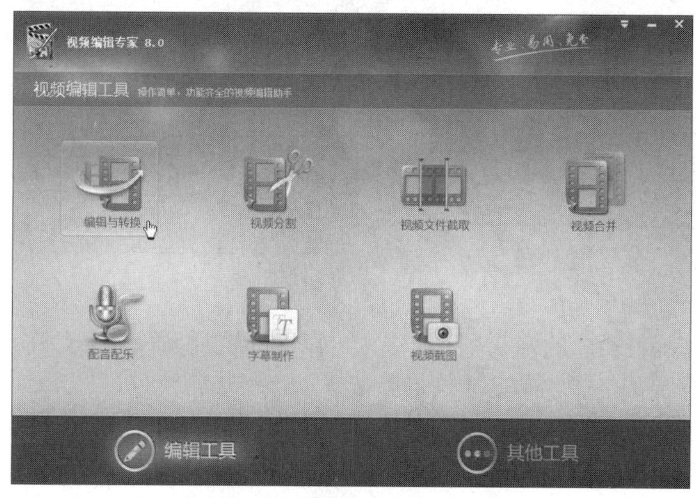

图 8-53 视频编辑专家主界面

2. 视频格式转换

视频格式转换是指通过一些软件将视频的格式互相转化，使其达到用户的需求。常用的视频格式有影像格式、流媒体格式，每一种格式的文件需要有对应的播放器。因此，不同的播放器支持的播放文件格式不同，为了成功播放就需要对视频进行格式转换。

例如，MP4 格式广泛应用于 MP4 播放器、手机等移动播放器，利用视频转换专家中的视频转换功能，就可以实现 MP4 格式转换。

（1）在视频编辑专家主界面中，单击【编辑与转换】按钮，将进入“视频转换”向导，如图 8-54 所示。

图 8-54 “视频转换”窗口

（2）单击【添加文件】按钮，将弹出“打开”对话框，如图 8-55 所示，选择某一视频文件后，单击【打开】按钮。

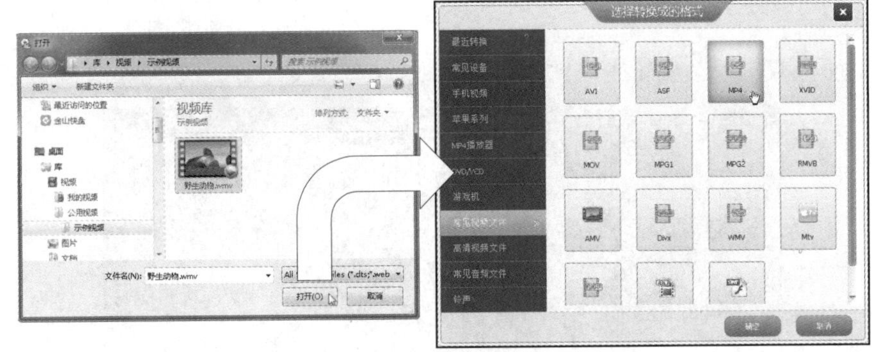

图 8-55 添加文件

（3）在“选择转换成的格式”窗口中，可以看到视频编辑专家支持的各种类型的格式，选中自己需要的格式，单击【确定】按钮进行格式转换。

（4）格式转换设置好后将返回到“视频转换”窗口，如图 8-56 所示，单击【下一步】按钮。此时，也可以单击【添加】按钮添加其他需要转换的文件。

图 8-56 完成文件添加

（5）在“输出设置”中，如图 8-57 所示，单击“输出目录”右侧的浏览按钮，在打开的“浏览计算机”对话框中选择文件的输出路径，单击【确定】按钮。也可以再次修改转换格式。最后单击【下一步】按钮。

（6）接着视频编辑专家会自动转换视频文件，完成后弹出提示窗口，单击【确定】按钮，如图 8-58 所示。

图 8-57　输出设置

图 8-58　转换视频文件

3. 视频分割

视频分割就是通过手段或方法，把需要的视频按照需要截断分割，取出需要的部分的技术。

视频分割在很多领域中都有非常重要的作用。在视频编码中，基于内容和利用人眼视觉特性的第 2 代编码技术已经出现，提取视频对象可以在很大程度上提高压缩效率，为存储和传输提供了便利。在互联网领域的 WEB 技术中，我们需要提取视频对象，以对静止或动态场景进行查询和交互。另外，视频分割在模式识别、计算机视觉、视频检索等领域也得到了广泛的应用。

（1）在视频编辑专家主界面中，单击【视频分割】按钮，进入视频分割向导。

（2）单击【添加文件】按钮，选择需要添加的文件，添加完成后，选择输出目录，如图 8-59 所示。

（3）单击【下一步】按钮，设置需要分割视频文件的每段时间长度、每段文件大小、平均分割，设置完成后单击【下一步】按钮，如图 8-60 所示。

图 8-59　添加要分割的视频文件

图 8-60　分割设置

（4）接着视频编辑专家会自动分割视频文件，分割成功后显示提示框，单击【确定】按钮即可，如图 8-61 所示。

图 8-61　分割视频文件

4. 视频文件截取

使用视频编辑专家的“视频文件截取”功能，可以把视频文件中你喜爱的精彩片断截取出来进行保存或与人分享。

（1）在视频编辑专家主窗口中，单击【视频文件截取】按钮，进入“视频截取”向导。

（2）单击【添加文件】按钮，选择需要添加的文件，添加完成后选择输出目录，完成后单击【下一步】按钮，如图 8-62 所示。

图 8-62　添加视频文件

（3）选择需要截取视频文件的开始时间、截取长度、结束时间，选择完成后单击【下一步】按钮，如图 8-63 所示。

（4）视频编辑专家会自动分割视频文件，如图 8-64 所示。

图8-63　设置截取时间

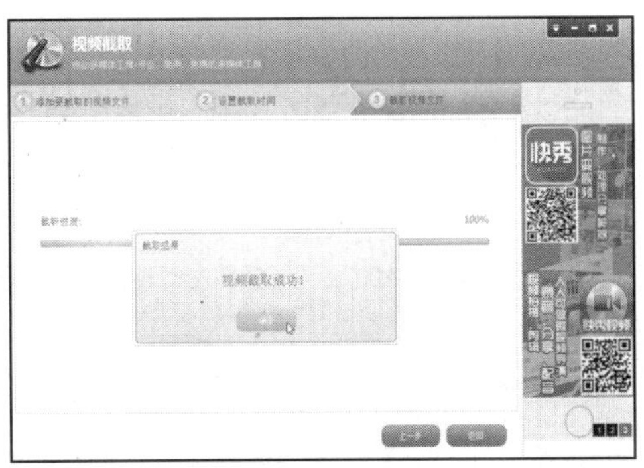

图8-64　截取视频文件

5. 配音配乐

配音是为影片或多媒体加入声音的过程。多指配音演员替角色配上声音，或以其他语言代替原片中角色的语言对白；或者由于声音出现错漏，由原演员重新为片段补回对白的过程。

配乐一般是指在电影、电视剧、记录片、诗朗诵、话剧等文艺作品中，按照情节的需要配上的背景音乐或主题音乐；配乐配合了情节发展和场景的情绪，可起到烘托气氛的作用，以增强艺术效果。

（1）在视频编辑专家主界面中，单击【配音配乐】按钮，进入“视频配音”向导。

（2）单击【添加】按钮，选择需要添加的视频文件，然后单击【下一步】按钮，如图 8-65 所示。

（3）在“给视频添加配乐和配音”选项卡下，选中“配音”标签可以给视频文件配音，单击视频中的播放按钮进行播放，在需要配音的位置单击【新配音】按钮进行配音，此时【新配音】按钮变为【停止录制】按钮，配音结束后单击【停止录制】按钮，如图 8-66 所示。

图 8-65　添加视频文件

图 8-66　给视频文件配音

如果选中“配乐”标签，在需要配乐的时间点，单击【新增配乐】按钮，在打开的对话框中选择某一音乐文件。

（4）完成配音配乐任务后，单击【下一步】，弹出“输出设置”窗口，设置输出目录和目标格式。

（5）继续单击【下一步】，视频编辑专家自动转换配音配乐后的视频文件。

6. 字幕制作

（1）在视频编辑专家主界面中，单击【字幕制作】按钮，弹出“字幕制作”窗口。

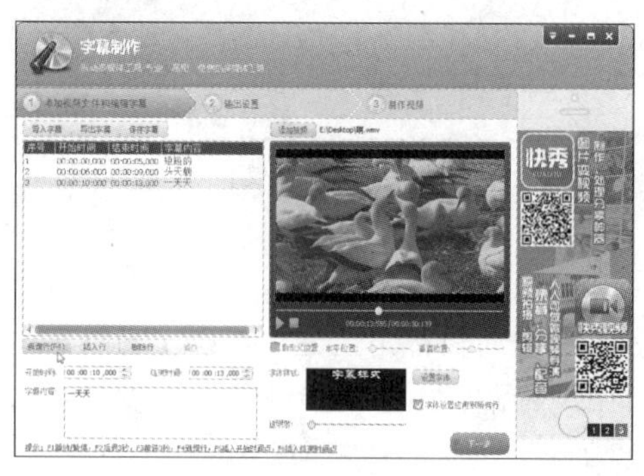

图 8-67　字幕制作

（2）单击【添加视频】按钮，添加需要制作字幕的视频文件。在“开始时间”和“结束时间”后的文本框中输入字幕显示的时间区间，在“字幕内容”中输入这个时间区间内显示的文本内容，单击【新增行】按钮，同时可以设置字幕位置、字体样式、透明度等，如图 8-67 所示。同样，可以添加不同时间段中的字幕内容。

（3）单击【下一步】按钮，弹出“输出设置”窗口，选择输出目录和目标格式。

（4）继续单击【下一步】按钮，视频编辑专家会自动制作视频文件。

7. 视频截图

在欣赏视频的过程中，如果碰上非常精彩的画面，我们可以通过视频截图功能将该场景保存为图片。

图 8-68　视频截图

（1）在视频编辑专家主界面中，单击【视频截图】按钮，弹出“视频截图”向导对话框，如图 8-68 所示。

（2）单击【加载】按钮添加需要截图的视频文件，单击“截图模式”旁的下拉箭头选择“剧情连拍”或“自定义时间点”项，在“图片格式”旁的下拉列表中选择图片保存的格式，在“时间间隔”中选择剧情连拍模式进行截图，在“图像宽度”中输入图像大小，在“输出目录”下选择图片的保存路径。

（3）最后单击【截图】按钮，视频编辑专家就会自动进行截屏。

思考与练习

1. 利用视频编辑专家转换视频文件格式。
2. 利用视频编辑专家进行视频分割和截取。
3. 利用视频编辑专家进行视频的合并和截图。

8.5 优 酷

任务导入

优酷是中国领先的视频分享网站，优酷网以“快者为王”为产品理念，注重用户体验，不断完善服务策略，其“快速播放、快速发布、快速搜索”的产品特性，充分满足了用户日益增长的多元化互动需求，使之成为中国视频网站中的领军网站。优酷网现已成为互联网拍客聚集的阵营。

本任务介绍优酷网的使用方法。

学习目标

（1）会快速查找需要的视频。

（2）会下载和上传视频。

（3）会收藏和分享需要的视频。

任务实施

1. 注册

（1）在浏览器的地址栏中，输入优酷网网址“http://www.youku.com”进入优酷网首页。也可以通过百度搜索优酷官网。

（2）单击【注册】按钮，可以输入邮箱或手机号进行注册，如图 8-69 所示。

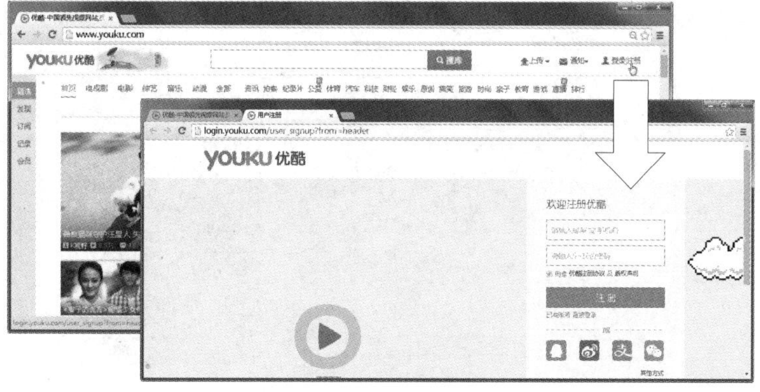

图 8-69 注册优酷网

2. 搜索视频

优酷网首页，如图 8-70 所示。搜索视频的方法很多，主要有下面几种方法。

图 8-70　优酷首页

（1）拖动右侧的垂直滚动条，可以浏览一些最新的视频，找到后单击可以观看。

（2）在网站的分类目录中，单击不同的栏目（如电视剧、电影、综艺、音乐、动漫等），然后继续在下级栏目进行查找（如国产原创、日本动漫、上海美影等），如图 8-71 所示；找到后单击即可观赏视频，如图 8-72 所示。

图 8-71　按照分类查找视频

图 8-72　观赏视频

（3）在搜索栏中，输入要收看的视频名称，如图 8-73 所示，然后单击【搜库】按钮，在搜索结果中找到自己需要的视频，单击进行观看。

图 8-73　搜索视频

3. 下载视频

如果看到了喜欢的视频，想在旅行路途中观看，又想节省流量，那么就可以下载来看。但是优酷视频只能使用优酷 PC 客户端下载，下面介绍如何使用客户端下载视频，如图 8-74 所示。

图 8-74　下载视频

（1）单击图 8-74 中的“PC 客户端”链接，进入优酷 PC 客户端下载页面，单击【下载 6.0 正式版】按钮，弹出“另存为”对话框，如图 8-75 所示，确定安装文件的存放位置后单击【保存】按钮即可进行下载。

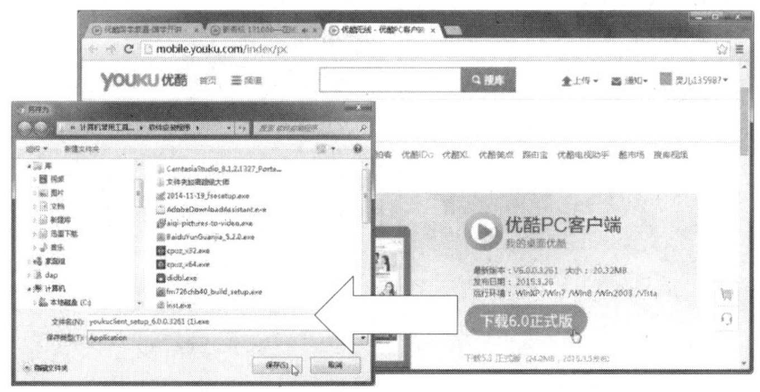

图 8-75　下载优酷 PC 客户端安装文件

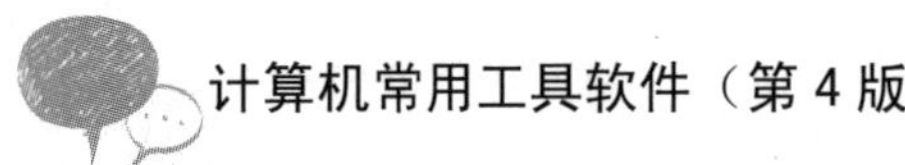

（2）双击安装文件，即可进入安装过程。单击【立即安装】按钮，如图 8-76 所示。等待安装完成后，根据需要去掉添加的插件。

图 8-76　安装优酷 PC 客户端

（3）安装完成后，单击【立即体验】按钮，即可打开优酷客户端程序，如图 8-77 所示。

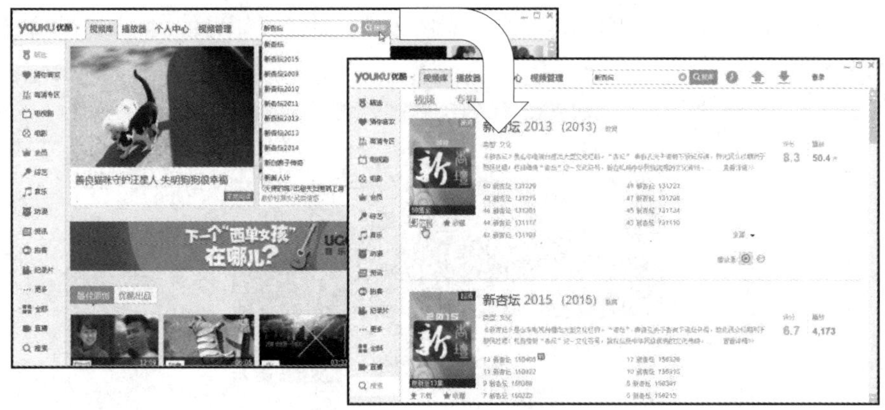

图 8-77　利用优酷 PC 客户端下载视频

（4）在搜索框中输入要查找的视频名称，单击【搜库】按钮搜索相关的视频。

（5）单击【下载】按钮，弹出“新建下载”对话框，如图 8-78 所示，确定需要下载的剧集和保存位置。

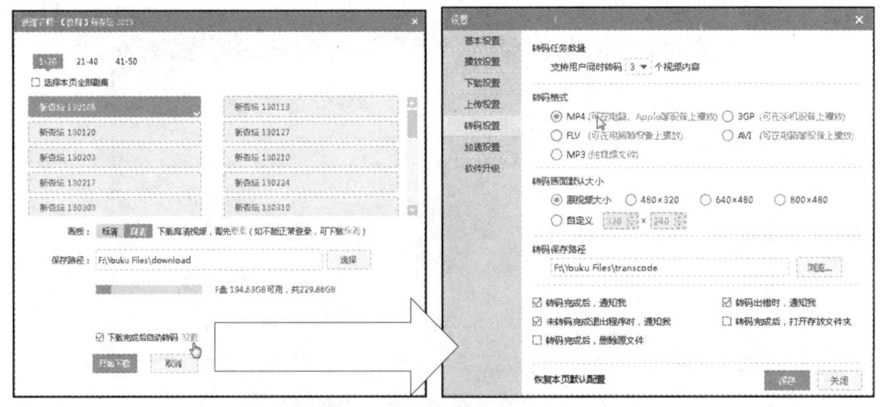

图 8-78　设置下载任务

（6）由于优酷下载默认的格式是 FLV，很多移动设备不支持，因此我们需要转码，单击【设置】按钮，将弹出“设置”对话框，选择转码格式后单击【保存】按钮返回“新建下载”对话框。

（7）单击【开始下载】按钮即可完成视频下载任务。

4. 上传视频

很多人都想把自己录制好的视频传到网上，这样就可以让更多人看到。其实，想让他人看到视频，直接发个链接就可以了，非常方便。下面主要介绍把视频传到优酷上的方法。

（1）进入优酷网首页，单击右上角的【上传】按钮，会出现“上传视频”界面，如图 8-79 所示。如果没有登录，优酷会提醒你先登录，有账号的用户直接登录，没有账号的用户则要进行注册。

图 8-79 上传视频

（2）单击【上传视频】按钮，弹出“打开”对话框，如图 8-80 所示，选中需要上传优酷的视频源文件，单击【打开】按钮。

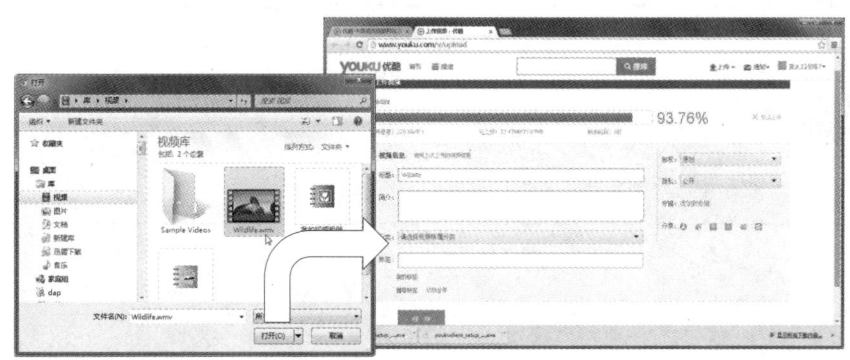

图 8-80 “打开”对话框

（3）接着将出现上传资料的页面，这里显示视频上传的速度、进度，还能编辑视频的标题、简介、分类、标签等。

（4）等到上传进度到 100%后，单击“保存”按钮。

（5）接下来页面会提示“视频上传成功，进入转码审核阶段”，如图 8-81 所示。这是因为对我们上传的每个视频优酷都会先转码，也就是转制成他们的格式，这个阶段需要很长时间，经过审核，最后才能发布。

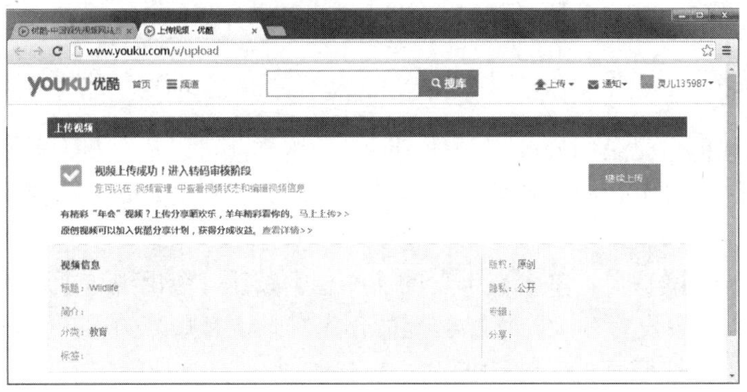

图 8-81　视频上传成功

（6）单击“视频管理”，将进入“视频管理”页面，如图 8-82 所示，可以看出视频进展到的程度，是审核通过了，还是正在转码或是正在审核中。审核通过就完成整个流程了。

图 8-82　视频管理

注意

分类一定不能分错，否则审核不通过。

思考与练习

1. 利用优酷搜索观赏自己喜欢的视频。
2. 下载优酷中的某部视频文件并播放。
3. 把自己班级活动的视频文件上传到优酷网。

第9章 文件管理工具

在计算机中，所有信息都是以文件的形式存放在磁盘中的。文件是存储在计算机内的相关信息，是以实现某种功能为目的而定义的一个单位。文件有很多种，运行方式也不相同。一般来说，可以通过识别文件名的后缀来分辨该文件是哪种类型。

虽然 Windows 已经为用户提供了资源管理器来管理所有电脑文件，实现对文件复制、移动、删除、重命名等操作，但要想实现对文件的一些特殊处理（如压缩、加密、数据恢复等）还需要一些额外的辅助工具。针对这类问题，一些软件开发商和编程爱好者设计开发了相当多的文件管理工具，分别针对文件处理的某一方面进行功能完善。

本章主要介绍文件压缩工具、文件夹加密工具、数据恢复软件的安装和使用方法。

9.1 文件压缩工具 WinRAR

任务导入

随着网络时代的到来，网上信息传递量不断增加，在通过 E-mail 或 FTP 向远程计算机传送文件时，常因网络速度的问题而延误许多时间。对文件进行压缩能节约文件占用网络服务器的存储空间，并减少在网上传输数据的时间。

WinRAR 是一款具有强大的压缩、分卷、加密、自解压、备份等功能的压缩/解压缩工具软件，也是目前最为流行的压缩工具之一。

本任务介绍文件压缩工具 WinRAR 的安装和使用方法。

学习目标

（1）了解文件压缩的基本知识。

（2）会安装文件压缩工具。

（3）会使用文件压缩工具对文件进行压缩。

（4）会快速解压缩文件。

任务实施

1. 什么是文件压缩

一个较大的文件经过压缩后，会产生另一个较小容量的文件，这个较小容量的文件就是较大容量的（可能一个或一个以上的文件）压缩文件。而压缩此文件的过程称为文件压缩。要使用压缩过的文件，必须将经过压缩处理的文件还原成可以处理或执行的文件格式。

目前，网上大家常用的 FTP 文件服务器上的文件，大多属于压缩文件，文件下载后必须先解压缩才能够使用。另外，在使用电子邮件附加文件功能的时候，最好也能事先对附加文件进行压缩处理。这样，可以减轻网络的负荷，更能省时。

2. 文件压缩的分类

文件压缩按照压缩的基本原理可分为有损压缩和无损压缩。

（1）有损压缩。有损压缩能有效地减少图像所占用的空间。对于图片来说，这种压缩方法的依据是人的眼睛对光线比较敏感，而光线对物体的作用比颜色更为重要，那么在有损压缩的时候，会删除图像中颜色的突然变化。利用有损压缩，确实能大大压缩文件数据，但是对于图片来说，会极大地影响图像质量，那些被刻意删除的数据就不能再恢复了。

（2）无损压缩。无损压缩的基本原理是相同的颜色信息只需保存一次，对于同一颜色的不同深度的数据则需再另外记录。使用这种方法压缩，能有效地保护图像的质量，但这种方法压缩率比较低。

3. 文件压缩格式

不同的压缩软件有着不同的压缩算法，由此产生的压缩格式也不尽相同。目前常见的压缩格式有：

（1）RAR 压缩格式。RAR 是一种文件压缩与归档的私有格式，其文件的扩展名是.rar。它是一种常见的无损数据压缩格式，压缩率要比 ZIP 要高，但是压缩速度比较慢。

（2）ZIP 压缩格式。ZIP 压缩格式是菲尔·卡茨（Phil Katz）发明的。它其实是一种计算机文件的压缩算法，通用的后缀名是“.zip”，该压缩格式竞争的主要对手是 WinRAR。

（3）7-Zip 压缩格式。7-Zip 压缩格式是一种完全免费且源码公开的压缩格式，在更多的领域得到了广泛的应用。它拥有目前最高的压缩比。

（4）CAB 格式。CAB 格式是微软发布的压缩包格式，用于软件的安装程序，压缩效率高，安全性好，但解压缩速度较慢。

4. 安装 WinRAR

从网站中下载 WinRAR。双击下载文件名开始安装，操作步骤为：

（1）执行安装程序后，WinRAR 启动安装向导，设置目标文件夹（即 WinRAR 的安装位置）。默认的目标文件夹是“C:\program files\WinRAR”，用户也可以单击【浏览】按钮改变安装位置。

（2）单击【安装】按钮，开始复制文件。

（3）文件复制完成后，自动弹出初始参数设置窗口，可以对 WinRAR 做一些设置，如 WinRAR 可以关联的文件，是否创建 WinRAR 的快捷方式等。

（4）单击【确定】按钮，弹出成功安装对话窗口，单击【完成】按钮安装完毕。

5. 启动 WinRAR

双击桌面上 WinRAR 图标，或者执行“开始→所有程序→WinRAR”命令，启动 WinRAR。启动后的主界面如图 9-1 所示。

可以看出，其界面与其他 Windows 程序窗口相似，由菜单栏、工具栏、地址栏、目录列表组成。不同之处主要有：

（1）在工具栏按钮下面有一个【向上】按钮，单击该按钮将当前文件夹转移到上一级。

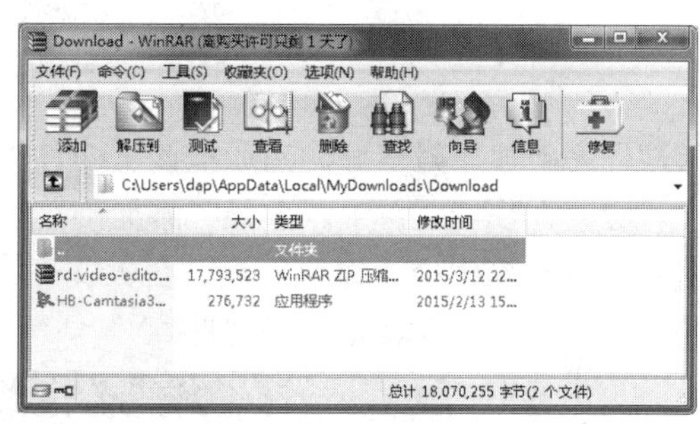

图 9-1 WinRAR 主界面

（2）文件列表位于工具栏的下面。它可以显示未压缩的当前文件夹，或者 WinRAR 进入到压缩文件时显示压缩过的文件等内容，这些被称为文件管理和压缩文件管理模式。

每一个文件会显示名称、大小、类型和修改时间。

（3）状态栏中的“驱动器”按钮。单击该按钮，可以更改当前的驱动器，如图 9-2 所示。

（4）状态栏中的“钥匙”按钮。要更改当前的密码，则可在图标上单击。默认的“钥匙”图标是黄色的，但是如果存在密码，图标将会变成红色的。

6. 快速创建压缩文件

如果对压缩包不需要做特别的设置，可以使用 WinRAR 提供的快速压缩方法。具体操作步骤为：

（1）在资源管理器窗口中，单击需进行压缩的文件夹或文件。在快捷菜单中可以看到，多出了几个 WinRAR 命令项，其中：

① 添加到压缩文件：是指将选择的文件添加到以前的压缩包或一个新的压缩包。

② 添加到“文件名”：这是一个压缩文件的快捷命令，“文件名”是被压缩的文件夹名或文件名。

③ 压缩并 E-mail：是指将选中的文件制作一个压缩包，可以先设置这个压缩包的属性，然后打开默认的电子邮件程序新建一封信件，然后把该压缩包作为一个附件插入。

④ 压缩到“文件名”并 E-mail：是指将选中的文件自动压缩，并打开默认的电子

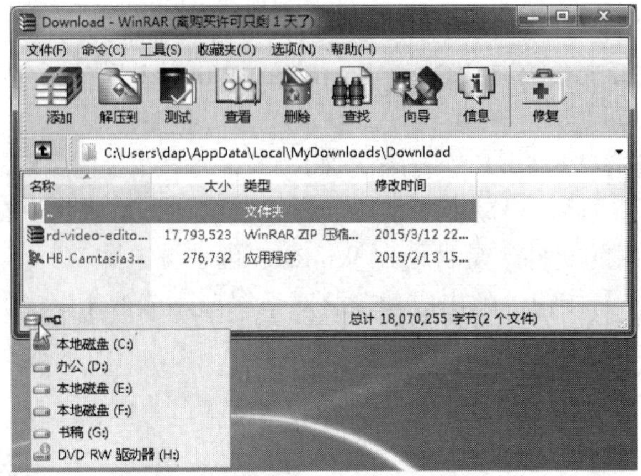

图 9-2　状态栏中的“驱动器”按钮

邮件程序新建一封信件，然后把该压缩包作为一个附件插入。

（2）在快捷菜单中，选择“添加到‘××.rar’”命令，如图 9-3 所示，软件将按照默认设置直接生成压缩包。这时在该文件夹所在目录里，会出现一个名为“××.rar”的文件，这个文件就是压缩文件。

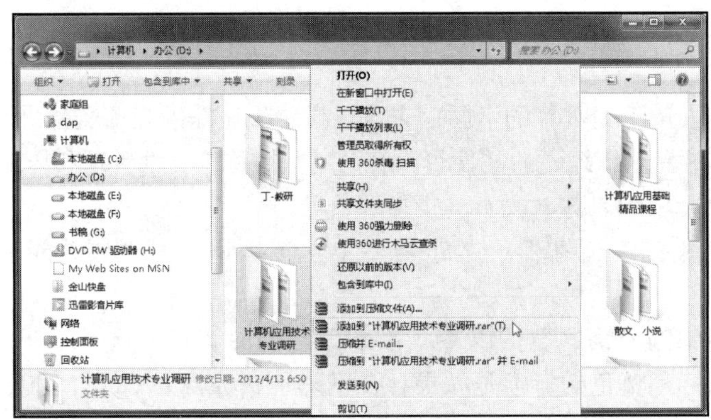

图 9-3　快速创建压缩文件

7. 快速打包压缩

有时将多个文件压缩只是为了能方便地发送给别人，并不在意是否能缩小多少文件空间，而且“.jpg”格式图片文件和“.rmvb”等视频文件已经是压缩过的格式，就算再用 WinRAR 压缩，其体积也不会减少多少。但是，WinRAR 可以将这些文件打包成 ZIP 格式的压缩包，以减少用 RAR 格式压缩的时间。

（1）如图 9-4 所示，右击计算机中要压缩的文件夹，在快捷菜单中选择“添加到压缩文件”项，弹出“压缩文件名和参数”对话框。

（2）选择“常规”选项卡，在“压缩文件格式”中选择“ZIP”项。

（3）单击【确定】按钮即可完成文件夹的快速打包压缩。

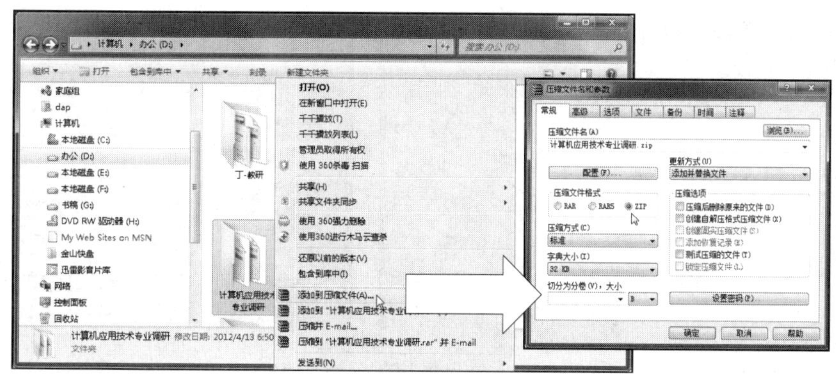

图 9-4 快速打包压缩

注意

在“压缩方式”项中，还有“标准”“最快”“较快”“最好”“较好”和“存储”六种选项。一般情况下压缩质量好与耗时是成反比的，通常选择“标准”选项。对于高压缩率的文件夹如用户仅仅是为了备份数据，可以使用“存储”方式，因为“存储”方式不执行压缩算法，可以节约大量的时间。

8. 创建自解压文件压缩包

自解压文件压缩包，可以在没有安装压缩软件的电脑中运行，并且自动解压文件。创建步骤为：

（1）在资源管理器中，右击要压缩的文件夹，在快捷菜单中选择“添加到压缩文件”。

（2）在弹出的“压缩文件名和参数”对话框中，选中“压缩选项”下的“创建自压缩格式压缩文件”项，单击【确定】按钮完成自解压文件的创建。

压缩完成后，系统将生成一个后缀为“.exe”的应用程序，双击该压缩文件即可自动解压。

9. 解压缩

解压缩的方法有两种，一是最常用的右键菜单方式，二是 WinRAR 窗口方式。

（1）右键菜单方式。

使用右键菜单方式对文件解压，不能对压缩包中文件进行选择，只能全部解压。

① 在 Windows 资源管理器中，选择要解压缩的文件，然后右击。

② 执行“解压到‘文件名’”命令，如图 9-5 所示，在当前目录中创建一个与该文件同名的文件夹，并把压缩文件解压到其中。

单击快捷菜单中的“解压文件”命令，弹出“解压路径和选项”对话框，可以对解压进行详细的设置，如图 9-6 所示。

执行“解压到当前文件夹”命令，解压后的文件将存放在压缩包所在的目录下。

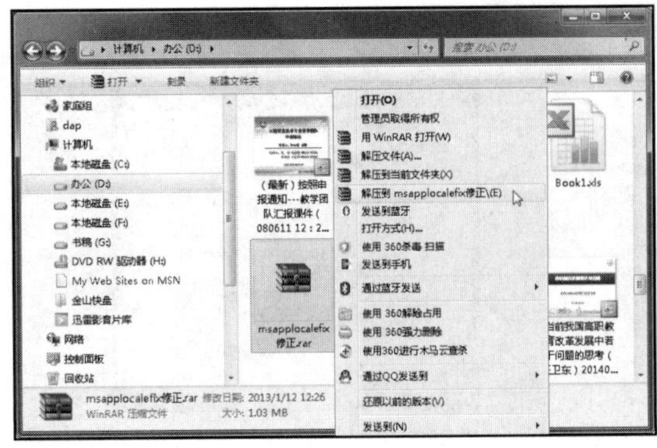
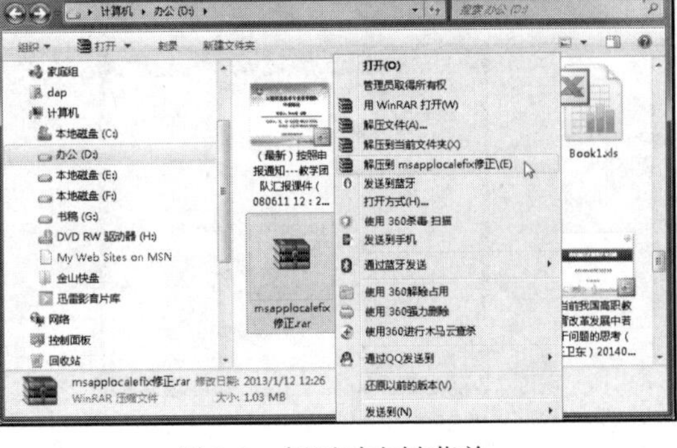

图 9-5　解压时右键菜单

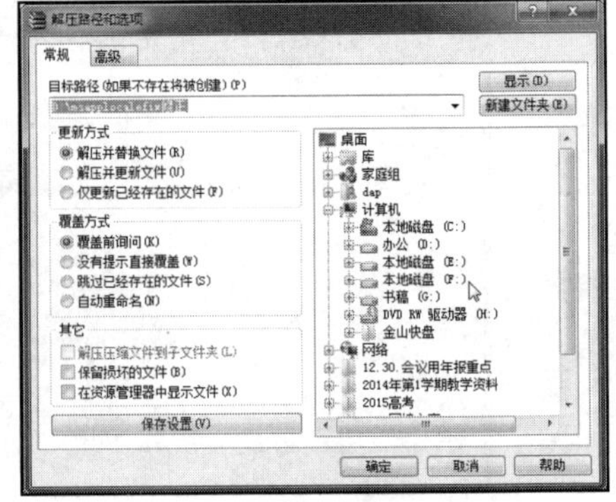

图 9-6　“解压路径和选项”对话框

（2）WinRAR 窗口方式。

① 在资源管理器中，双击需要解压的压缩包，将打开 WinRAR 主界面。

② 选择一个或多个需要解压的文件。如果没有选择，将对整个文件夹解压。

③ 单击工具栏上的【解压到】按钮，将弹出“解压路径和选项”对话框，在该对话框右侧的树型结构中，选择解压后存放的位置。

④ 单击【确定】按钮完成解压任务。

10. 使用向导解压缩文件

为了使初学者更加方便地使用，WinRAR 提供了解压缩文件向导，可以在向导的提示下一步步地执行基本的压缩和解压缩操作。

（1）在 WinRAR 主界面上，单击工具栏上的【向导】按钮，将弹出“向导”对话框。如图 9-7 所示，“向导”对话框顶端有一个简单的用法说明，描述了该对话框的内容和可能的用户动作。

如果需要解压 RAR、ZIP 或者其他压缩文件，请选中“解压一个压缩文件”项。

如果要创建一个新的压缩文件并把一些文件以压缩格式添加进去，应选中“创建新的压缩文件”项。

如果希望向已存在的压缩文件中添加文件而不是创建新的，应选择“添加文件到已存在的压缩文件中”项。

（2）下面以选中“创建新的压缩文件”项为例进行介绍，选中该项后，单击【下一步】按钮，将弹出“选择要添加的文件”对话框，在此选择要压缩的文件，单击【确定】按钮返回向导。

（3）单击【浏览】按钮定位压缩后文件将要存放的位置，单击【下一步】按钮。

（4）选择一些附加的压缩选项，如图 9-8 所示。

如果快速的压缩速度比压缩率更重要，则选中“快速，但是压缩率较小”项。

如果希望在成功压缩后删除源文件，则选中“压缩后删除源文件”。

如果需要创建自解压压缩文件，则选中“创建自解压（.exe）压缩文件”项。

如果要加密压缩的文件，可以按下【设置密码】按钮并指定一个密码。

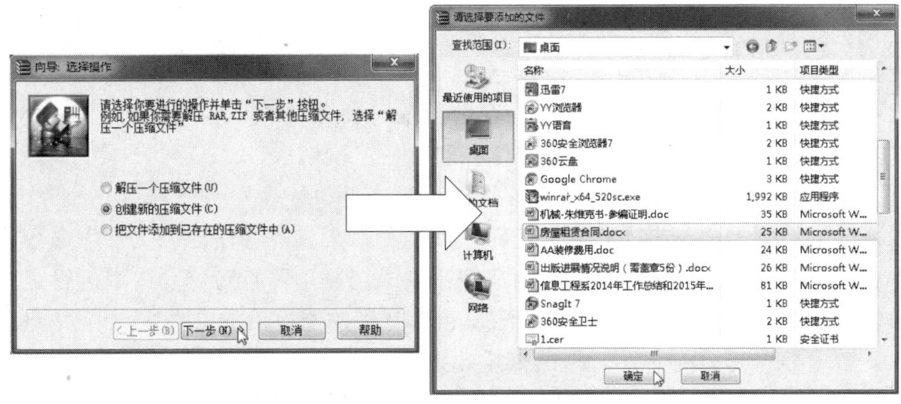

图 9-7　启动压缩向导

当然，如果创建一个新的压缩文件，可以把它分成几个部分（被称为卷）。在对话框下部的输入区域输入以字节为单位的单个部分的大小。也可以在分卷大小右边的下拉列表中选择一个适当的项目。

（5）完成后，单击【完成】按钮开始压缩操作。

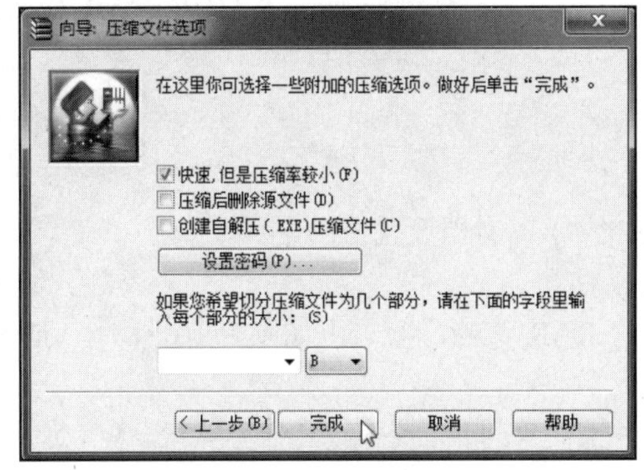

图 9-8　压缩选项

11. 拖动文件

WinRAR 支持 Windows 的拖动操作。

在文件管理模式时，拖动单个压缩文件到 WinRAR 中，将显示压缩文件的内容，且会进入压缩文件管理模式。如果把一个或多个非压缩文件拖到了 WinRAR 中，WinRAR 将提示输入压缩文件名，并添加这些文件到压缩文件中。

如果在压缩文件管理模式下，拖动文件到 WinRAR 的工具栏或地址栏中，拖动的压缩文件的内容会显示出来。

如果希望添加一个或更多的文件到当前浏览的压缩文件中，则把它们拖到 WinRAR 的文件列表中。

12. 修复损坏的压缩文档

有时从网上下载的 WinRAR 文档，在解压缩时会遇到“报错”现象，无法完成解压缩，这时可以使用 WinRAR 提供的修复功能来进行挽救。

（1）运行 WinRAR 软件，选中有问题的压缩文件。

（2）在主界面上，单击【修复】按钮，或执行“工具→修复压缩文件”命令，将弹出修复对话框，如图 9-9 所示，单击确定按钮完成修复，并且对修复过程进行记录。这时在需要修复的文件目录下，出现以“rebuilt”开头的修复后的文件。

（3）解压缩修复后的文件，测试修复效果。

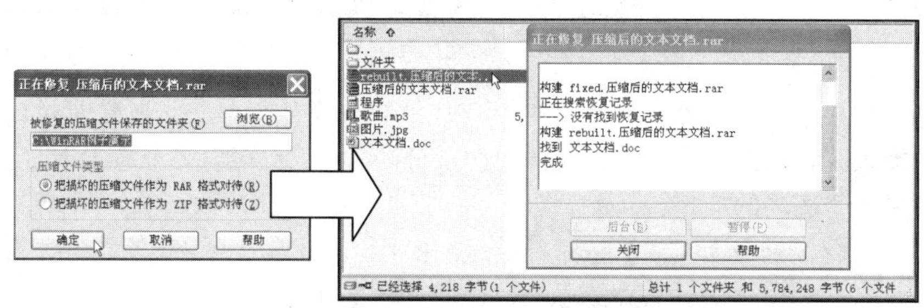

图 9-9　修复文件

13. 设置密码

（1）为已经压缩过的 RAR 文档设置密码。

① 运行 WinRAR 软件。

② 选中需要加密的 RAR 文档，右击，如图 9-10 所示，选择快捷菜单中的“设置默认密码”选项。

③ 在弹出的“输入密码”对话框中输入密码，单击【确定】按钮完成密码设置。

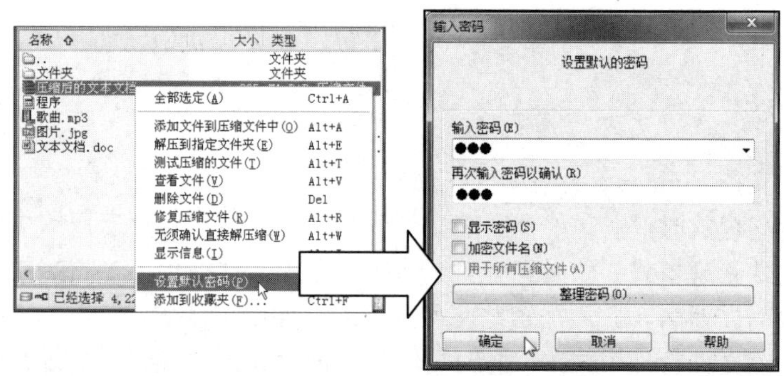

图 9-10　为已经压缩过的 RAR 文档设置密码

（2）在添加压缩文件过程中设置密码。

① 运行 WinRAR 软件，找到需要压缩文件所在的位置，并且选中该文件。

② 单击主界面左上角的“添加”图标，弹出“压缩文件名和参数”对话框，选择

“常规”选项卡，如图 9-11 所示。

③ 单击【设置密码】按钮，这时会弹出“输入密码”对话框。

④ 输入密码后单击【确定】按钮，即可完成在添加压缩文件过程中设置密码的操作。

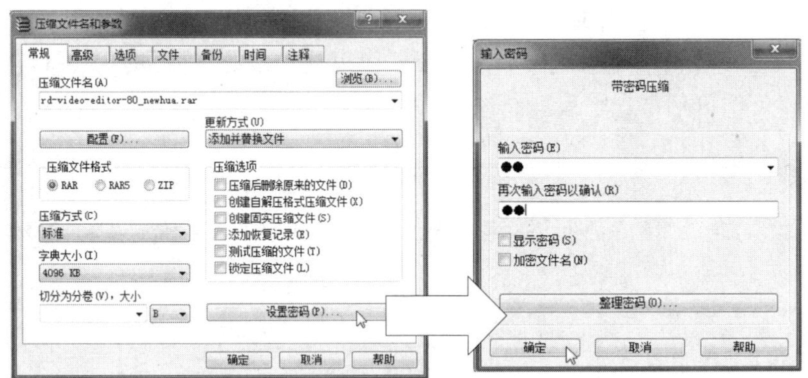

图 9-11　在添加压缩文件过程中设置密码

14. 文件分割压缩

WinRAR 不仅能对文件进行压缩处理，还有将文件分割压缩的功能。

（1）启动 WinRAR 软件，并在文件管理器窗口中选择好需要分割压缩的文件或文件夹。

（2）单击工具栏上的“添加”图标，此时弹出“压缩文件名和参数”对话框，如图 9-12 所示，选择“常规”选项卡。

（3）单击“切分为分卷，大小”下拉列表框，从中选择或输入分割大小。

（4）单击【确定】按钮后，WinRAR 将会按照分割大小生成分割压缩包。

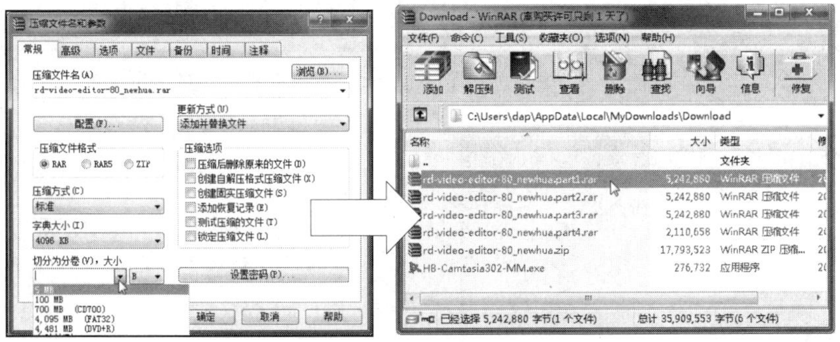

图 9-12　“压缩文件名和参数”对话框

注意

对于分割并压缩过的文件，在需要解压缩的时候，用户只需要选择任意一个分割压缩包，在 WinRAR 的主界面中单击【解压到】图标按钮，软件会自动将所有分割压缩包进行合并，并解压到同一目录下保存。

15. WinRAR 常规设置

在 WinRAR 中，可以根据自己的习惯进行必要的设置。在 WinRAR 主界面中，执行“选项→设置”命令，将弹出“设置”对话框。

在“常规”选项卡中，如图 9-13 所示，可以从“系统”“历史”“工具栏”“界面”“日志”五个方面进行常规设置。

> **注意**
>
> 如果经常与其他应用程序合用，并须将WinRAR放在后台运行，选中“低优先级”可降低WinRAR的系统占用率。

16. WinRAR 关联设置

如果发现一些压缩文件不再与 WinRAR 关联了，可以在“综合”选项卡中，选择设置相应的关联文件，如图 9-14 所示。

图 9-13 “设置”对话框中的“常规”选项卡

图 9-14 “设置”对话框中的“综合”选项卡

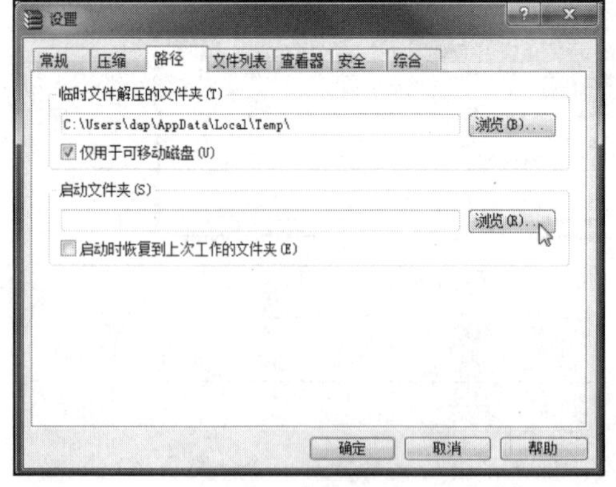

图 9-15 “设置”对话框中的“路径”选项卡

17. 设置启动文件夹

如果每次启动 WinRAR 都要选择同一个文件夹，这时可以把这个文件夹设为启动文件夹，这样就可以免去每次都要选择的麻烦。方法是：

（1）在“设置”对话框中，选择“路径”选项卡，如图 9-15 所示。

（2）取消“启动时恢复到上次工作的文件夹”项的选中状态。

（3）单击“启动文件夹”中的【浏览】按钮，从弹出的窗口中选择相应的文件夹。

思考与练习

1. 常见的压缩格式有哪些？如何快速打包压缩文件？

2. 使用文件压缩软件 WinRAR 对某一 Word 文档和某一图片文件进行压缩，观察压缩率。

3. 使用 WinRAR 对文件进行加密，并为其设置密码。

4. 使用 WinRAR 创建自解压压缩包。

9.2 文件夹加密超级大师

任务导入

互联网（Internet）的发展给人类带来了巨大好处，越来越多的用户在网络上共享自己的信息与他人分享。但是也存在许多隐患，例如，信息安全就是最大的问题。为了保护个人隐私不被他人窥视，我们可以用专门的加密工具对某个文件或文件夹甚至某个磁盘驱动器进行加密。

文件夹加密超级大师是一款易用、安全、可靠、功能强大的文件夹加密软件。软件采用了成熟先进的加密算法、加密方法和文件系统底层驱动，可使加密后的文件和文件夹达到超高的加密强度，并且还能够防止被删除、复制和移动。

本任务介绍文件夹加密超级大师的安装和使用方法。

学习目标

（1）了解数据加密的基本知识。

（2）会使用专用工具对数据进行加密，从而保护数据安全。

任务实施

1. 数据的加密和解密

数据加密又称密码学，它是一门历史悠久的技术，指通过加密算法和加密密钥将明文转变为密文，而解密则是通过解密算法和解密密钥将密文恢复为明文。

数据加密目前仍是计算机系统对信息进行保护的一种最可靠的办法。它利用密码技术对信息进行加密，实现信息隐蔽，从而起到保护信息安全的作用。

2. 安装文件夹加密超级大师

（1）进入文件夹加密超级大师官方网站“http://www.jiamisoft.com/folderencryper”，如图 9-16 所示，单击【免费下载试用】按钮下载安装。

（2）打开下载的压缩包，运行安装程序“fsesetup.exe”。

（3）安装程序运行后，依次单击【下一步】，安装过程中可以选择软件的安装目录。该软件目前可以试用 7 天，试用满意后可以购买。

图 9-16　下载文件夹加密超级大师

3. 启动文件夹加密超级大师

默认情况下，安装完成后会自动运行文件夹加密超级大师。

也可以双击桌面上的文件夹加密超级大师图标，或者在“开始”菜单的“所有程序”中选择“文件夹加密超级大师”项运行。

启动后，文件夹加密超级大师的主界面，如图 9-17 所示。

4. 加密文件和文件夹

使用文件夹加密超级大师加密文件和文件夹的方法非常方便。

图 9-17　文件夹加密超级大师主界面

（1）使用快捷菜单加密。

① 在“计算机”中，鼠标右键单击要加密的文件或文件夹，在快捷菜单中执行“加密”命令，如图 9-18 所示。

图 9-18　使用快捷菜单加密

② 首先弹出提示框，提醒要牢记加密密码，单击【我知道了】按钮。

③ 在弹出的文件“加密”对话框中输入文件加密密码，选择“加密类型”为“金钻加密”或“移动加密”，确定后单击【加密】按钮即可进行加密。

注意

金钻加密：把文件加密成加密文件，通过这种方法加密的文件，没有密码的话，任何人无法解密。

移动加密：把文件加密成 EXE 文件，具有与“金钻加密”一样的安全性。以这种方法进行加密后，可以通过网络或其他方式在没有安装文件夹加密超级大师的机器上使用。

（2）使用主界面中的工具按钮加密。

① 在主界面中，右击工具栏上的【文件夹加密】按钮或【文件加密】按钮，如图 9-19 所示。

② 在弹出的“浏览文件夹”对话框中，选择需要加密的文件夹或文件，单击【确定】按钮。

③ 在弹出的文件夹加密窗口中，输入加密密码，然后选择加密类型，最后单击【加密】按钮。

图 9-19　使用主界面中的工具按钮加密

注意

文件夹加密超级大师的加密文件和移动加密文件忘记密码，只能通过正确的加密密码才能解密，如果没有正确的加密密码则无法解密。

因为加密文件是用你加密时设置的密码把文件中的数据加密成密文，解密时只有正确的密码才可以把密文还原，所以文件加密后一定要牢记加密密码。

忘记文件加密密码一般有下面几种情况:

（1）字母大小写：如果加密文件的加密密码里面有字母，请试一下不同的大写和小写，加密密码中的字母大写和小写是有区别的。如密码 12A 和密码 12a 就是两个不同的密码。

（2）全角和半角：字母和数字的全角和半角是完全不一样的，如半角的加密密码“123456”和全角的加密密码“１２３４５６”是完全不同的加密密码。

（3）密码搞错了：如果你有多个常用密码，请都试一下。

5. 文件夹的加密类型

文件夹加密超级大师有 5 种文件夹加密方法，分别是闪电加密、隐藏加密、全面加密、金钻加密和移动加密。

文件夹闪电加密和隐藏加密，其加密和解密速度非常快，并且不额外占用磁盘空间，非常适合加密体积超大的文件夹。

文件夹全面加密、金钻加密和移动加密，采用国际上成熟的加密算法加密文件里面的数据，具有最高的加密强度，用来加密非常重要的文件夹。

6. 打开加密的文件和文件夹

如果想使用加密文件夹里面的文件或者加密文件，你不需要把加密的文件或文件夹解密，文件夹加密超级大师提供了加密文件和加密文件夹的打开功能，可以让加密文件在使用完毕后自动恢复到加密状态，或者直接使用加密状态下的加密文件夹。

（1）打开加密文件。

① 双击加密文件。

② 在弹出的窗口中输入正确密码，单击【打开】按钮。

③ 加密文件打开后，可以查看和编辑该文件。操作完毕后，文件夹加密超级大师会自动把该文件恢复到加密状态，不需要用户再次通过手工加密。

（2）打开加密文件夹。

① 双击加密文件夹，或者在文件夹加密超级大师的窗口中单击文件夹加密记录。

② 在弹出的窗口中输入正确密码，单击【打开】按钮。

③ 加密文件夹打开后，在电脑屏幕上方中间处有一个控制面板（可以隐藏）。

7. 解密文件夹和文件

如果想对加密的文件夹和文件解密，操作非常简单。

（1）双击加密文件或加密文件夹。

（2）在“请输入密码”对话框的文本框中输入正确密码，如图 9-20 所示。

（3）单击【解密】按钮。

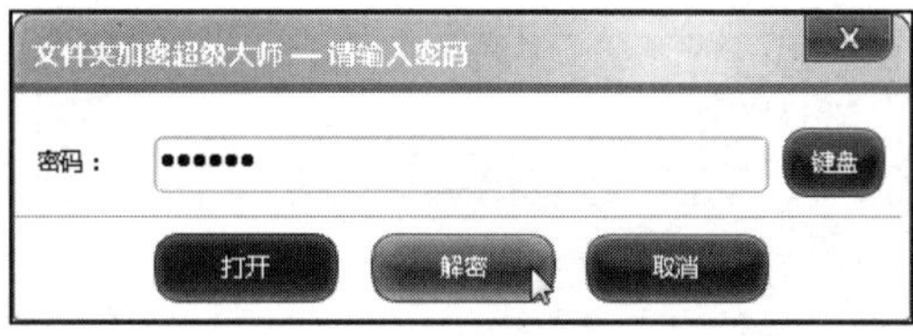

图 9-20　解密

8. 伪装文件夹

伪装文件夹是文件夹加密超级大师提供的一种简单的文件夹保护方法，当你打开伪装后的文件夹时，无法看到里面的真实内容。文件夹伪装不能算是一种文件夹加密方法，但可以在一定程度上起到保护文件夹里面文件的作用。

（1）伪装文件夹。用文件夹加密超级大师伪装文件夹非常简单：

① 在主界面中，单击【文件夹伪装】按钮，如图 9-21 所示。

② 在弹出的“浏览文件夹”对话框中，选择需要伪装的文件夹，单击【确定】按钮。

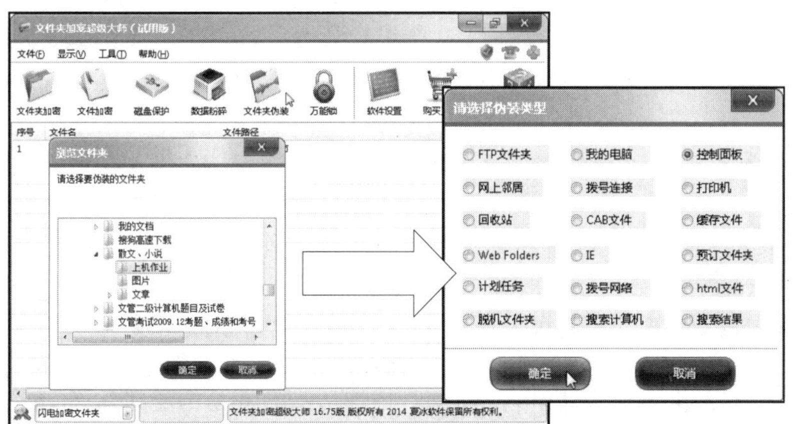

图 9-21　文件夹伪装

③ 在弹出的“请选择伪装类型”对话框中，选择文件夹要伪装的类型。这里有多种文件夹伪装方式可供选择，例如，如果选择了控制面板，文件夹打开时，看到的就是控制面板里面的内容。选择后单击【确定】按钮。

（2）打开伪装文件夹。

文件夹伪装后，如果想打开里面的文件也非常简单。

① 打开文件夹加密超级大师。

② 在窗口下方的选择框中选择“伪装文件夹”项，此时在窗口列表上就出现了你电脑上所有的文件夹伪装记录，如图 9-22 所示。

③ 单击需要打开的文件夹记录，文件夹就以正常模式打开了。你就可以正常打开和使用里面的文件。当把打开的文件夹关闭后，文件夹会自动恢复到伪装状态。

（3）解除文件夹伪装。如果要解除文件夹伪装，就在文件夹伪装记录上右击，在快捷菜单中，选择“解除伪装”即可，如图 9-23 所示。

图 9-22　打开伪装的文件夹

图 9-23　解除文件夹伪装

注意

文件夹伪装后，需要通过伪装记录解除才能解除。如果不小心删除了伪装记录，或把文件夹改了名，会出现无法解除伪装的情况，此时需要再用文件夹加密超级大师伪装一次，然后再解除就可以了。

使用试用版的用户，试用期到期后无法再次伪装，你可以下载安装其他的软件进行伪装。

9. 使用磁盘保护

磁盘保护是文件夹加密超级大师提供的一种以磁盘为对象的数据保护方法。磁盘的保护级别分为初级保护、中级保护和高级保护，用户可以根据需要选择不同的保护级别。另外，本软件还提供了禁止使用 USB 设备和只读使用 USB 设备的功能，通过磁盘保护功能可以全方位地保护电脑里面的数据。

磁盘保护的使用方法如下：

（1）在主界面，单击工具栏上的【磁盘保护】按钮，如图 9-24 所示。

（2）在打开的磁盘保护窗口中，单击【添加磁盘】按钮。

（3）在“添加磁盘进行保护”对话框中，选择需要保护的磁盘分区。

（4）在“级别”中，选择保护的级别，单击【确定】按钮。

图 9-24　磁盘保护

注意

磁盘保护的 3 种保护级别说明：

初级保护：这种级别保护的磁盘分区，通过资源管理器无法打开和查看，但可以通过命令行（cmd 模式）进入磁盘分区。

中级保护：这种级别保护的磁盘分区，无论是通过资源管理器和命令行都无法看到和进入，但重装系统或者更换电脑后就可以看到了。一般情况下，推荐使用中级保护。

高级保护：这种级别保护的磁盘分区，通过任何环境和方法都无法打开和进入磁盘分区，包括重装系统和更换电脑。高级保护具有最高的磁盘保护级别，可以彻底地隐藏电脑上硬盘分区。不过保护和解除保护后，需要重启系统才能生效。

（5）解除磁盘保护。解除磁盘保护也非常简单，选择需要解除的磁盘保护记录，然后单击【解除保护】按钮就可以了。

（6）禁止使用 USB 设备和只读使用 USB 设备。在“添加磁盘进行保护”对话框中，如果启用了禁止使用 USB 设备功能后，你的电脑上插入任何 U 盘和移动硬盘都将没有任何反应，也就是 U 盘和移动硬盘无法在你的电脑上使用，通过这种方法，可以有效地防止电脑上数据泄漏。

如果启用了只读使用 USB 设备功能，对电脑上插入的任何 U 盘和移动硬盘，可以打开和使用，但无法在 U 盘和移动硬盘中新建或复制文件。通过这个功能，不仅可以有效地防止电脑上数据泄漏，也不影响使用 U 盘和移动硬盘上的数据。

10. 数据粉碎

我们平时在电脑操作过程中，删除的文件和文件夹删除后都可以从回收站或者通过数据恢复软件进行恢复。这样就存在一个安全隐患，删除的一些隐私文件可能会在删除后，被其他人恢复而导致泄漏。

数据粉碎是文件夹加密超级大师提供的一个安全辅助功能，它可以彻底删除需要删除的文件和文件夹，粉碎删除后任何人无法通过数据恢复软件进行恢复。

（1）在主界面，单击工具栏上的【数据粉碎】按钮，如图 9-25 所示。

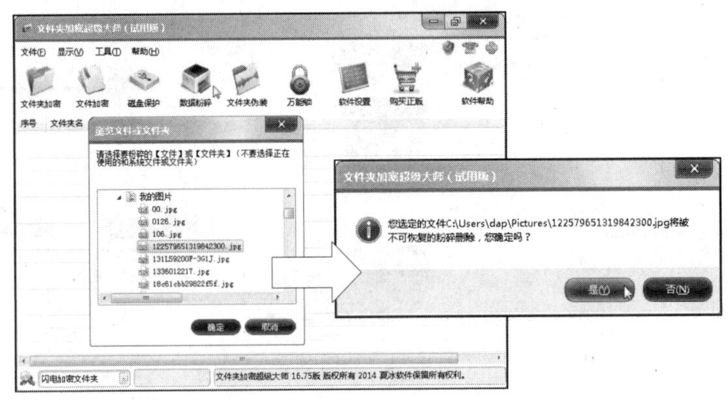

图 9-25　数据粉碎

（2）在弹出的“浏览文件和文件夹”对话框中，选择需要粉碎删除的文件或文件夹，单击【确定】按钮。

（3）在弹出的提示框中，单击【是】按钮即可进行粉碎删除。

11. 万能锁

万能锁功能可以对 NTFS 格式的磁盘分区、文件和文件夹进行加锁。加锁后的磁盘分区、文件和文件夹将无法访问和进行任何操作。

（1）在主界面中，单击工具栏上的【万能锁】按钮。

（2）在弹出的窗口中，如图 9-26 所示，选择需要加锁或解锁的文件、文件夹或者磁盘。如果是加锁，就单击【加锁】按钮；如果需要解锁，可单击【解锁】按钮进行解锁。

加锁后，当你双击打开或者进行其他操作时，会出现拒绝访问的提示框。

12. 设置软件密码

打开文件夹加密超级大师或者使用软件的加密功能，默认是不需要密码的，用户可以设置打开软件时需要输入的密码，这样其他人在没有密码的情况下就无法打开使用文件夹加密超级大师和软件的加密功能。

（1）在主界面中，单击工具栏上的【软件设置】按钮，如图 9-27 所示。

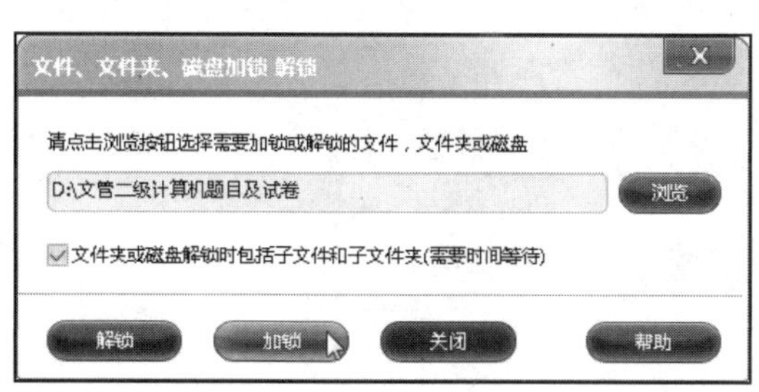

图 9-26　万能锁

图 9-27　软件设置

（2）在“软件设置”窗口中，选中“使用本软件需密码”选项。

（3）在出现的密码设置窗口中进行密码设置。

思考与练习

1. 某人在电脑中保存了家庭存折的数额、开户行、取款密码等信息，他不想让别人看到该文件，应该如何对该文件进行加密？

2. 能否在一台没有安装加密软件的电脑上打开已经通过此软件加密的文件？如果可以，怎么实现？

3. 如何禁用 USB 设备？

9.3 数据恢复软件

任务导入

在使用电脑的过程中，我们都或多或少地遇到过下面这些情况：曾经花了数小时辛辛苦苦地编写一个文档，但是突然停电了，才突然意识到自己忘了保存，而之前的辛苦成果都付之东流了；当打开计算机时，发现病毒已经侵入了了大部分的硬盘驱动器，存的东西都丢失了；曾经清除了回收站里的一个邮件，但是又急需那封邮件里的东西，这时却找不到了。上述种种，都是非常现实的问题，如果这些文件能够恢复，就会给我们带来诸多便利。

顶尖数据恢复软件是一款数据找回和数据恢复处理工具。当电脑突然死机断电、重要文件不小心删掉、电脑中毒、文件无法读取、系统突然崩溃、误操作、计算机病毒攻击等软硬件故障时，我们就可以使用该工具软件找回和恢复需要的数据。

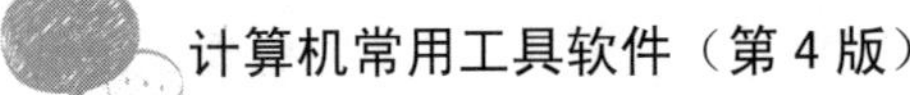

顶尖数据恢复软件功能十分强大，恢复成功率极高。使用本软件，可以轻松地恢复电脑硬盘或 U 盘、tf 卡、SD 卡、索尼记忆棒等存储设备上的数据。无论是因为误删除还是格式化，甚至是硬盘分区丢失导致的文件丢失，顶尖硬盘数据恢复软件都可以轻松地恢复。

顶尖数据恢复软件操作十分简单，只需要按软件提示一步一步操作，就能恢复出你电脑上的宝贵数据。

本任务介绍顶尖数据恢复软件的安装和使用方法。

学习目标

（1）了解数据恢复的基本知识。

（2）会使用专用工具对数据进行恢复，从而降低文件和数据丢失造成的损失。

任务实施

1. 下载和安装顶尖数据恢复软件

（1）进入顶尖数据恢复软件官方网站“http://www.huifutz.com/newsite/download.htm”，如图 9-28 所示，单击【下载软件】按钮。

（2）打开下载的压缩包，运行安装程序。

（3）安装程序运行后，依次单击【下一步】按钮，在安装过程中可以选择软件的安装目录。

图 9-28　下载顶尖数据恢复软件

2. 启动数据恢复软件

默认情况下，安装完成会自动运行该软件。

也可以双击桌面上的顶尖数据恢复软件图标，或者在“开始”菜单的“所有程序”中单击“顶尖数据恢复”项运行。

启动后，顶尖数据恢复软件的主界面，如图 9-29 所示。

图 9-29　顶尖数据恢复软件主界面

3. 恢复误删除文件

（1）单击主界面中的“误删除文件”按钮。

（2）在弹出的窗口中，选择丢失文件的目录，如图 9-30 所示，单击【下一步】按钮。

（3）软件将进入数据扫描进程，查找已经删除的文件。

（4）在扫描结果中，可以看到软件扫描出了已经丢失的文件，选中需要恢复的文件后，单击【下一步】按钮，如图 9-31 所示。

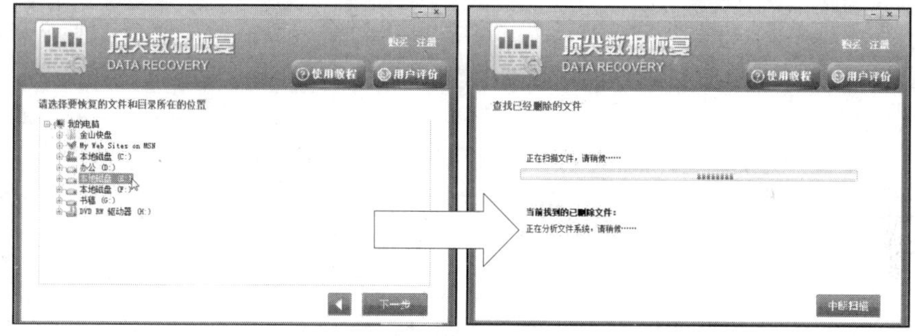

图 9-30　选择丢失文件的目录

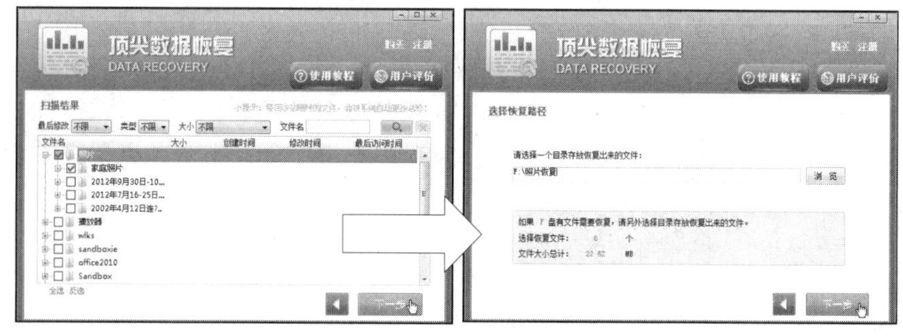

图 9-31　扫描结果

（5）在“选择恢复路径”中，指定一个目录来存放恢复出来的文件。最好是建立一个新目录来存放恢复后的文件。

（6）单击【下一步】按钮，将进行数据的恢复。在指定的目录中可以查看到恢复后的文件。

其他功能的使用方法与上述雷同，不再一一赘述。

4. 数据恢复注意事项

数据恢复过程中最怕被误操作而造成二次破坏，造成恢复难度的增加。数据恢复过程中，禁止往源盘里面写入新数据。

（1）不要做 DskChk 磁盘检查。一般文件系统出现错误后，系统开机进入启动画面时会自动提示是否需要做磁盘检查，默认 10 秒后开始进行 DskChk 磁盘检查操作，这个操作有时可以修复一些小损坏的目录文件，但是很多时候会破坏数据，复杂的目录结构它是无法修复的。修复失败后，在根目录下会形成“FOUND.000”这样的目录，里面有大量的以“.CHK”为扩展名的文件。有时候这些文件改个名字就可以恢复，有时候就不行了，特别是 FAT32 分区或者是 NTFS 比较大的数据库文件等。

（2）不要再次格式化分区。用户第一次格式化分区后分区类型改变，造成数据丢失，比如原来是 FAT32 分区格式化成 NTFS 分区，或者原来是 NTFS 的分区格式化成 FAT32 分区。数据丢失后，用一般的软件不能扫描出原来的目录格式，需再次把分区格式化回原来的类型，再来扫描数据。需要指出的是，第 2 次格式化回原来的分区类型就是严重的错误操作，很可能会把本来可以恢复的一些大的文件给破坏了，造成永久无法恢复。

（3）不要把数据直接恢复到源盘上。很多用户删除文件后，用一般的软件恢复出来的文件直接还原到原来的目录下，这样破坏原来数据的可能性非常大，所以严格禁止直接还原到源盘。

（4）不要进行重建分区操作。分区表破坏或者分区被删除后，若直接使用分区表重建工具直接建立或者格式化分区，很容易破坏原先分区的文件分配表（FAT）或者文件记录表（MFT）等重要区域，造成恢复难度的大大增加。

（5）阵列丢失后不要重做阵列。在挽救服务器阵列的实践中，有些网管在服务器崩溃后强行让阵列上线，即使掉线了的硬盘也强制上线，或者直接做“Rebuilding”。这些操作都是非常危险的，任何写入盘的操作都有可能破坏数据。

（6）数据丢失后，要严禁往需要恢复的分区里面存新文件。最好是关闭下载工具，不要上网，不必要的应用程序也关掉，再来扫描恢复数据。若要恢复的分区是系统分区，当数据文件删除丢失后，若这个电脑里面没有数据库之类的重要数据，建议你直接把电脑断电，然后把硬盘挂到别的电脑来恢复，因为在关机或者开机状态下，操作系统会往系统盘里面写数据，可能会破坏数据。

思考与练习

1. 下载和安装专业的数据恢复工具。
2. 查找自己 D 盘上已经删除的文件，将有需要的文件恢复。
3. 扫描自己手机中已经删除的照片，并恢复有用的照片。

第10章 网上购物

网购的诞生使得我们的日常购物行为变得更加简单和灵活，在家里或宿舍只要轻轻单击鼠标就可购买到自己如意的商品。几年前还被人们担心和怀疑的网上购物，如今已经悄然发展得像超市购物一样方便。目前很多人都已加入到网购队伍中，但是也有许多人想学网购，但因没有人指导而无法顺利进行，这样会让他们觉得网购比逛街购物更麻烦。其实不是这样的，只要你学会了网购，就只是点点鼠标的事了。

本章主要介绍网上购物的具体步骤、网上购物技巧以及网上支付安全常识。

任务导入

网上购物是通过互联网检索商品信息，并通过电子订购单发出购物请求，然后填上私人支票账号或信用卡的号码，厂商通过邮购的方式发货，或是通过快递公司送货上门的购物方式。中国国内的网上购物，一般付款方式是款到发货（直接银行转账、在线汇款），担保交易则是货到付款等。

现在网络比较发达，网上购物已经成为了一种时尚，不用出门，鼠标一点，自己想要的东西就被买下了，快递还会给你送货到家，方便快捷、省时省力。

本任务以淘宝网为例介绍网上购物的方法和技巧。

学习目标

（1）了解网上购物网站。
（2）会顺利地进行网上购物。
（3）了解网上购物技巧。
（4）了解网上支付安全常识。

任务实施

1. 常用的购物网站

目前购物网站非常多，常用的且比较可靠的有：

（1）天猫（www.tmall.com），阿里巴巴集团旗下，中国最大的B2C购物平台。

（2）京东（www.jd.com），大型综合性 B2C 购物平台，中国最大的自营式电商企业之一。

（3）淘宝网（www.taobao.com），中国最大的网络购物平台，国内领先的个人交易网上平台。

（4）苏宁易购（www.suning.com），苏宁云商旗下领先的 B2C 网上购物平台，中国最大的数码家电类 B2C 网站之一。

（5）唯品会（www.vip.com），专注特卖的 B2C 网购平台网站，国内领先的名牌时尚折扣网之一。

（6）亚马逊中国（www.amazon.cn），隶属全球最大的电子商务公司亚马逊，最大的中文网上商城之一。

（7）当当（www.dangdang.com），国内领先的 B2C 网上商城，中国最大的中文图书网上商城）。

（8）1 号店（www.yhd.com），中国电子商务行业网上超市，居于行业领先地位的 B2C 电子商务企业之一。

（9）易迅网（www.yixun.com），腾讯旗下综合购物网站，数码 3C 类网购平台。

（10）国美在线（www.gome.com.cn），国美电器官方网上商城，B2C 跨品类综合性购物网。

除上述购物网以外，中国知名（著名）的购物网还有拍拍网、买购网（Maigoo）、京东网购、聚美优品、我买网、乐蜂网、银泰网、红孩子、走秀网、酒仙网、海尔商城、梦芭莎（moonbasa）、趣天麦网、麦包包、聚尚网、上品折扣网、好乐买、优购网、名鞋库等。

建材家居购物网站：买购网、篱笆网、齐家网、我爱我家、家天下、土巴兔装修网、美乐乐家具网、宜家（IKEA）、中国申网（建材）、环球商城、家居就、淘宝家居、中国网众、家居在线、九正建材网等。

家居综合资讯网站：搜房网、搜狐焦点家居、新浪家居、慧聪网、太平洋家居、瑞丽家居、装修点评网、中国建筑装饰网、和家装修、网易家居、腾讯亚太家居等。

购物网站网址导航：hao123 购物网站、360 购物导航、2345.com 网址导航、搜狗购物导航、5566 购物网站等。

无论在哪一个购物网站进行购物，其操作流程基本相似，下面以在淘宝上购物为例进行讲解。

2. 开通网上银行

为了方便快捷地进行网上购物，需要先开通网上银行。

（1）到任何一家银行（如中国银行、中国工商银行、中国农业银行、中国建设银行等）的储蓄网点都可办理网上银行。一般办理成功后，银行会给你一个设备（如 K 宝、U 盾、动态口令卡等），K 宝外形像一个 U 盘。

（2）将 K 宝插到电脑的 USB 端口。

（3）登录到相应银行的官网，下载证书（下载步骤网上有提示，或者办理时要求银行工作人员下载），然后设定 K 宝的密码。一般要上对应银行网站激活网上支付功能。

3. 注册淘宝账号

（1）登录到淘宝网站“http://www.taobao.com”，如图 10-1 所示。

（2）单击“免费注册”，将进入“淘宝网账户注册”页面。

（3）按照提示输入手机号码、验证码后，单击【下一步】按钮，接着填写账号信息等。注册成功后将获得自己的账号并设定密码。

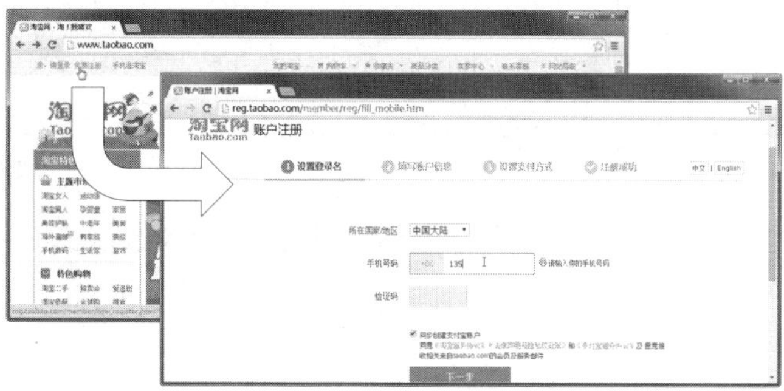

图 10-1　注册淘宝账号

以后需要在淘宝上购物时，只需填写账号和密码即可登录，如图 10-2 所示。

图 10-2　登录淘宝

4. 挑选商品

（1）在淘宝网上浏览网上商品，找自己需要买的东西。也可以在搜索框中输入商品名称，单击【搜索】按钮，如图 10-3 所示。还可以通过首页商品分类表，进入你所需商品分类寻找需要的商品。

（2）在找到的相关宝贝中，可以按照品牌进一步缩小范围，也可以按照人气、销量、信用、价格等进行商品的排序对比，如图 10-4 所示。

（3）单击感觉基本满意的商品，进入该商品展示页面，仔细观察“宝贝详情”“累计评论”“成交记录”等内容。选定尺码和颜色后，单击【加入购物车】按钮，如图 10-5

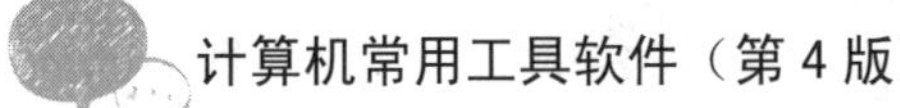

所示。

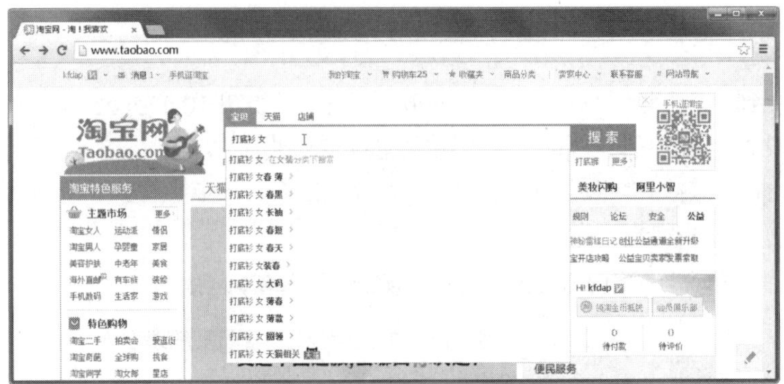

图 10-3 搜索商品

图 10-4 对比商品

图 10-5 加入购物车

（4）与卖家联系，询问自己选择的号码是否合适、问问有没有货、什么时候能到货等。

（5）确认好后，就可以单击【到购物车结算】按钮，进入结算页面。

（6）选中要结算的物品，单击【结算】按钮，如图 10-6 所示。

（7）确认收货地址，或者添加新的地址，确认订单信息，主要包括收货地址、收货人姓名、电话、所选商品的数量、单价、运送方式等，如果对商品有特别的要求，可以给卖家留言。

图 10-6 结算

（8）确认无误后单击【提交订单】按钮，然后进入付款界面。

（9）选择自己开户的银行付款，或者直接用支付宝付款。一般付款的同时要输入 K 宝的密码，还有的出现银行的网页也需要输入银行账户的网上登录密码。此时你付款至支付宝，等收货确认之后，支付宝才会把钱支付给卖家。

（10）提交订单并且成功付款之后就可以等待卖家发货了，卖家发货之后淘宝会有消息提醒你卖家已经发货，并且会在订单里面显示所选择的快递公司和单号，你可以通过单号来查询货物的到达情况。

（11）如果你的货物到了，快递公司会打电话联系你或者直接按照你订单上的地址送达，如果检查货物没什么问题就可以签收了。并且要到网上去确认。

（12）收到货后，上网单击确认收货，输入支付密码确定支付，给予评价，网上购物完成。注意，你的评价要公正认真，因为你的评价可能会影响到后来的买者。

5. 网购技巧

（1）购买前。

① 利用网购导航进行网购。

② 一定要与卖家交流、多问。

③ 购买商品时，付款人与收款人的资料都要填写准确，以免收发货出现错误。

④ 遇上欺诈或其他受侵犯的事情可在网上找网络警察处理。

（2）购买中。

① 看。仔细查看商品图片，分辨是商业照片还是店主自己拍的实物照片，而且还要注意图片上的水印和店铺名。因为一些店家会盗用其他人制作的图片。

② 问。通过询问产品相关问题，一是了解他对产品的熟悉程度，二是看他的态度。

③ 查。查店主的信用记录，看其他买家对此款或相关产品的评价。如果有中差评，要仔细看店主对该评价的解释。

6. 网购陷阱

（1）低价诱惑。在网站上，如果许多产品以市场价的半价甚至更低的价格出现，这时就要提高警惕，想想为什么它会这么便宜，特别是名牌产品，因为知名品牌产品除了二手货或次品货，正规渠道进货的名牌是不可能和市场价相差那么远的。

（2）高额奖品。有些不法网站、网页，往往利用巨额奖金或奖品诱惑吸引消费者浏览网页，并购买其产品。

（3）虚假广告。有些网站提供的产品说明夸大甚至虚假宣传，消费者单击进入之后，购买到的实物与网上看到的样品不一致。

（4）设置格式条款。买货容易退货难，一些网站的购买合同采取格式化条款，对网上售出的商品不承担“三包”责任、没有退换货说明等。消费者购买了质量不好的产品，想换货或者维修时，就无计可施了。对此，建议当地设有 ITM 实体服务店的，消费者网购一定要选择 OVS 服务，确保有完善的售后服务。而对于当地未设立 ITM 店的则只能据理力争。

（5）山寨网站骗钱财。网购时消费者应只接受货到付款、第三方支付或 OVS 服务这三种方式。

（6）骗盗个人信息。网上购物时不要轻易向卖家泄露个人详细资料，在设置账户密码时尽量不要简单地使用自己的个人身份信息。遇到类似电话核实的，一定要问明对方身份再视情形配合。

（7）网络钓鱼信息。不要随意打开聊天工具中发送过来的陌生网址，不要打开陌生邮件和邮件中的附件，及时更新杀毒软件。一旦遇到需要输入账号、密码的环节，交易前一定要仔细核实网址是否准确无误，再进行填写。

7. 交易安全威胁

（1）注册风险。

① 网上交易注册时，风险主要表现为信息丢失和泄漏。在电子商务环境下，任何人不经登记就可以借助计算机网络注册，发出或接受网络信息，并通过一定过程与他人达成交易。

② 注册淘宝会员时，会填写一些个人信息，甚至还有电话号码、密码等，虽然淘宝条例上注明有保证客户个人信息不外漏，但事实上还是有意外发生，如系统出故障发生信息丢失，或信息外泄，或是黑客攻击等都会使淘宝用户信息丢失、外泄等，以致蒙受经济损失。

（2）购买风险。

用户以合法身份进入系统后，买卖双方都可能在网络上发布虚假信息，或以过期的信息冒充现在的信息，以骗取对方的钱款或货物。虚假信息包含与事实不符和夸大事实两个方面。虚假事实可能是所宣传的商品或服务本身的性能、质量、技术标准等；也可能是政府批文、权威机构的检验证明、荣誉证书、统计资料等，还可能是不能兑现的允诺。

（3）网上支付的信用风险。

网上支付是采用先进的技术通过数字流转来完成信息传输的，存在数据传输过程中信息丢失、重复、错序、篡改等安全性问题；网上支付的工作环境是一个开放的系统平台，交易双方的身份置于虚拟世界中，这无疑增加了电子支付的风险；网上支付使用的是最先进的通信手段，对软硬件设施的要求很高，技术软件不成熟就为黑客等不法分子提供了可乘之机。

（4）违约风险。

违约风险是指交易对手未能履行约定契约中的义务而造成经济损失的风险。

（5）退货风险。

① 在线消费保护问题。在我国商业信用不高的状况下，网上出售的商品可能稂莠不齐，质量难以让消费者信赖，一旦出现了质量问题，退赔、修理很困难，方便的网络购物就变得不方便了。

② 商品运输问题。发生商品毁损或遭窃时，有关责任很难界定，卖家权益不能得到保障，买家所买的商品一般都通过快递公司递送到买家手中，而在快递过程中，商品也有意外损毁或被别人冒领的风险，一旦商品在运输过程中出现问题，买卖双方很难界定责任，卖方推给快递公司，快递公司又推卸给卖家，买家有时也只能“有冤无处诉”。

8. 提高网购安全的方法

电商网购已经是现在的潮流趋势，支付宝的普及程度几乎无所不在，使用用户群体也在不断增长。在使用过程中，一定要保护我们的购物安全。

（1）良好的上网习惯。

① 使用 IE 浏览器，尽量避免在 Windows XP 系统的机器上完成下单、付款等动作。因为 XP 系统已被微软宣布不再进行技术支持，建议把你的个人电脑至少升级到 Windows 7，如果电脑硬件允许，最好将系统升级到 Windows 8.1，Windows 8.1 在安全方面比以往的系统都有很大的提高。

② 设置 IE 浏览器，在“Internet 选项”对话框的“常规”选项卡中，如图 10-7 所示，设置每次关闭后都清除临时文件、历史记录、Cookie、保存的密码等。

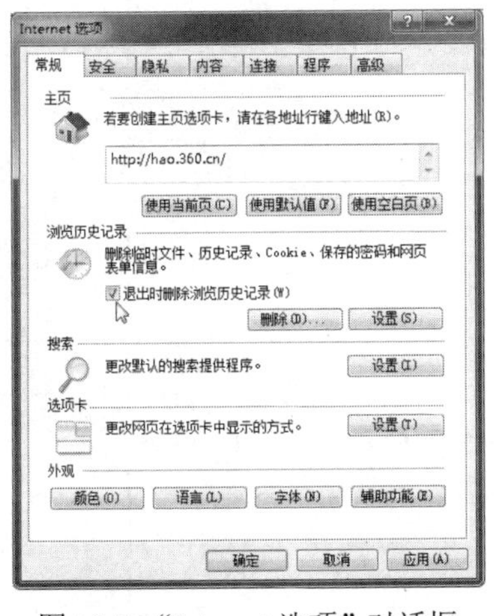

图 10-7 “Internet 选项”对话框

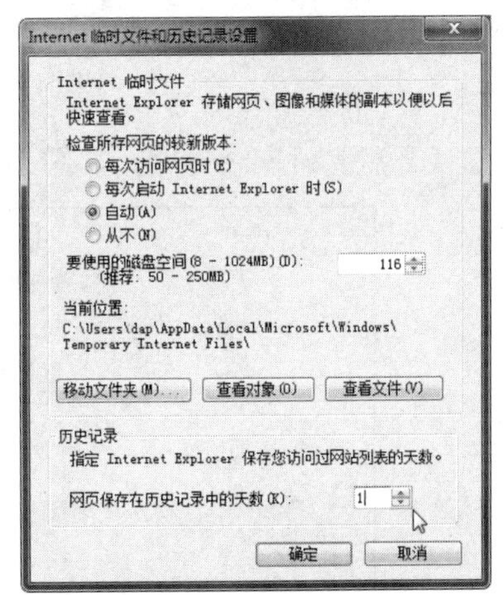

图 10-8 “Internet 临时文件和历史记录设置”对话框

③ 如图 10-8 所示，在“Internet 临时文件和历史记录设置”对话框中，把你的办公电脑的历史记录设置成保存 1 天。

④ 申请数字证书是必需的，可以按照支付宝安全中心的提示进行，或者直接联系支付宝客服，如图 10-9 所示。

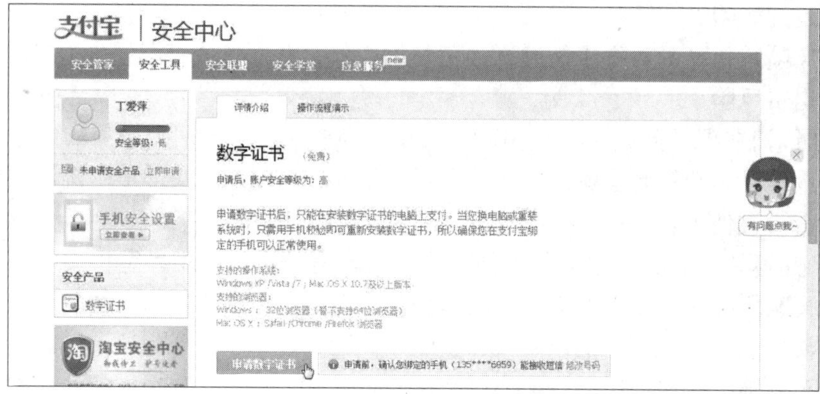

图 10-9 申请数字证书

⑤ 要保证支付宝的安全中心检测的“安全等级”为“高”，如图 10-10 所示。

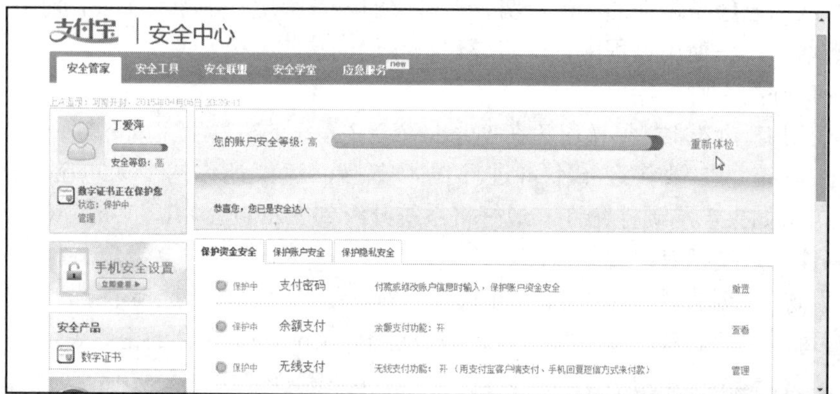

图 10-10 安全等级

⑥ 确认开启支付安全方式，如图 10-11 所示。

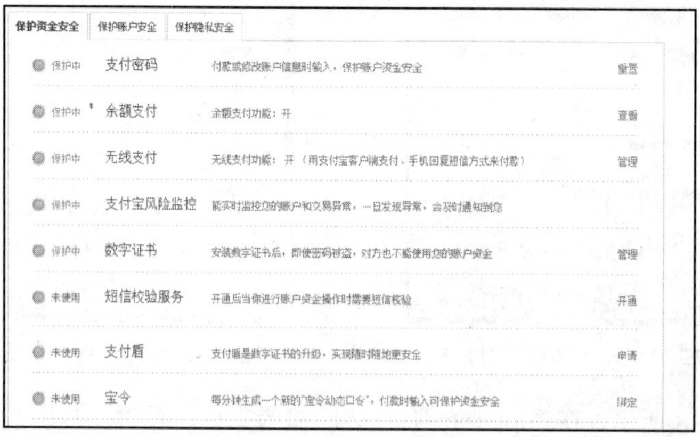

保护资金安全 | 保护账户安全 | 保护隐私安全

状态	项目	说明	操作
保护中	支付密码	付款或修改账户信息时输入，保护账户资金安全	重置
保护中	余额支付	余额支付功能：开	查看
保护中	无线支付	无线支付功能：开（用支付宝客户端支付、手机回复短信方式来付款）	管理
保护中	支付宝风险监控	能实时监控您的账户和交易异常，一旦发现异常，会及时通知到你	
保护中	数字证书	安装数字证书后，即使密码被盗，对方也不能使用您的账户资金	管理
未使用	短信校验服务	开通后当你进行账户资金操作时需要短信校验	开通
未使用	支付盾	支付盾是数字证书的升级，实现随时随地更安全	申请
未使用	宝令	每分钟生成一个新的“宝令动态口令”，付款时输入可保护资金安全	绑定

图 10-11 开启支付安全方式

⑦ 如果不需要经常在手机上买彩票的话，建议关闭手机上的小额支付免输密码功能。

（2）拒绝不切实际的诱惑。

经常有一些邮件、短信，告诉你莫名其妙的中奖信息，十有八九是骗子！

下单后不久接到电话，很清楚地告诉了你你的订单信息，并解释说你的支付宝或他的支付宝出现问题不能完成支付，让你去另一个连接支付，如果你打开了链接并填写了账号密码等信息，那你离被骗仅差半步！

经得起各种诱惑甚至是恐吓，不要相信说你的账号存在安全隐患，让你把钱转入所谓的安全账户等。你要记住一条，要记住所有的这些操作都要在支付宝的官网上完成，所有的改密付款等操作都会在数字证书或者验证码的验证下进行，切记第一入口必定是你认准的官网入口的跳转。

（3）增强自身的防骗性。

① 不管用什么杀毒软件，最好只用一款，因为一山不容二虎。

② 积累些防骗尝试，了解骗子的骗术，做到有的放矢。

③ 了解支付宝的操作流程，淘宝购物后评价、确认付款、退货等流程。

④ 使用旺旺和卖家沟通，不使用任何其他非官方的第三方联系方式。

思考与练习

1. 试着在网上购买自己需要的物品。
2. 通过哪些方法可以保障网购安全？